21世纪高等学校数字媒体艺术专业规划教材

Flash ActionScript 3.0
动画基础与游戏设计

夏敏捷　郑秋生　主编

樊银亭　高丽平　张书钦　副主编

清华大学出版社

北京

内 容 简 介

本书主要讲解了 Flash CS6 的基础知识、工具箱的使用、元件和库、基本动画和高级动画的制作,并详细介绍了 Flash ActionScript 脚本编程技术,包括编程语言基础、面向对象编程基础、影片剪辑的控制、文本交互、鼠标和键盘事件的处理等。本书最后应用前面的知识设计了 7 个大家耳熟能详的游戏,例如推箱子、飞机射击、中国象棋、拼图、俄罗斯方块等游戏,进一步提高学生对知识的应用能力。通过本书,让读者对枯燥的 Flash 动画与编程的学习充满乐趣。对于初、中级的 Flash 学习者来说,本书是一个很好的参考资料,不仅为读者列出了完整的游戏代码,还对所有的源代码进行了非常详细的解释,做到了通俗易懂、图文并茂。

本书适合作为高等教育院校的电脑动画设计相关课程的教材,也适合游戏编程爱好者、程序设计人员和 Flash 编程学习者使用。

图书在版编目(CIP)数据

Flash ActionScript 3.0 动画基础与游戏设计/夏敏捷,郑秋生主编.--北京:清华大学出版社,2015
(2020.1重印)

21 世纪高等学校数字媒体艺术专业规划教材

ISBN 978-7-302-37618-7

Ⅰ.①F… Ⅱ.①夏…②郑… Ⅲ.①动画制作软件-高等学校-教材 Ⅳ.①TP391.41

中国版本图书馆 CIP 数据核字(2014)第 186432 号

责任编辑:魏江江   王冰飞
封面设计:刘艳芝
责任校对:李建庄
责任印制:刘海龙

出版发行:清华大学出版社
   网   址:http://www.tup.com.cn,http://www.wqbook.com
   地   址:北京清华大学学研大厦 A 座   邮   编:100084
   社 总 机:010-62770175   邮   购:010-62786544
   投稿与读者服务:010-62776969,c-service@tup.tsinghua.edu.cn
   质量反馈:010-62772015,zhiliang@tup.tsinghua.edu.cn
   课件下载:http://www.tup.com.cn,010-62795954

印 装 者:北京建宏印刷有限公司
经 销:全国新华书店
开 本:185mm×260mm 印 张:20.25   字   数:509 千字
版 次:2015 年 1 月第 1 版   印   次:2020 年 1 月第 5 次印刷
印 数:3901~4100
定 价:39.00 元

产品编号:057563-01

　　二十多年来,多媒体技术飞速发展,已成为计算机和网络的必备功能。Flash 是制作二维动画不可或缺的工具,它以色彩、形态、音效和音乐展现媒体技术的魅力。经过多年的发展,Adobe Flash 已经集矢量绘图、动画制作、多媒体集成、人机交互、网络通信、数据处理等功能于一身。其面向对象的脚本语言 ActionScript 也在发展中走向成熟,成为 Flash 互动程序的核心部分。Flash 因其文件小、性能优异而得到全球网民的青睐,这也使得 Flash 成为网络休闲游戏开发的首选平台。游戏开发融合了很多技术与表现风格,除了要有高质量的代码、迷人的艺术设计和良好的用户界面以外,更重要的一点是让玩家觉得好玩。

　　本书作者长期从事 Flash 教学与应用开发,在长期的工作和学习中积累了丰富的经验和教训,了解在学习编程的时候需要什么样的书才能提高 Flash 游戏开发能力,了解怎样以最少的时间投入得到最快的实际应用。

　　本书讲解了 Flash 的基础知识,例如图层、帧、元件、实例、影片剪辑、“库”面板、“属性”面板、各种绘图工具及其使用技巧;讲解了 ActionScript 3.0 编程技术和技巧,例如如何利用 Flash 和 ActionScript 3.0 制作交互式游戏、平台类游戏,学会面向对象的游戏设计技术,了解 ActionScript 3.0 程序设计的所有相关内容,游戏实例涵盖了益智、射击、棋牌、休闲等游戏。

　　本书内容丰富、全面,其中的通用代码可直接应用于一般的游戏。每款游戏实例均提供了详细的设计思路、关键技术分析以及具体的解决步骤方案,每一个游戏实例都是活的、实用的 Flash 游戏编程实例。

　　本书是帮助读者自娱自乐、创造美好生活、步入 Flash 游戏程序员行列的敲门砖。

　　需要说明的是,学习游戏动画编程是一个实践的过程,而不仅仅是看书、看资料的过程,亲自动手编写、调试程序才是至关重要的。通过实际的编程以及积极的思考,读者可以很快地掌握很多的编程技术,而且在编程中读者会积累许多宝贵的编程经验。在当前的软件开发环境下,这种编程经验对开发者而言尤其显得不可或缺。

　　本书由夏敏捷(中原工学院)和郑秋生主持编写,李枫、杨要科、高丽平编写第 1 章至第 5 章,樊银亭编写第 6 章和第 7 章,郑秋生、苗凤君编写第 10 章至第 12 章,张冲编写第 13 章,张书钦编写第 16 章和第 17 章,其余由夏敏捷编写。在本书的编写过程中,为确保内容的正确性,作者参阅了很多资料,并且得到了中原工学院计算机学院郑秋生教授和资深 Flash 程序员的支持,在此谨向他们表示衷心的感谢。

由于作者水平有限，书中难免有错误或不妥之处，敬请广大读者批评指正，在此特表示感谢。

愿意与作者进行交流的朋友请与作者联系，作者的电子邮箱地址为 xmj@zut.edu.cn。

夏敏捷

2014 年 10 月

第1章　Flash基础知识

Flash 作为一款当今最为流行的动画制作工具，以其操作简单、功能强大、易学易用、浏览速度快等特点深受广大网页设计人员的喜爱。本章以 Flash CS6 的工作环境介绍入手，全面讲述了 Flash CS6 的动画制作基础知识，包括 Flash 绘图、帧、图层、时间轴、元件等。

1.1　初识 Flash CS6

Adobe Flash CS6 是用于创建动画和多媒体内容的强大的创作平台。Adobe Flash CS6 用于设计身临其境而且在台式计算机、平板电脑、智能手机和电视等多种设备中都能呈现一致效果的互动体验。

1.1.1　Flash 的发展历程

Flash 是一种集动画创作与应用程序开发于一身的创作软件，到 2013 年 9 月 2 日为止，最新的零售版本为 Adobe Flash Professional CC(2013 年发布)。Adobe Flash Professional CC 为创建数字动画、交互式 Web 站点、桌面应用程序以及手机应用程序开发提供了功能全面的创作和编辑环境。

Flash 的前身是 FutureSplash Animator，在出现时它仅仅作为当时交互制作软件 Director 和 Authorware 的一个小型插件，后来才由 Macromedia 公司出品成单独的软件，它曾与 Dreamweaver(网页制作工具软件)和 Fireworks(图像处理软件)并称为"网页三剑客"。随着互联网的发展，在 Flash 4 版本之后嵌入了 ActionScript 函数调用功能，使互联网在交互应用上更加便捷。Macromedia 公司及旗下软件于 2007 年被 Adobe 公司收购并进行后续开发。Macromedia 发布的最后一个版本为 Flash 8，Adobe 收购后发布的第一个版本为 Flash CS。

Adobe Flash Professional CS6 仅是 Adobe Flash Platform 开发平台中的一个产品。除了 Flash 之外，Adobe 还提供了 Flash Catalyst 和 Flash Builder。Flash Catalyst 是一个设计工具，它无须编写代码即可快速创建富有表现力的界面和交互式内容。Flash Builder(前身为 Flex Builder)是适合于开发人员(而不是动画师或设计师)创建交互式内容的以代码为中心的环境。尽管开发平台不同，这 3 种工具最终都将生成相同的结果——Flash 内容(SWF 文件)。Flash SWF 文件在浏览器上的 Flash 播放器中、浏览器外面的桌面上的 AIR(Adobe Integrated Runtime，Adobe 集成运行环境)中或者在移动电话上运行。

1.1.2 Flash CS6 的新增功能

Adobe Flash Professional CS6 的新增功能如下。

- 支持 Adobe AIR 3.4：通过 Flash Professional CS6 Update 12.0.2，Flash Professional 扩展了对 AIR 3.4 和 Flash Player 11.4 的支持。该更新还允许 Flash Professional 利用 AIR 3.4 所提供的功能，从而改善针对 iOS 设备的应用程序开发工作流程。

- Toolkit for CreateJS：Adobe Flash Professional Toolkit for CreateJS 是 Flash Professional CS6 的扩展，它允许设计人员和动画制作人员使用开放源 CreateJS JavaScript 库为 HTML 5 项目创建资源。该扩展支持 Flash Professional 的大多数核心动画和插图功能，包括矢量、位图、传统补间、声音、运动引导、动画遮罩以及 JavaScript 时间轴脚本。

- 针对 AIR 的移动内容模拟：新移动内容模拟器允许用户模拟硬件按键、加速器、多点触控和地理定位。

- 为 AIR 远程调试选择网络接口：在将 AIR 应用程序发布到 Android 或 iOS 设备时，可以选择用于远程调试的网络接口。Flash Professional 会将选定网络接口的 IP 地址打包到调试模式移动应用程序中。当应用程序在目标移动设备上启动时，它会自动连接到主机 IP 开始调试会话。

- 导出 Sprite 表：现在用户通过选择库中或舞台上的元件可以导出 Sprite 表，Sprite 表是一个图形图像文件，该文件包含选定元件中使用的所有图形元素。

- 高效 SWF 压缩：对于面向 Flash Player 11 或更高版本的 SWF，可使用一种新的压缩算法，即 LZMA。使用此新压缩算法效率会提高多达 40%，特别是对于包含很多 ActionScript 或矢量图形的文件而言。

- 直接模式发布：可以使用一种名为"直接"的新窗口模式，它支持使用 Stage3D 的硬件加速内容。

- 在 AIR 插件中支持直接渲染模式：此功能为 AIR 应用程序提供对 StageVideo/Stage3D 的 Flash Player Direct 模式渲染支持。在 AIR 应用程序的描述符文件中可以使用新 renderMode=direct 设置，可为 AIR for Desktop、AIR for iOS 和 AIR for Android 设置直接模式。

- 通过 Wi-Fi 调试 iOS：现在用户可以通过 Wi-Fi 调试关于 iOS 的 AIR 应用程序，其中包括断点、单步执行跳入子函数、单步执行跳出子函数、变量监视器和追踪。

- 支持 AIR 的运行时绑定：针对 AIR 的"发布设置"对话框现在有一个将 AIR 运行时嵌入到应用程序包的选项。嵌入了运行时的应用程序可以在任何桌面、Android 或 iOS 设备上运行，而不用再安装共享的 AIR 运行时。

- 用于 AIR 的本机扩展：可以将本机扩展合并到用户在 Flash Professional 中开发的 AIR 应用程序中。通过使用本机扩展，用户的应用程序可以访问目标平台上的所有功能，即使运行时本身没有内置对这些功能的支持也可以。

- 导出 PNG 序列文件：使用此功能可以生成图像文件，Flash Professional 或其他应用程序可使用这些图像文件生成内容。例如，PNG 序列文件会经常在游戏应用程序中用到。

1.1.3 Flash 动画的特点

Flash 动画有 3 个最显著的特点,下面进行介绍。

1. 矢量格式

在 Flash 动画中大量使用矢量图形。矢量图形不仅可以方便地绘制卡通场景及人物,制作出酷炫的视觉效果,更重要的是它可以无级缩放,同时生成的动画文件又非常小,这在制作互联网的应用方面是非常必要的。

2. 流式播放技术

与其他网络视频一样,Flash 也采用流式播放技术,采用这种技术可以实现边下载边播放,可以利用互联网实现实时播放的功能。

3. 强大的交互功能

利用内置的 ActionScript 语言可以为动画添加复杂的交互性,例如控制播放的顺序、利用鼠标或键盘操控场景中的对象等。这种交互操作在界面设计、课件制作及游戏开发等方面是必不可少的要求。

1.1.4 动画的概念及原理

动画并不是画面上的物体真得在运动,像生活中看到的所有影视作品一样,感觉在动的画面都是由静止的画面实现的。多个静止画面按照一定的速度切换,由于人眼的视觉暂留特点而产生"动"的感觉。比如电影放映机的画面切换速度必须满足 24 帧/秒的要求。

制作动画最重要的 3 个要素是舞台、演员和时间。舞台是展示剧情的空间范围,相当于电影的荧幕。演员是展示剧情所必需的人或物。时间用于控制剧情展示的过程,包括演员的进场、退场,以及舞台道具的变化等。

一部动画就像一部电影或电视剧,导演依据既定的剧本安排演员和道具按照时间的顺序在舞台上演绎故事的内容。

1.1.5 Flash 动画的制作流程

任何事物都有自身内在的规律存在,Flash 动画设计也不例外。Flash 动画设计与拍摄电影、电视剧有着相似的制作流程,主要有前期筹备、动画制作、后期处理和发布 4 个阶段,详细的制作流程如图 1-1 所示。

图 1-1　Flash 动画的制作流程

1.2 Flash CS6 工作界面

启动 Flash CS6 后首先看到的是如图 1-2 所示的欢迎界面。通过欢迎界面可以完成从模板创建 Flash 文档、打开最近使用的文档、新建特定类型的 Flash 文档，以及打开快速学习网页等几项操作。

图 1-2 欢迎界面

如果创建新的 Flash 文档，则在如图 1-2 所示的欢迎界面中单击"新建"栏目下的 ActionScript 3.0 即可。新建或打开 Flash 文档后的工作界面如图 1-3 所示，从中可以看到顶部的菜单、左侧的"工具"面板和"属性"面板、右侧的"库"面板和"项目"面板以及中间的"时间轴"面板、"动画编辑器"面板和文档窗口等内容。

图 1-3 工作界面

图 1-3 中的各个面板都可以显示、隐藏或根据个人习惯自由组合。隐藏面板的方法是单击面板右上角的 ▦ 按钮,在打开的菜单中选择"关闭"命令。若面板是多个组合在一起的,还可以选择"关闭组"命令实现全部隐藏。隐藏的面板可通过选择"窗口"菜单中相应的面板名称显示出来。拖动面板的标题文字并移动到其他面板区域,可以实现面板的自由组合。

1.2.1　工作区布局

根据工作状态和性质的不同,用户需要使用的面板是不同的,因此 Flash CS6 提供了几种常用的面板组合供设计者选择,这称为工作区布局。

改变工作区布局的方法是单击如图 1-3 所示的工作界面右上角的搜索框左侧的按钮(图中显示为"设计人员"),在打开的如图 1-4 所示的工作区布局菜单中列出了几种可以在不同设计状态下提高工作效率的工作区布局方式,设计者根据需要选择相应的布局方式即可。

设计者还可以使用"重置"、"新建工作区"和"管理工作区"功能,创建和维护满足个人需要的、个性化的工作区布局。

1.2.2　"工具"面板

"工具"面板也称工具箱(如图 1-5 所示)是动画制作过程中经常使用的,是动画制作工具的集合。该面板中的工具根据功能特点的不同被分成若干组,组之间用水平或垂直线隔开。

图 1-4　工作区布局菜单

图 1-5　"工具"面板

在图 1-5 中,第一组工具有 5 个,主要用于对象的选择及变形;第二组工具有 7 个,主要用于创建各种矢量对象;第三组工具有 4 个,主要用于创建骨骼动画、颜色填充及擦除对象;第四组中的"手形工具"和"缩放工具"用于改变编辑区域及局部放大;第五组工具主要是两个色标,用于设置笔触颜色和填充颜色;最后一组工具主要用于定义所选用工具的工作方式。

1.2.3　"属性"面板

"属性"面板是另外一个非常重要的面板,该面板显示当前所选工具的可调整的使用选项,若无可调整项则会自动切换显示文档属性(如图 1-6(a)所示)。文档属性用于调整当前动画文件的选项,常用的选项有帧速率(FPS)、舞台大小等。

选择工具后要首先检查"属性"面板,并根据制作需要调整其选项,因为选项的改变仅对后续的操作有效而不会影响已经完成的操作。

不同工具的可调整项是不同的,在此不再一一叙述,仅列出"矩形工具"的"属性"面板内容以供参考(如图 1-6(b)所示)。

(a) 文档属性　　　　　　　　　(b)"矩形工具"的属性

图 1-6　"属性"面板

1.2.4　"时间轴"面板

时间轴是制作动画必须掌握的重要概念,在包含动画的文档中体现得非常明显。"时间轴"面板(如图 1-7 所示)分左、右两个部分,左侧为图层控制区,用于确定图层的名字、图层的编辑及显示状态等;右侧为时间控制区,用于描述图层中的内容随时间所发生的变化。

图 1-7　"时间轴"面板

1. 图层控制区

图层控制区显示动画中所包含图层的多少,图层的多少直观地体现了动画的复杂程度。在动画中有不同表现(动画方式)的对象一定要放置在不同的图层上,否则会造成动画效果无法实现,这是初学者最常犯的错误。

图层控制区的下方是 3 个图层控制按钮,分别是"新建图层"按钮 ▣、"新建文件夹"按钮 ▢ 和"删除"按钮 ▥,用于实现添加图层、给图层分组和去除图层的功能。

图层控制区的上方有"显示或隐藏所有图层" ◉、"锁定或解除锁定所有图层" ▣ 和"将所有图层显示为轮廓" ▢ 3 个按钮,分别实现所有图层的显示及隐藏、锁定及解除锁定和是否以轮廓方式显示图层内容等功能。每个图层名字的右侧都有与这 3 个按钮相应的控制按钮(黑点),用于控制该图层的上述 3 种特征,图 1-7 中的"闪电"图层处于 ✖ (不可见)及 ▣ (锁定,不可编辑)状态。

双击图层的名字可以修改图层的说明文字,以有实际意义的名字替换"图层 1"之类的名字是非常好的设计习惯,对于复杂的动画作品可以很方便地找到需要编辑的对象。

当编辑舞台中的对象时,该对象所处的图层会自动变成选中状态,同时图层名右侧会出现 ✎ 图标以指示图层的编辑状态,图 1-7 中的"雷声"图层就处在编辑状态。

2. 时间控制区

在时间控制区中是一个个带编号的矩形,它们称为时间帧,代表不同的时刻。其上面的编号不一定代表时间的秒数,而是时刻的顺序编号,具体时间的控制还要结合动画的帧速率才能实现。帧速率表示动画的播放速度,以"帧/秒"为单位,英文表示为 fps。帧速率在时间轴下方的状态栏中可以看到,图 1-7 中所示的帧速率为 12.00fps,Flash CS6 文档的默认值为 24fps,其值可以通过文档"属性"面板(如图 1-6(a)所示)中的 FPS 进行调整,也可以在此处单击修改。

播放头在"时间轴"面板中表现为一条垂直贯穿面板的红线,红线上方有一个红色的矩形标识。播放头所处位置上的内容会自动显示在文档窗口的舞台上,这在编辑动画时非常重要。请记住一点,对舞台上内容的编辑永远是针对播放头所处的时刻。

在帧速率信息的右侧还有一个时间信息(如图 1-7 中的"0.8s"),指的是播放头所处位置的时刻值。当然,该值是根据播放头所处位置的帧编号及文档的帧速率自动计算出来的。

1.2.5 舞台

1. 舞台概述

舞台是动画表现所需要的空间大小,如同电影的荧幕大小一样。舞台的大小可以通过文档属性来调整,该调整通常在动画设计之初完成。

当需要在舞台上绘制对象时,需要先在"时间轴"面板中确定适当的图层及时刻,即需要先单击相应图层右侧的相应帧。如果不这样,会给后续的添加动画效果的操作带来影响,这是初学者容易犯的一个错误。

在修改舞台对象时一定要注意播放头的位置,因为在舞台上看到的内容是由播放头所在位置决定的。

2. 舞台缩放

在对舞台上的对象进行编辑时,可以根据需要调整缩放比率以方便细节部分的处理。舞台缩放有两种实现方式,一种方式是使用"工具"面板中的"缩放工具" ◉,选择该工具后单击舞台某处即可;另一种方式是使用"缩放比率"下拉列表 `100%`,该下拉列表在舞台窗口的右上角位置。下拉列表展开后如图 1-8 所示,对其中顶部的 3 个选项说明如下。

- 符合窗口大小：自动调整舞台以适合文档工作区的大小。
- 显示帧：根据当前帧的内容调整显示比例。
- 显示全部：调整舞台显示比例，使工作窗口能显示当前时刻的所有对象，既包括舞台中的对象，也包括舞台外的对象。

3. 场景管理

Flash 动画可以有多个"场景"，"场景"的概念如同电影的分镜头一样，可以展示不同地点或不同视角下的舞台景象。例如，动画中可以包含室外的动画内容和室内的动画内容，室内的动画又可分为客厅的动画及厨房动画，等等。

Flash CS6 中有专门管理场景的面板，可以通过选择"窗口"→"其他面板"→"场景"命令打开"场景"面板（如图 1-9 所示）。

图 1-8　舞台的缩放比率　　　　　　　图 1-9　"场景"面板

"场景"面板主要完成添加场景、复制场景和删除场景 3 项功能，用户还可以通过拖动鼠标来调整各场景播放的先后顺序（排在上面的先播放，排在下面的后播放）。

如果仅是在当前场景之后添加一个新的场景，也可以通过选择"插入"→"场景"命令实现。

1.2.6　"库"面板

1. 打开、关闭"库"面板

Flash CS6 中的"库"是存放和管理动画内部资源的地方，相当于拍摄电影、电视剧时所需要的演员、服装、道具、灯光等。

"库"面板（如图 1-10 所示）在默认布局下处于打开状态，如果需要，可以通过选择"窗口"→"库"命令打开或关闭。

2. 管理库中的对象

在 Flash CS6 的"库"中可以存放图片、声音和元件三大类型的素材。元件又分为图形元件、按钮元件和影片剪辑元件 3 种。通过图标可以很容易地在"库"面板中区分它们。

"库"面板底部有"新建元件"、"新建文件夹"、"属性"和"删除" 4 个按钮，用于管理库中的对象。若向"库"中添加图片、声音和视频对象，可以通过选择"文件"→"导入"下的"导入到舞台"、"导入到库"和"导入视频"等命令实现。

图 1-10　"库"面板

3. 使用库中的对象

"库"面板中的对象可以重复使用,拖动"库"面板中的对象到舞台上即可,唯一需要注意的是图层和时间是否正确。

"库"中的对象在舞台上可以放置多个,也可以删除任何一个且不影响库中的对象。这一点方便设计者制作使用同一对象的复杂场景。

1.2.7 "对齐"和"变形"面板

舞台上的多个对象经常需要按某种方式排列整齐,这就需要用到"对齐"面板。舞台上的对象也经常需要变换自身的形态以满足实际的设计要求,这就需要通过"变形"面板来实现。

"对齐"面板如图 1-11(a)所示,通过"对齐"面板可以实现以下几个重要功能。

(a) "对齐"面板   (b) "变形"面板

图 1-11 "对齐"和"变形"面板

- 对齐:多个对象按水平、垂直方式重新调整位置以保证排列整齐。
- 分布:多个对象按水平、垂直方式重新调整位置以保证间距相同。
- 匹配大小:多个对象根据其中某一个重新调整大小使其相同,调整方式可以是仅宽度、仅高度或宽高都调整。
- 间隔:多个对象根据其左右或上下边界上的对象重新调整其间隔并使间隔相等,调整方式可以是水平间隔,也可以是垂直间隔。

"变形"面板如图 1-11(b)所示,"变形"面板主要实现以下功能。

- 、 :分别用于改变对象的宽度、高度,可以通过单击"约束"按钮 使高度和宽度按相同的比例变化。
- 旋转:在二维平面上旋转对象。角度值可以是正值或负值,分别表示顺时针或逆时针,并且最大为 360°。
- 倾斜:使对象产生剪切变形,从而产生诸如矩形变成平行四边形、正方形变成菱形等效果,调整方式也有水平和垂直两种。
- 3D 旋转、3D 中心点:模拟三维方式旋转对象,以产生三维投影的平面效果。这两项用于调整旋转的角度参数和旋转的中心点位置。需要说明的是,3D 旋转仅对"影片剪辑"这种类型的元件有效。

1.3 Flash CS6 操作基础

本节主要介绍 Flash CS6 的基本操作,以使初学者对 Flash 动画设计有一个直观的感受。

1.3.1 创建 Flash 文档

创建新的 Flash 文档主要有两种方法,一种方法是通过图 1-2 所示的"欢迎界面"创建新文档,另外一种方法是选择"文件"→"新建"命令,通过打开的"新建文档"对话框(如图 1-12 所示)创建新文档。

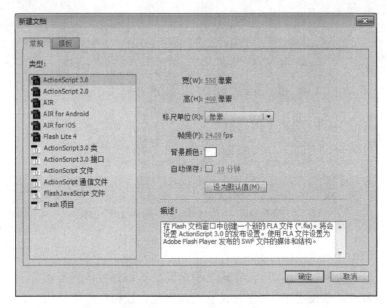

图 1-12 "新建文档"对话框

无论通过哪种方法,创建文档都有"常规"和"模板"两种方式。利用"常规"方式创建的文档是无内容的,利用"模板"创建的文档是有内容的。

"常规"文档主要有标准 Flash 文档、基于 AIR 的 Flash 文档和 Flash Lite 文档三大类。

- 标准 Flash 文档:使用纯粹、完整的 Flash 技术创建影片,主要应用于计算机设备及其所处的网络环境。
- 基于 AIR 的 Flash 文档:Adobe Integrated Runtime(AIR)是一个跨操作系统的运行支撑环境,它可以利用现有的 Web 开发技术(Flash、Flex、HTML、JavaScript、Ajax)来构建 Internet 应用程序并部署为桌面应用程序。有了 AIR 的支撑,可以保证包括 Flash 在内的各种工具开发的跨平台一致性。
- Flash Lite 文档:使用纯粹、轻量型的 Flash 技术创建影片,主要应用于手机等移动设备及其所处的网络环境。

利用"模板"创建 Flash 文档,可以快速地构建满足特定需求并具有基本影片内容的应用,能提高开发效率并缩短开发周期。

【案例 1.1】 利用模板创建 Flash 文档。

① 执行"文件"→"新建"命令，打开"新建文档"对话框，切换到"模板"选项卡。

② 在"范例文件"类别中选择"RPG 游戏-命中判定"模板，并单击"确定"按钮创建 Flash 文档。

③ 执行"文件"→"保存"命令，为文档选择保存位置，并以"案例 1.1.fla"为名保存文档。

④ 执行"控制"→"测试影片"→"测试"命令测试该游戏，也可按 Ctrl+Enter 键快速启动影片测试。

⑤ 利用键盘上的方向键控制角色的移动来测试游戏，如图 1-13 所示。

图 1-13　案例 1.1 测试图

1.3.2　绘制舞台对象

如果以"常规"方式创建 Flash 文档，则创建的文档是无内容的（即舞台是空的），需要设计者手动绘制并创建舞台上的对象，这就要用到"工具"面板（如图 1-5 所示）中第二组的创建各种矢量对象的 7 个工具。

Flash 中的矢量图形是由笔触和填充构成的，在绘制各种图形时应当设置图形的笔触颜色、填充颜色以及笔触的粗细、样式等属性。在"工具"面板的"颜色"区中可以设置将要绘制的图形的笔触颜色 🖋 和填充颜色 🖍，也可以在绘制好对象后通过"属性"面板的"笔触和填充"区改变对象的笔触颜色 🖋 和填充颜色 🖍。

Flash 提供了两种绘制模式，分别是合并绘制模式和对象绘制模式。

- 合并绘制模式：绘制的图形重叠以后会自动合并，移动上面的图形会对其下方的图形产生切割效果（如图 1-14（a）所示），用这种绘制模式绘制的图形称为"形状"。
- 对象绘制模式：绘制的图形形成独立的图形对象，多个图形之间可以上下移动，即改变它们的层叠顺序。利用对象绘制模式产生的多个图形对象还可以通过"修改"→"合并对象"菜单中的命令实现对象间的联合、交集、打孔和裁切等功能（如图 1-14（b）所示），用这种绘制模式绘制的图形称为"绘制对象"。

(a) 合并绘制模式　　(b) 对象绘制模式

图 1-14　Flash 绘制模式

说明：以合并绘制模式创建的"形状"可以通过"修改"→"合并对象"→"联合"命令转换为以对象绘制模式创建的"绘制对象"。

1.3.3 修改舞台对象

舞台对象的修改也因其为"形状"或"绘制对象"的不同而有所差别。

"形状"可以用"工具"面板(如图 1-5 所示)中第一组的工具(3D 工具除外)直接进行修改。唯一需要注意的是,在"形状"中笔触和填充是相互独立的,需要先确定正确的修改范围。

"绘制对象"不能直接进行编辑和修改,需要进入其"形状"状态才能执行修改操作。进入"绘制对象"的"形状"状态的方法是双击相应的"绘制对象",当"编辑栏"中显示为类似 ⬜场景 1 ⬜ 绘制对象 的信息时即可进行编辑、修改的操作。

【案例 1.2】 合并绘制模式与对象绘制模式。

① 执行"文件"→"新建"命令,打开"新建文档"对话框,切换到"常规"选项卡。在"类型"列表框中选择"ActionScript 3.0"选项,并单击"确定"按钮创建 Flash 文档。

② 执行"文件"→"保存"命令,在打开的对话框中为文档选择保存位置,并以"案例 1.2. fla"为名保存文档。

③ 在"工具"面板中选择"椭圆工具" ⬭ ,并调整笔触颜色 ✎ 为青色(♯33FFFF)、填充颜色为黄色(♯FFFF00),其他选项取默认值。

④ 分别绘制两个圆,在绘制时使两个圆有部分重叠,如图 1-15(a)所示。

⑤ 在"工具"面板中单击"选择工具" ▲ ,然后分别单击最后绘制的圆的填充和不相交的笔触部分,并分别按 Delete 键将其删除,完成后效果如图 1-15(b)所示。

⑥ 再次选择"椭圆工具"并调整其选项,将填充颜色 ◆ 调整为红色(♯FF0000),将绘制模式调整为"对象绘制"模式 ⬤ ,在舞台的空白处绘制一个圆形的"绘制对象"。

⑦ 在"工具"面板中选择"矩形工具" ⬜ ,保持绘制模式不变并改变填充颜色为黄色,然后绘制由两个矩形"绘制对象"组成的"+"字,效果参考图 1-15(c)。

(a) 绘制两个圆　　　(b) 删除部分圆　　　(c) 组成 "+" 字　　　(d) 最终效果

图 1-15 案例 1.2 效果图

要点:用"选择工具"选中对象后,可通过"属性"面板中的"宽"和"高"修改对象的大小,从而确保两个矩形大小相同。选中多个对象后,可通过"对齐"面板中的"水平中齐" 🔳 和"垂直中齐" 🔳 按钮调整对齐方式。

⑧ 分别选中矩形和圆,然后执行"修改"→"合并对象"→"打孔"命令,并保存文件,完成后的最终效果如图 1-15(d)所示。

1.3.4 创建动画

创建在舞台上的对象可以根据需要制作出各种运动效果,这就是大家平常所说的"动画"。Flash 有多种手段来创建动画效果,这在后面的章节中会有详细的介绍,此处仅以案例1.2为例并在原来的基础上添加简单的动画效果,使读者对动画有一个基本的认识和掌握。

【案例1.3】 月升与月落。

① 如果案例1.2未打开,执行"文件"→"打开"命令将其打开,然后删除舞台上的对象,只保留月亮部分。

② 用"选择工具" 选中月亮的全部内容,然后执行"修改"→"转换为元件"命令将选择的内容转换为元件。在创建时将元件名称修改为"月亮",将元件类型确定为"影片剪辑"。

③ 拖动并调整月亮的位置到舞台的左下角之外,然后单击时间轴上的第30帧并执行"插入"→"时间轴"→"关键帧"命令,并调整月亮的位置到舞台上部中央。重复这一操作在第60帧处创建关键帧,并调整月亮的位置到舞台右下角之外。月亮在第1、30和60帧处的位置如图1-16所示,其中白色部分为舞台。

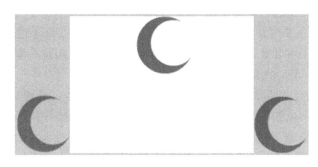

图1-16 "月亮"的位置设置

④ 选择时间轴上的第1帧,然后执行"插入"→"传统补间"命令,若在时间轴上出现实线箭头表示动画正确设置。接着在第30帧上执行相同的命令。

⑤ 保存文件,然后拖动"播放头"观察动画效果。

1.3.5 保存和测试Flash动画

通过拖动"播放头"可以看到动画的模拟效果,最终的动画是要放到互联网上使用的,因此需要生成能在互联网上用的SWF文件,可以通过执行"控制"→"测试影片"→"测试"命令简单完成。生成的SWF文件既可以在绝大部分计算机上独立播放,也可以与网站结合在互联网上使用。

1.4 Flash 游戏概述

Flash游戏是一种新兴的游戏形式,以游戏简单、操作方便、绿色、无须安装、文件体积小等优点渐渐被广大网友喜爱。Flash游戏又称Flash小游戏,因为Flash游戏主要应用于一些趣味化的、小型的游戏之上,以完全发挥它基于矢量图形的优势。Flash游戏因为Flash CS3(最新是CS6)和ActionScript 3.0的原因,在近年来发展迅速,许多年轻人投身其中,并在整个Flash行业中发挥着重要作用。Flash Player占据了90%互联网用户的浏览器,所以Flash的发展空间十分巨大,前途不可估量。

1.4.1　Flash 游戏的优势

Flash 游戏在现今能够非常盛行,各大网站都有自己的 Flash 游戏频道,是因为其有着蓬勃发展的优势,主要体现在以下方面。

1. 游戏开发成本低

通常,Flash 游戏系统比较简单,规则比较单一,不需要庞大的场景和人物,一般只需要1～4 人的小团队就能够完成开发。典型的团队结构为一个策划、一个美工、一个编程人员和一个音效设计人员。此外,大多数 Flash 游戏对各专业领域的要求并不很高,工作量也比较适中,开发周期通常为 1～2 个月。一般而言,Flash 游戏制作过程中的许多相关工作可以兼职进行,例如编程人员可以同时负责策划,美工人员可以同时负责音效等。对于综合能力强的开发者而言,一个人在一个月内开发一款成熟的 Flash 游戏并非难事。

2. 用户庞大、操作便捷,不易上瘾

Flash 小游戏的主要用户群体是上班族和小孩子,上班族可以通过 Flash 小游戏调节压力、轻松心情;小孩子可以通过 Flash 小游戏开发智力。上班族是典型的消费主力军,如此庞大的用户群体给 Flash 小游戏带来了赢利的基础条件。

玩 Flash 小游戏无须下载客户端、无须安装,文件体积小,打开网页不到一分钟就可以进入游戏,且操作简单,无须浪费时间阅读长篇的游戏说明和操作技巧等,是一种典型的即开即玩的游戏,非常方便、快捷。玩 Flash 小游戏,玩家不需要投入太大的精力,是最绿色的游戏,并且不容易上瘾,对于家长来说这是其最大的优点。

3. 跨平台开发

只要安装了 Flash 开发环境,无论开发人员使用的是 Windows、UNIX 还是苹果公司的OS X 操作系统,完全可以实现平台转移,它们最终获得的效果完全一致。例如,在苹果Macintosh 计算机上开发的 Flash 游戏拿到 Windows 系统中可以直接运行,不存在兼容的问题。很常见的例子就是,我们可以使用 Windows 操作系统开发适用于手机运行的 Flash 游戏。

4. 成果易于发布

在 Flash 游戏程序开发完成后,随时可以将其发布到互联网上展示。无论玩家使用的是什么操作系统,他们都能够通过互联网或者文件共享来欣赏开发者的成果。现在大多数通用的网页浏览器都能够完美支持 SWF 文件。通过 Flash 软件自带的 Flash 播放器,可以将 SWF 文件转换为 EXE 可执行文件。用户计算机上无须安装 SWF 播放器,通过单击EXE 文件就可以直接运行游戏程序。

5. 开发益智

Flash 小游戏多以益智作为游戏开发的切入点,除了帮助人们娱乐心情之外更能开发玩家的智力,这也是越来越多的家长支持小孩子玩 Flash 小游戏的原因。

1.4.2　Flash 游戏的种类

Flash 强大而简便的交互功能注定它自诞生开始就与游戏结缘。到目前为止,网络上流行的 Flash 游戏种类繁多,不计其数,例如棋类游戏、格斗游戏、冒险游戏、迷宫游戏、小型的动作游戏、格斗游戏、角色扮演游戏等,这些游戏截图如图 1-17 所示。几乎所有的街机游戏都有 Flash 版,各种经典的小游戏也在 Flash 中被一次次翻版。

图 1-17　Flash 小游戏截图

下面介绍几种常见的游戏类型。

1．RPG（角色扮演类）游戏

所谓角色扮演类游戏就是由玩家扮演游戏中的主角，按照游戏中的剧情来进行游戏，在游戏过程中会有一些解谜或者和敌人战斗的情节，这类游戏在实现技术上不算难，但是因为游戏规模非常大，所以在制作上也会相当耗时。经典的此类游戏有"超级玛丽"、"三国英雄传"、"奇侠游"，著名的游戏有"金庸群侠传 3"，如图 1-18 所示，它是 Flash 游戏作者郭磊在"金庸群侠传 2"之后于 2009 年推出的又一款金庸群侠传系列 Flash RPG 游戏，堪称国产Flash 游戏的巅峰。

图 1-18　金庸群侠传 3

2. ACT（动作过关类）游戏

ACT（Action Game）类游戏讲究的是打斗的快感以及绚丽的画面体验。凡是在游戏的过程中必须依靠玩家的反应来控制游戏中角色的游戏都可以被称为"动作类游戏"。在目前的 Flash 游戏中，这种游戏是最常见的一种，也是最受大家欢迎的一种，至于游戏的操作方法，既可以使用鼠标，也可以使用键盘。此类游戏的典型代表是著名的动作游戏"过关斩将"和"碰碰拳打"（如图 1-19 所示）。目前在国内，ACT 类游戏以其打斗的场景和快速的节奏深受玩家的喜爱。

图 1-19　动作过关类游戏

3. PUZ（益智类）游戏

这也是 Flash 比较擅长的一类游戏，相对于动作游戏的快节奏，益智类游戏的特点就是玩起来速度慢，比较雅致，主要用来培养玩家在某方面的智力和反应能力。此类游戏的代表作品非常多，例如牌类游戏、拼图类游戏、棋类游戏等，总而言之，那种玩起来主要靠玩家动脑筋的游戏都可以被称为益智类游戏。

例如，从手机游戏开始兴起就风靡一时的"贪吃蛇"、"俄罗斯方块"等经典的益智类游戏因算法简单、玩家操作极易上手，而且游戏可重复挑战，对玩家有很强的吸引力。PUZ 类游戏的代表作品为北京掌趣公司根据计算机游戏"大富翁"改编的一款益智休闲类游戏——大富翁。

4. STG（射击类）游戏

STG（Shooting Game）类游戏主要是指依靠远程武器和敌人进行对抗的游戏，一般玩家所说的是指飞机射击类游戏，著名的"雷电"就属于此类型，如图 1-20 所示。

5. SLG（策略类）游戏

策略类游戏主要是玩家通过思考发布命令去进行游戏，此类游戏不仅可以锻炼玩家的智力，而且可以通过完成任务来享受游戏的乐趣，比较流行的游戏有"三十六计"、"塔防游戏"、"魔兽争霸"（如图 1-21 所示）。

但这并不意味着 Flash 什么游戏都能胜任，其最大的问题是图形处理速度的瓶颈。为了达到跨平台的特性，Flash 放弃了使用 DirectX 或者 OpenGL 等底层图形加速的机会。而且其运算的时候是半编译半解释，导致运行速度一般，这些特点决定了它不适合制作大型游

图 1-20 "雷电 II"截图

图 1-21 "魔兽争霸"截图

戏,包括第一视角动作类游戏、实时战略游戏以及一些模拟运动竞技类游戏。目前,ActionScript 3.0 在这方面已经有了突破性的进展,这无疑再次扩展了 Flash 游戏的领域,但到底能否"快"到足够好的程度,还有待实践检验。在未能打破速度瓶颈之前,开发大、中型 Flash 游戏需要特别关注各种速度优化策略。

　　Flash 的另一个局限是不能随意存取本地硬盘数据。作为折中方案,Flash 提供共享对象(SharedObject 类)用于在用户计算机中读取和存储有限的数据量。共享对象提供永久存储在用户计算机中的对象之间的实时数据共享。本地共享对象与浏览器 Cookie 类似。虽然这是为了用户安全所做出的决定,但也导致了 Flash 无法大量保存游戏进度和玩家的个人信息,而这种功能是确保游戏可玩性的必要条件,不过也有开发者通过将 Flash 和 PHP 结合使用来实现相关功能。

　　此外,Flash 是基于二维平面的开发环境,虽然可以通过投影将三维空间映射为二维平面,但毕竟大大增加了设计的复杂度和实时计算量。到目前为止,仍然没有出现让人耳目一新的三维 Flash 游戏,多数三维效果仍然通过特制的位图和精心的布置来模拟。还有就是 Flash 不能访问单个像素。开发者无法对图像的像素颜色进行修改,或将位图作为纹理贴到多面体上。除此之外,Flash的魅力得以完美释放。总的来说,Flash是设计中、小型游戏的最佳工具,同时具有设计大型互动游戏的潜力。无论出于个人爱好,还是大公司的商业运作,Flash都是一个很好的选择。

1.4.3 Flash 游戏的制作过程

其实像Flash游戏这样的制作规划或者流程并没有想象中那么难,大致上只需要设想好游戏中会发生的所有情况(如果是RPG游戏需要设计好游戏中所有的可能情节),并针对这些情况安排好对应的处理方法,那么制作游戏就变成了一件很有系统性的工作了。Flash游戏的制作过程一般如下。

1. 设计流程图

有流程图设计者就可以清楚地了解需要制作的内容以及可能发生的情况。例如在"掷骰子"游戏中,一开始玩家要确定所押的金额,接着会随机出现玩家和计算机各自的点数,然后游戏对点数进行判断,最后就可以判断出谁胜谁负了。如果玩家胜利了,就会增加金额,相反要扣除金额,接着显示目前玩家的金额,再询问玩家是否结束游戏,如果不结束,则再选择要押的金额,进行下一轮游戏。

所以,如果有了比较完整的流程图,肯定会使游戏的制作工作更加有条理和顺利。

2. 素材的收集和准备

游戏流程图设计出来后,就需要着手收集和准备游戏中要用到的各种素材了,包括图片、声音等,俗话说"巧妇难为无米之炊",所以要完成一个比较成功的Flash游戏,必须拥有足够丰富的游戏内容和漂亮的游戏画面,故在进行下一步具体的制作工作前需要充分准备游戏素材。

3. 图形图像的准备

这里的"图形"一方面指Flash中应用很广的矢量图形,另一方面也指一些外部的位图文件,两者可以进行互补,这是游戏中最基本的素材。虽然Flash提供了丰富的绘图和造型工具,例如贝塞尔曲线工具,可以在Flash中完成绝大多数的图形绘制工作,但是在Flash中只能绘制矢量图形,如果需要用到一些位图或者用Flash很难绘制的图形,就需要使用外部素材了。

4. 制作与测试

在所有的素材都准备好之后,就可以开始游戏的制作了,这需要依靠制作者的Flash技术。当然,整个游戏的制作细节不是三言两语就能说清楚的,关键是靠制作者平时学习和积累的经验和技巧,要把它们合理地运用到实际的制作中,在这里仅提供几条制作游戏的建议,相信可以帮助制作者使游戏的制作更加顺利。

(1)分工合作:一个游戏的制作过程是非常烦琐和复杂的,所以要做好一个游戏,必须多人互相协调工作,每个人根据自己的特长来承担不同的任务,一般的经验是美工负责游戏的整体风格和视觉效果,程序员进行游戏程序的设计,这样一来,不仅可以充分发挥各自的特长,还可以保证游戏的制作质量和提高工作效率。

(2)设计进度:既然游戏的流程图已经确定了,那么就可以将所有要做的工作加以合理的分配,每天完成一定的任务,事先设计好进度表,然后按进度表进行制作,这样才不会在最后关头忙得不可开交,从而把大量的工作在短时间内完成。

（3）多多学习别人的作品：当然不是要抄袭他人的作品，而是在平时多注意别人的游戏制作方法，如果遇到好的作品，要进行研究和分析，从中可以发现自己容易出错的原因，甚至自己没有注意到的技术，也可以花一些时间把它学会。

游戏制作完成后就需要进行测试了，在测试方面可以利用 Flash 的"控制"→"测试影片"→"测试"命令来测试动画的执行情况，进入测试模式后，还可以通过监视对象和变量的方式找出程序中的问题。除此之外，为了避免测试时的盲点，一定要在多台计算机上进行测试，而且参加的人数最好多一点，这样有可能发现游戏中存在的问题，从而使游戏更加完善。

上面是一般游戏的制作流程与规划方法，如果在制作游戏的过程中遵循该流程，那么游戏的制作就可以相对顺利一些，不过上面的流程也不是一成不变的，可以根据实际情况进行更改，只要不会造成游戏制作上的困难就可以。

习题

1. Flash CS6 提供了哪几种供设计者选择的工作区布局？

2. 利用 Flash 模板创建各种"动画"类型的文件，测试并初步体会不同的动画效果。

3. 创建一个名为 blue 的 Flash 文档，设置文档大小为 600 像素 × 400 像素、帧频为 24fps、背景颜色为黑色，然后将文档保存为模板。

4. 利用制作的舞台对象，仿照案例 1.3 制作动画效果，对象的舞台位置可灵活调整。

Flash CS6 提供了丰富易用的绘图工具和强大便捷的动画制作系统,可以帮助用户制作出丰富多彩的 Flash 图形和动画。工欲善其事,必先利其器,要想真正制作出好的动画,用户必须对 Flash 中的各种工具有充分的认识,并能对其加以熟练地使用。

绘制图形是制作动画的前提,也是制作动画的基础,本章从绘图工具入手,通过工具介绍和实例操作的方式对 Flash CS6 工具箱中的工具进行介绍。

2.1 绘图工具

2.1.1 Flash 绘图基础

绘制图形是制作 Flash 动画的基础,在学习绘制和编辑图形的操作之前,用户需要对 Flash 中的绘图和色彩模式有一个清晰的认识。

1. 绘图

使用工具箱中的绘图工具可以方便地创建各种基本形态的对象。使用绘图工具所绘制的图形都是矢量图形。矢量图形也称向量图,是根据矢量数据计算生成的图像,其特点是文件体积较小,可以任意放大、缩小,在进行放大或缩小的操作之后,图形的清晰度不会受到影响。

Flash 中的矢量图形是由笔触和填充构成的,在绘制各种图形时应当设置图形的笔触颜色、填充颜色以及笔触的粗细、样式等属性。在工具箱的"颜色"区中可以设置图形的笔触颜色和填充颜色,也可以在"颜色"面板中进行设置。

Flash 提供了两种绘制模式,即合并绘制模式和对象绘制模式。

(1)合并绘制模式:绘制的图形重叠以后会自动合并,移动上面的图形会改变其下方的图形,如图 2-1 所示,用这种绘制模式绘制的图形称为"形状"。

图 2-1 合并绘制模式

（2）对象绘制模式：绘制的图形形成独立的图形对象，多个图形之间可以上下移动，即改变它们的层叠顺序，如图 2-2 所示，用这种绘制模式绘制的图形称为"绘制对象"。

图 2-2　对象绘制模式

2. 图形的色彩模式

不同颜色在色彩的表现上存在某些差异，根据这些差异，色彩被分为若干种色彩模式，例如 RGB 模式、灰度模式、索引颜色模式等。在 Flash CS6 中，程序提供了两种色彩模式，即 RGB 色彩模式和 HSB 色彩模式，如图 2-3 所示。

1）RGB 色彩模式

RGB 色彩模式是一种最常见、使用最广泛的颜色模式，它以色彩的三原色理论为基础。在 RGB 色彩模式中，任何色彩都被分解为不同强度的红、绿、蓝 3 种色光，其中，R 代表红色，G 代表绿色，B 代表蓝色，在这 3 种颜色的重叠位置分别产生了青色、洋红、黄色和白色。在 RGB 色彩模式中有 3 种基本色彩，即红色、绿色和蓝色，其中每一种色彩都有 256（0～255）种不同的亮度值。通常，亮度值越小，产生的颜色越深；亮度值越大，产生的颜色越浅。由此可以推断，当 R、G、B 值均为 0 时将产生黑色；当 R、G、B 值均为 255 时将产生白色。

图 2-3　"颜色"面板

任何一种 RGB 颜色都可以使用十六进制数值代码表示，十六进制的颜色数值有 6 位，每两位分配给 RGB 颜色通道中的一个。例如，在十六进制的颜色数值 00FFCC 中，00 代表红色通道，FF 代表绿色通道，CC 代表蓝色通道。

2）HSB 色彩模式

HSB 色彩模式是以人体对色彩的感觉为依据的，它描述了色彩的 3 种特性，其中，H 代表色相，S 代表纯度，B 代表明度。HSB 色彩模式比 RGB 色彩模式更加直观，因为人眼在分辨颜色时不会将色光分解为单色，而是按其色相、纯度和明度进行判断，由此可知 HSB 色彩模式更接近人的视觉原理。

2.1.2　线条工具和铅笔工具

1. 线条工具

"线条工具"用于绘制各种笔触样式的矢量直线。选择工具箱中的"线条工具" ，将鼠标移动到舞台上，单击并向某个方向拖动，可以绘制出一条直线。通过"属性"面板可以设置线条的填充和笔触的各项参数，如图 2-4 所示。

其主要参数选项的具体作用如下。

- 笔触颜色：可以设置线条的笔触和线条内部的填充颜色。
- 笔触：可以设置线条的笔触大小，也就是线条的宽度。
- 样式：可以设置线条的样式，例如实线、虚线、点状线等。
- 端点：设置线条的端点样式，可以选择"无"、"圆角"或"方形"。
- 接合：设置两条线段相接处的拐角端点样式，可以选择"尖角"、"圆角"或"斜角"。

单击图 2-4 中的"编辑笔触样式"按钮，打开"笔触样式"对话框，能够对笔触的类型等进行选择，如图 2-5 所示。

图 2-4 "线条工具"的"属性"面板

图 2-5 "笔触样式"对话框

使用"线条工具"的操作步骤如下。

① 选择工具箱中的"线条工具"❮；
② 根据需要在"选项"区中选择"对象绘制"模式 ◯；
③ 在"线条工具"的"属性"面板中设置线条的填充和笔触的各项参数；
④ 在舞台中拖动鼠标绘制线条。

使用"线条工具"可以绘制各种样式的线条，在图 2-6 中从左到右依次为直线、点状线、虚线、斑马线和点描线。

图 2-6 各种样式的线条

按住 Shift 键，可以绘制水平线、垂直线和 45°角的线条。

2. 铅笔工具

"铅笔工具"用于绘制简单的矢量线条，其绘图方式与使用真实的铅笔大致相同。选择工具箱中的"铅笔工具"✏️，将鼠标移动到舞台上，单击并向某个方向拖动，可以绘制出不同的线条。通过"属性"面板可以设置线条的填充和笔触的各项参数，如图 2-7 所示。

"铅笔工具"提供了"伸直"、"平滑"和"墨水"3 种绘图模式。在绘制前，可先单击工具箱底部的"铅笔模式"按钮 ，选择一种绘图模式，如图 2-8 所示。

图 2-7 "铅笔工具"的"属性"面板　　　　图 2-8 铅笔模式

使用"铅笔工具"的操作步骤如下。

① 选择工具箱中的"铅笔工具" ；

② 根据需要在"选项"区中选择"对象绘制"模式 ；

③ 选择需要的"铅笔模式"；

④ 在"铅笔工具"的"属性"面板中设置线条的填充、笔触及平滑度的各项参数；

⑤ 在舞台中拖动鼠标绘制线条。

图 2-9 中绘制的线条依次采用了"伸直"、"平滑"和"墨水"模式。

图 2-9 各种样式的线条

"铅笔工具"所绘制线条的颜色、粗细和线型等，其主要参数选项与"线条工具"类似。

2.1.3 矩形工具和基本矩形工具

Flash 提供了两种绘制矩形的工具，即矩形工具和基本矩形工具。

1. 矩形工具

"矩形工具"用于绘制矩形和正方形。选择工具箱中的"矩形工具" ，将鼠标移动到舞台上，单击并向某个方向拖动，可以绘制出一个矩形。通过"属性"面板可以设置矩形的笔触颜色、线型、粗细、填充颜色和边角半径等，如图 2-10 所示。

其主要参数选项的具体作用如下。

- 笔触颜色：可以设置矩形的笔触颜色，即矩形的外框颜色。
- 填充颜色：可以设置矩形的内部填充颜色。
- 笔触：可以设置线条的笔触大小，也就是线条的宽度。
- 样式：可以设置线条的样式，例如实线、虚线、点状线等。

23

• 矩形选项：设置矩形的边角半径，正值为正半径，负值为反半径。

使用"矩形工具"的操作步骤如下。

① 选择工具箱中的"矩形工具" ；

② 根据需要在"选项"区中选择"对象绘制"模式 ；

③ 在"矩形工具"的"属性"面板中设置"矩形选项"中的圆角度数；

④ 在"矩形工具"的"属性"面板中设置填充和笔触的各项参数；

⑤ 在舞台中拖动鼠标绘制图形。

使用"矩形工具"可以绘制各种不同的矩形，图 2-11 为设置了不同属性时绘制的矩形。

2. 基本矩形工具

对于用"基本矩形工具"绘制的矩形，如果对矩形的圆角度数不满意，可以随时进行修改。图 2-12 所示为对矩形的圆角度数调整前后的图形。

图 2-10 "矩形工具"的"属性"面板

图 2-11 各种样式的矩形

图 2-12 对圆角度数调整前后的矩形

在绘制矩形的时候，按住 Shift 键可绘制正方形。

2.1.4 椭圆工具和基本椭圆工具

Flash 提供了两种绘制椭圆的工具，即椭圆工具和基本椭圆工具。

图 2-13 "椭圆工具"的"属性"面板

1. 椭圆工具

"椭圆工具"用于绘制椭圆和正圆。选择工具箱中的"椭圆工具" ，将鼠标移动到舞台上，单击并向某个方向拖动，可以绘制出一个椭圆。

通过"属性"面板可以设置椭圆的笔触颜色、线型、粗细、填充颜色和开始角度、结束角度等，如图 2-13 所示。其"属性"面板中的基本属性与"矩形工具"相同，对其"椭圆选项"的说明如下。

• 设置"开始角度"或者"结束角度"可以形成扇形。

• 设置"内径"可以形成圆环。

• 取消选择"闭合路径"复选框可以形成线段。

• 单击"重置"按钮可以恢复椭圆为原始大小和形状。

使用"椭圆工具"的操作步骤如下。

① 选择工具箱中的"椭圆工具" ；

② 根据需要在"选项"区中选择"对象绘制"模式 ；

③ 在"椭圆工具"的"属性"面板中设置"椭圆选项"中的开始角度和结束角度；

④ 在"椭圆工具"的"属性"面板中设置填充和笔触的各项参数；

⑤ 在舞台中拖动鼠标绘制图形。

图 2-14 为设置不同属性时所绘制的椭圆。

图 2-14　各种样式的椭圆

2. 基本椭圆工具

对于用"基本椭圆工具"绘制的椭圆，用户可以随意地调整开始角度、结束角度和内径等。图 2-15 为调整前后的椭圆。

图 2-15　调整前后的椭圆

"基本矩形工具"和"基本椭圆工具"只能用于对象的绘制。

2.1.5　多角星形工具

"多角星形工具"用于绘制任意多边形和星形图形。选择工具箱中的"多角星形工具" ，将鼠标移动到舞台上，单击并向某个方向拖动，可以绘制出一个多边形或星形。通过"属性"面板可以设置多角星形的笔触颜色、线型、粗细、填充颜色等，如图 2-16 所示。

为了更精确地绘制，单击"属性"面板中的"选项"按钮，在打开的"工具设置"对话框中设置样式、边数和星形顶点大小等，如图 2-17 所示。

图 2-16　"多角星形工具"的"属性"面板　　　图 2-17　"工具设置"对话框

对该对话框中的设置说明如下。

- 设置"样式"可以选择"多边形"或"星形",确定要绘制的图形形状。
- 设置"边数"可以输入 3～32 的数字,确定要绘制图形的边数。
- 设置"星形顶点大小"可以输入 0～1 的数字,确定星形顶点的深度。

使用"多角星形工具"的操作步骤如下。

① 选择工具箱中的"多角星形工具" ；

② 根据需要在"选项"区中选择"对象绘制"模式 ；

③ 在"多角星形工具"的"属性"面板中单击"选项"按钮,在打开的"工具设置"对话框中设置样式、边数和星形顶点大小等；

④ 在"多角星形工具"的"属性"面板中设置填充和笔触的各项参数；

⑤ 在舞台中拖动鼠标绘制图形。

图 2-18 为使用"多角星形工具"绘制的不同的多边形和星形。

图 2-18 不同样式的多边形和星形

2.1.6 刷子工具

"刷子工具"用于绘制自由形状的矢量填充,其绘制如同用毛笔绘画一样。选择工具箱中的"刷子工具" ，将鼠标移动到舞台上,单击并向某个方向拖动,可以绘制出一个矢量的填充。通过"属性"面板可以设置填充的颜色等,如图 2-19 所示。

选中"刷子工具"后,在工具箱的"选项"区中会出现"对象绘制"、"锁定填充"、"刷子模式"、"刷子大小"和"刷子形状"5 个选项,如图 2-20 和图 2-21 所示。

图 2-19 "刷子工具"的"属性"面板

图 2-20 "刷子工具"选项

图 2-21 "刷子工具"的选项设置

- 对象绘制:选中该按钮将切换到对象绘制模式。在该模式下绘制的色块是独立对象,即使和以前绘制的色块重叠也不会合并起来。该选项在使用前面介绍的工具绘制图形时在"选项"区中也会出现。

- 锁定填充：选中该按钮将会自动将上一次绘图时的笔触颜色变化规律锁定，并将该规律扩展到整个设计区。在非锁定模式下，任何一次笔触都将包含完整的变化过程。
- 刷子模式：用于选择刷子的模式，其中有"标准绘画"、"颜料填充"、"后面绘画"、"颜料选择"和"内部绘画"5种模式。
- 刷子大小：用于设置笔刷的大小，有8种刷子大小供用户选择。
- 刷子形状：用于设置笔刷的形状，有9种刷子形状供用户选择。

使用"刷子工具"的操作步骤如下。

① 选择工具箱中的"刷子工具" ；

② 根据需要在"选项"区中选择"对象绘制"模式 ；

③ 在工具箱的"选项"区中设置"刷子模式"、"刷子大小"和"刷子形状"等模式；

④ 在"刷子工具"的"属性"面板中设置填充色和平滑度；

⑤ 在舞台中拖动鼠标绘制图形。

图 2-22 展示了使用 5 种刷子模式的绘图效果。

(a) 原图　　　　　　(b) 标准绘画　　　　　　(c) 颜料填充

(d) 后面绘画　　　　　(e) 颜料选择　　　　　　(f) 内部绘画

图 2-22　5 种刷子模式的绘图效果

2.1.7　喷涂刷工具

"喷涂刷工具"用于在舞台上绘制随机图形，属于 Flash 中的装饰性绘制工具。其绘制效果类似于大家平时看到的喷漆效果，绘制出来的图形具有随机分布的特性。

选择工具箱中的"喷涂刷工具" ，将鼠标移动到舞台上，单击或向某个方向拖动，可以绘制出一个随机分布的图形。通过"属性"面板可以设置填充颜色等属性，如图 2-23 所示。

图 2-24 为使用"喷涂刷工具"的基本绘图效果，图 2-25 为使用元件后绘制的效果。

使用"喷涂刷工具"的操作步骤如下。

图 2-23　"喷涂刷工具"的"属性"面板

图 2-24 "喷涂刷工具"的基本绘图效果

图 2-25 "喷涂刷工具"的元件绘图效果

① 选择工具箱中的"喷涂刷工具" <img>；

② 在"喷涂刷工具"的"属性"面板中设置元件、画笔等选项；

③ 在舞台中单击或拖动鼠标添加装饰效果。

2.1.8 橡皮擦工具

"橡皮擦工具"用于擦除图形的轮廓和填充色。选择工具箱中的"橡皮擦工具" <img>，将鼠标移动到舞台上，单击并向某个方向拖动，可以擦掉鼠标经过区域的轮廓和填充色。

选中"橡皮擦工具"后，在工具箱的"选项"区中会出现"橡皮擦模式"、"水龙头"和"橡皮擦形状" 3 个选项，如图 2-26 所示。

• 橡皮擦模式：用于选择橡皮擦的模式，其中有"标准擦

图 2-26 "橡皮擦工具"选项

除"、"擦除填色"、"擦除线条"、"擦除所选填充"和"内部擦除"5种模式。

- 水龙头：用于一次性擦除轮廓或填充色。
- 橡皮擦形状：用于设置橡皮擦的形状和大小。

使用"橡皮擦工具"的操作步骤如下。

① 选择工具箱中的"橡皮擦工具" ⬛；

② 在工具箱的"选项"区中设置"橡皮擦模式"；

③ 在工具箱的"选项"区中设置"水龙头"；

④ 在工具箱的"选项"区中设置"橡皮擦形状"；

⑤ 在舞台中拖动鼠标擦除对象。

图 2-27 为使用 5 种橡皮擦模式的擦除效果。

| (a) 原图 | (b) 标准擦除 | (c) 擦除填色 | (d) 擦除线条 | (e) 擦除所选填充 | (f) 内部擦除 |

图 2-27　5 种擦除模式的擦除效果

2.1.9　钢笔工具

"钢笔工具"主要用于绘制贝塞尔曲线,这是一种由路径点调节路径形状的曲线。"钢笔工具"是一个工具组,在绘制过程中,"钢笔工具"与组中的其余 3 个工具(添加锚点工具 ⬛、删除锚点工具 ⬛ 及转换锚点工具 ⬛)结合使用,通过对路径锚点进行相应调整,绘制出精确的路径。

1. 设置钢笔工具

在使用"钢笔工具"之前,需要设置"钢笔工具"的指针外观、所选锚点的外观以及绘制线段时是否显示预览等属性,可以执行"编辑"→"首选参数"命令,在打开的"首选参数"对话框中对"绘画"项进行设置,如图 2-28 所示。

图 2-28　"钢笔工具"的外观设置

2. 绘制直线

选择工具箱中的"钢笔工具" ，将鼠标移动到舞台上，单击某点即可增加一个锚点，然后在别处单击又可增加一个锚点，两个锚点之间可连接一条线段，继续单击可创建由转角点连接的直线段组成的路径。通过"属性"面板可以设置笔触的颜色、线型和粗细等，如图2-29所示。

图2-30为使用"钢笔工具"绘制的直线。

提示：在最后的锚点处双击，或者按下Ctrl键在工作区中的其他地方单击可结束路径的绘制。

图2-29　"钢笔工具"的"属性"面板

3. 绘制曲线

选择工具箱中的"钢笔工具" ，将鼠标移动到舞台上，单击某点即可确定一个锚点，然后在另一点单击并拖动鼠标，在两个锚点之间会生成一条曲线，并出现一对控制手柄，如图2-31所示。

图2-30　使用"钢笔工具"绘制的直线　　　　图2-31　使用"钢笔工具"绘制曲线

4. 调整锚点

在"钢笔工具"组中，可以使用"添加锚点工具"给路径增加锚点、使用"删除锚点工具"删除路径上的锚点、使用"转换锚点工具"改变曲线的形状。图2-32为对一个路径分别执行增加锚点、删除锚点和调整形状后的效果。

(a) 原图　　　　(b) 添加锚点　　　　(c) 删除锚点　　　　(d) 转换锚点

图2-32　调整锚点

使用"钢笔工具"的操作步骤如下。

① 选择工具箱中的"钢笔工具" ；

② 根据需要在"选项"区中选择"对象绘制"模式 ；

③ 在"钢笔工具"的"属性"面板中设置笔触和填充属性；

④ 返回到工作区，在舞台上单击；

⑤ 单击舞台中的其他位置或者拖动鼠标，执行多次操作，可以进行直线或曲线的绘制；

⑥ 如果要结束路径的绘制，可以按住Ctrl键在路径外单击；如果要闭合路径，可以将鼠标指针移到第一个路径点上单击。

2.1.10　课堂案例

【案例 2.1】　绘制中国心。

① 单击"主工具栏"上的"新建"按钮,在"属性"面板中设置大小为 200 像素×200 像素,新建一个 Flash 文件。

② 执行"视图"→"网格"→"显示网格"命令,在舞台上显示网格线,然后执行"视图"→"网格"→"编辑网格"命令,打开"网格"对话框,进行如图 2-33 所示的设置。

图 2-33　"网格"对话框

③ 执行"视图"→"标尺"命令,在工作区的上边界和左边界分别显示"水平标尺"和"垂直标尺";把鼠标移动到"水平标尺",按下鼠标向下拖动,在舞台上松开鼠标,即可在舞台上显示一水平线,这条线称为"辅助线",如图 2-34 所示;同样在"垂直标尺"上按下鼠标向右拖动到舞台松开,也可显示一条垂直辅助线;按照同样的方法创建如图 2-35 所示的 6 条辅助线,并执行"视图"→"辅助线"→"锁定辅助线"命令,选中"锁定辅助线"。

图 2-34　辅助线效果

图 2-35　添加辅助线

④ 执行"视图"→"贴紧"→"贴紧至网格"命令,选中"贴紧至网格",然后执行"视图"→"贴紧"→"贴紧至辅助线"命令,取消选中"贴紧至辅助线"命令,如图 2-36 所示。

⑤ 选择"钢笔工具",把鼠标移到 90×50 处,按着鼠标向左拖动 3 格,再向上拖动两格,释放鼠标;把鼠标移到 30×80 处,按着鼠标向下拖动 3 格,释放鼠标;把鼠标移到 90×150 处,单击一下鼠标;把鼠标移到 150×80 处,按着鼠标向上拖动 3 格,释放鼠标;把鼠标移到 90×50 处,按着鼠标向左拖动 3 格,再向上拖动两格,释放鼠标,完成心形的绘制,如图 2-37 所示。

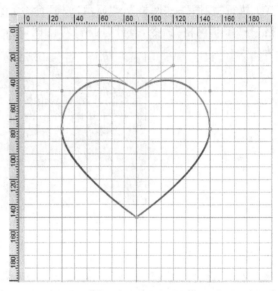

图 2-36 "辅助线"设置   图 2-37 绘制心形

⑥ 执行"视图"→"辅助线"→"显示辅助线"命令,取消"辅助线"的显示。

⑦ 选择"部分选取工具",单击心形,如图 2-38 所示,通过锚点可以对心形做一些更细致的调整。

⑧ 执行"窗口"→"颜色"命令,打开"颜色"面板,设置"填充颜色"为由红到黄的径向渐变,然后选择"颜料桶工具",单击心形内部进行渐变填充,如图 2-39 所示。

图 2-38 选中心形   图 2-39 填充心形

⑨ 选择"渐变变形工具" ，对渐变进行调整,如图 2-40 所示。

至此绘制完毕,效果如图 2-41 所示。

提示:使用网格、标尺和辅助线是为了在绘制对象时更加精确和细致。

图 2-40　调整心形　　　　　　　　　　图 2-41　心形

2.2　选择和编辑工具

2.2.1　选择工具

　　"选择工具"用于抓取、选择、移动和改变图形形状,它是 Flash 中使用最多的工具。选择工具箱中的"选择工具" ，将鼠标移动到舞台上,单击并向某个方向拖动或单击、双击某个对象,就可以选中选取的对象或某个对象。

　　选中"选择工具"后,在工具箱的"选项"区中会出现"贴紧至对象"、"平滑"和"伸直"3 个选项,如图 2-42 所示。使用这些按钮,可以完成"对齐"、"平滑"和"伸直"操作,使用此操作可以减少锚点。

　　图 2-43 为使用"平滑"和"伸直"操作后的效果。

图 2-42　"选择工具"的选项　　　　　图 2-43　"平滑"和"伸直"效果

　　【案例 2.2】　绘制中国银行标志。

　　① 执行"文件"→"新建"命令,打开"新建文档"对话框,选择"常规"选项卡中的"ActionScript 3.0"选项,单击"确定"按钮,新建一个默认大小(550 像素×400 像素)的 Flash 文件。

　　② 选择"椭圆工具",在"属性"面板中设置"笔触颜色"为红色、"填充颜色"为无色、"笔触"为 15,按下 Shift 键,按着鼠标左键在舞台中拖动绘制如图 2-44 所示的圆形。

　　③ 选择"矩形工具",在"属性"面板中设置"笔触颜色"为无色、"填充颜色"为红色、"矩形边角半径"为 20,按着鼠标左键在舞台中拖动绘制如图 2-45 所示的圆角矩形。

　　④ 设置"笔触颜色"为无色、"填充颜色"为白色、"矩形边角半径"为 0,按着鼠标左键在舞台中拖动绘制如图 2-46 所示的矩形。

　　⑤ 选择"选择工具",单击圆形,按下 Shift 键,然后双击矩形,选中矩形和圆形,再执行"窗口"→"对齐"命令,打开"对齐"面板,单击"水平对齐"和"垂直对齐"按钮,执行对齐操作。

⑥ 选择"线条工具",在"属性"面板中设置"笔触颜色"为红色、"笔触"为15,在舞台中拖动绘制如图 2-47 所示的线段。

图 2-44　绘制圆环　　　图 2-45　绘制圆角矩形　　　图 2-46　绘制矩形　　　图 2-47　绘制线段

【案例 2.3】 绘制瓢虫。

① 执行"文件"→"新建"命令,打开"新建文档"对话框,选择"常规"选项卡中的"ActionScript 3.0"选项,单击"确定"按钮,新建一个大小为 500 像素×500 像素的 Flash 文件。

② 选择"椭圆工具",在"属性"面板中设置"笔触颜色"为黑色、"填充颜色"为"红黑渐变",按下 Shift 键同时按下鼠标左键,在舞台中拖动绘制如图 2-48 所示的圆形。

③ 设置"笔触颜色"为无色、"填充颜色"为黑色,按下鼠标左键,在舞台中拖动绘制 3 个椭圆,如图 2-49 所示。

④ 选择"选择工具",单击选中一个椭圆,然后按下 Alt 键或 Ctrl 键拖动鼠标复制椭圆,依次完成瓢虫身体斑点的绘制,如图 2-50 所示。

图 2-48　圆形　　　　图 2-49　绘制的椭圆　　　图 2-50　复制椭圆后的效果

⑤ 选择"线条工具",在"属性"面板中设置"笔触颜色"为黑色、"笔触"为 10,配合"椭圆工具",在舞台中拖动绘制瓢虫的触角,如图 2-51 所示。

⑥ 选择"选择工具",把鼠标放在触角上,当出现变形时拖动鼠标,使触角弯曲一些,如图 2-52 所示。

图 2-51　绘制触角效果　　　　图 2-52　调整触角后的效果

⑦ 选择"椭圆工具",在"属性"面板中设置"笔触颜色"为无色、"填充颜色"为黑色,按下鼠标左键,在舞台中拖动绘制瓢虫的头部,如图 2-53 所示。

⑧ 选择"线条工具",在"属性"面板中设置"笔触颜色"为黑色、"笔触"为 1,在舞台中拖动绘制瓢虫的甲壳线,如图 2-54 所示。

图 2.53　绘制头部后效果　　　　　图 2-54　瓢虫的最终效果

2.2.2　部分选取工具

"部分选取工具"也可用于抓取、选择、移动和改变图形形状,但它主要用来更精细地调整图形形状。选择工具箱中的"部分选取工具" ▶ ,将鼠标移动到舞台上,单击并向某个方向拖动或者单击线段或图形的边,就可以选中选取的对象或某个对象。在使用该工具选取对象时,对象上会出现很多路径点,表示该对象已经被选中。

在使用"部分选取工具"时,可以完成以下操作。

- 移动路径点位置,可以改变对象的形状。
- 拖动控制点,可以改变曲线的弧度。
- 选中路径点后按 Delete 键,可以删除路径点。
- 按住 Alt 键,可以改变路径点的类型。
- 按住 Ctrl 键,可以对路径进行缩放、变形等。

图 2-55 为使用"部分选取工具"操作图 2-54 后的效果。

图 2-55　"部分选取工具"操作效果

2.2.3　套索工具

"套索工具"主要用于选取图形中不规则的形状区域。选择工具箱中的"套索工具" ,将鼠标移动到舞台上,围绕要选择的区域拖动鼠标即可。

选中"套索工具"后,在工具箱的"选项"区中会出现 3 个选项,如图 2-56 所示。

对各选项的说明如下。

- 魔术棒:用于选取颜色相近的区域,操作对象为位图图像。
- 魔术棒设置:用于设置魔术棒的阈值和平滑。
- 多边形模式:用于用直线精确地绘制对象的轮廓。

图 2-56 "套索工具"的选项

2.2.4 任意变形工具和渐变变形工具

"任意变形工具"和"渐变变形工具"分别用于对形状进行变形和对渐变方式进行变形。

1. 任意变形工具

"任意变形工具"用于改变工作区中对象的形状。选择工具箱中的"任意变形工具" 后,在工具箱的"选项"区中会出现 4 个选项,如图 2-57 所示。

对各选项的说明如下。

图 2-57 "任意变形工具"的选项

- 旋转与倾斜:用于旋转和倾斜对象。
- 缩放:用于改变对象的大小。
- 扭曲:用于通过对象的锚点来改变对象的形状。
- 封套:用于通过改变锚点的手柄来改变对象的形状。

图 2-58 所示为使用"任意变形工具"操作图 2-54 后的效果。

(a) 旋转与倾斜　　　(b) 缩放　　　(c) 扭曲　　　(d) 封套

图 2-58 任意变形效果图

2. 渐变变形工具

"渐变变形工具"用于更改渐变的方式。选择工具箱中的"渐变变形工具" ,将鼠标移动到舞台上,单击填充了渐变的对象,选择对象上的控制点就可以进行渐变编辑。

渐变是由一种颜色过渡到另一种颜色的变化过程,包括线性渐变和径向渐变。图 2-59 所示为使用"渐变变形工具"单击线性渐变和径向渐变对象后的情况。线性渐变(左图)有"中心控点"、"旋转控点"和"方形控点"3 个控制点,径向渐变(右图)有"中心控点"、"三角控点"、"旋转控点"、"缩放控点"和"方形控点"5 个控制点。

- 中心控点:用于改变渐变的中心位置。
- 三角控点:用于改变渐变的角度。

图 2-59 渐变对象上的控制点

- 旋转控点：用于改变渐变的方向。
- 缩放控点：用于改变渐变的范围。
- 方形控点：用于改变渐变的宽度。

2.2.5　课堂案例

【案例 2.4】　绘制花朵。

① 执行"文件"→"新建"命令，打开"新建文档"对话框，选择"常规"选项卡中的"ActionScript 3.0"选项，单击"确定"按钮，新建一个默认大小（550 像素 × 400 像素）的 Flash 文件。

② 选择"椭圆工具"，在"属性"面板中设置"笔触颜色"为无色、"填充颜色"为红黄渐变，按下鼠标左键，在舞台中拖动绘制如图 2-60 所示的椭圆作为花瓣。

③ 选择"渐变变形工具"，单击椭圆后调整"旋转控点"，如图 2-61 所示。

④ 选择"任意变形工具"，调整"中心点"到花瓣的最下端位置，如图 2-62 所示。

图 2-60　绘制椭圆花瓣　　图 2-61　调整花瓣的"旋转控点"　　图 2-62　调整花瓣的"中心点"

⑤ 执行"窗口"→"变形"命令，打开"变形"面板，选择"旋转"单选按钮并设置为 45°，然后单击"重制选区和变形"按钮多次，得到如图 2-63 所示的花朵。

⑥ 选择"选择工具"，选中所有花瓣，然后选择"任意变形工具"对其进行变形操作，如图 2-64 所示。

⑦ 选择"铅笔工具"，设置"笔触颜色"为绿色、"笔触"为 3，选择"平滑"模式，绘制一条线段，如图 2-65 所示。

图 2-63　花朵　　　　　图 2-64　花朵的变形效果　　　　图 2-65　花茎效果

⑧ 选择"椭圆工具",设置"笔触颜色"和"填充颜色"为绿色,绘制如图 2-66 所示的椭圆,然后选择"选择工具",对椭圆边沿进行调整,绘制如图 2-67 所示的叶子。

⑨ 选择"线条工具",设置"笔触颜色"为黑色,绘制如图 2-68 所示的叶脉。

⑩ 选中叶子,按下 Alt 键拖动,复制叶子,再使用"任意变形工具"调整叶子的大小和方向,最后合成花瓣和叶子,如图 2-69 所示。

图 2-66 椭圆效果

图 2-67 叶子形状

图 2-68 带叶脉的叶子

图 2-69 最终绘制效果

2.3 颜色工具

2.3.1 墨水瓶工具

"墨水瓶工具"用于给选定的矢量图形添加边线,还可以更改线条或图形轮廓的笔触颜色、宽度和样式等。选择工具箱中的"墨水瓶工具" ,将鼠标移动到对象上,单击即可给对象添加边线或更改边线。通过"属性"面板可以设置笔触的颜色、宽度和样式等,如图 2-70 所示。

使用"墨水瓶工具"的操作步骤如下。

① 选择工具箱中的"墨水瓶工具";

② 在"墨水瓶工具"的"属性"面板中设置描边路径的颜色、粗细和样式;

③ 在图形对象上单击。

图 2-71 为使用"墨水瓶工具"后的效果。

2.3.2 颜料桶工具

"颜料桶工具"用于填充未填色的轮廓线,还可以更改填充,填充的类型包括纯色填充、渐变填充和位图填充等。选择工具箱中的"颜料桶工具",将鼠

图 2-70 "墨水瓶工具"的"属性"面板

图 2-71　使用"墨水瓶工具"添加边线和改变边线的效果

标移动到对象上,单击即可给对象添加填充或更改填充。通过"属性"面板可以设置填充类型,如图 2-72 所示。

一般情况下,"颜料桶工具"只能填充封闭的区域,如果被填充的区域不是闭合的,则可以通过设置"选项"区中的"颜料桶工具"的"空隙大小"来进行填充,如图 2-73 所示。

图 2-72　"颜料桶工具"的"属性"面板

图 2-73　"空隙大小"选项

- 不封闭空隙:填充时填充区域不允许缺口存在。
- 封闭小空隙:如果缺口很小,可以作为封闭区域进行填充。
- 封闭中等空隙:如果缺口中等,可以作为封闭区域进行填充。
- 封闭大空隙:如果缺口很大,可以作为封闭区域进行填充。

同时,用户还可以使用"锁定填充"按钮对填充颜色进行锁定。

使用"颜料桶工具"的操作步骤如下。

① 选择工具箱中的"颜料桶工具" ;

② 在"颜料桶工具"的"属性"面板中设置描边路径的颜色、粗细和样式;

③ 在工具箱的"选项"区中设置"空隙大小";

④ 单击需要填充的区域。

图 2-74 为使用"颜料桶工具"添加和更改填充的效果。

图 2-74　使用"颜料桶工具"添加和更改填充的效果

2.3.3 滴管工具

"滴管工具"用于从一个对象获取填充和笔触属性,用来填充其他对象。

选择工具箱中的"滴管工具" ，将鼠标移动到对象上,单击即可复制该对象的填充或笔触属性。如果"滴管工具"吸取的是路径颜色,则会自动转换为"墨水瓶工具",如图 2-75 所示;如果"滴管工具"吸取的是填充颜色,则会自动转换为"颜料桶工具",如图 2-76 所示。

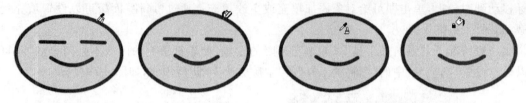

| 图 2-75 吸取路径颜色 | 图 2-76 吸取填充颜色 |

2.3.4 课堂案例

【案例 2.5】 装饰大楼夜景。

① 执行"文件"→"新建"命令,打开"新建文档"对话框,选择"常规"选项卡中的"ActionScript 3.0"选项,单击"确定"按钮,新建一个默认大小(550 像素×400 像素)的 Flash 文件。

② 执行"文件"→"导入"→"导入到舞台"命令,导入素材图片,如图 2-77 所示。

③ 选择"颜料桶工具",在"属性"面板中设置"填充颜色"为♯663300,然后单击建筑物的正面进行填充,如图 2-78 所示。

图 2-77 导入的素材图

图 2-78 正面填充图

④ 修改"填充颜色"为♯CC9900，单击建筑物的侧面进行填充，如图 2-79 所示。

⑤ 修改"填充颜色"为♯990000，对建筑物的正面进行的填充如图 2-80 所示。

图 2-79　侧面填充图　　　　　　　　　　图 2-80　装饰填充图

⑥ 选择"墨水瓶工具"，在"属性"面板中设置"笔触颜色"为彩虹渐变色，单击建筑物进行路径的填充，如图 2-81 所示。

图 2-81　路径填充图

2.4 文本工具

2.4.1 文本的类型

"文本工具"用于输入或编辑文本。选择工具箱中的"文本工具" **T** ，可以创建多种类型的文本。通过"属性"面板可以设置文本的字体和段落属性，如图 2-82 所示。

从 Flash CS6 开始，除了传统文本模式以外，新增加了 TLF 文本模式。TLF 文本支持更多、更丰富的文本布局以及对文本属性的更精密的控制，如图 2-83 所示。

在 Flash CS6 中，传统文本分为 3 种类型，即静态文本、动态文本和输入文本，如图 2-84 所示。静态文本是指当建立了文字内容后，此文字在制作动画时只能改变文字的外形，而无法改变其文字内容。动态文本与静态文本不同，用户可以通过使用程序及变量来改变文字方块内的内容，因此常用于显示动态内容（例如动态更新的时间信息等）。输入文本是指用户可以在其中输入文字的文本框，它一般用于 Flash 表单等需要用户输入文字的场合。我们在这里所说的文本一般指静态文本，这也是传统文本的默认选项。

图 2-82 "文本工具"的"属性"面板

在 Flash CS6 中，TLF 文本分为 3 种类型，即只读、可选、可编辑，如图 2-85 所示。只读文本是作为 SWF 文件发布时文本无法选中或编辑。可选文本是作为 SWF 文件发布时文本可以选中并可以复制到剪贴板，但不能编辑，在 TLF 文本中此设置是默认选项。可编辑文本是作为 SWF 文件发布时文本可以选中和编辑。

图 2-83 文本引擎

图 2-84 传统文本类型

图 2-85 TLF 文本类型

2.4.2 创建传统文本

传统文本是 Flash 的基础文本模式，它在 Flash 图文制作方面发挥着重要的作用，传统文本分为静态文本、动态文本和输入文本 3 种类型。

1. 创建静态文本

在创建静态文本时，选择工具箱中的"文本工具"，当光标变为十字形状时在舞台上单击即可创建一个可扩展的静态文本框，在文本框中输入文本即可，如图 2-86 所示。

在创建文本后,执行"修改"→"分离"命令对文本进行分离,可以将多字符文本的每一个文本都放置在单独的文本框中。再次执行"修改"→"分离"命令可以将文本转换为图形对象,从而使文本可以像图形一样被编辑。图 2-87 是对文本执行一次和两次分离后的效果。

图 2-86　输入文本

(a) 原文本　　　　　　　　(b) 一次分离

(c) 两次分离

图 2-87　文本分离效果

提示:在执行分离操作时也可以使用 Ctrl+B 组合键。

在创建文本时,可以在"文本工具"的"属性"面板中对文本的字符格式和段落格式属性参数进行设置,参见图 2-82 所示。

其主要参数选项的具体作用如下。

- 文本方向:可以设置文本方向,有"水平"、"垂直"、"垂直,从左到右"3 种。
- 系列:可以设置文本的字体样式,例如宋体、楷体等。
- 大小:可以设置字体大小。
- 行距:可以设置文本行之间的距离。
- 颜色:可以设置字体颜色。
- 字距调整:可以设置文本中字与字之间的距离。
- 格式:可以设置对齐方式。

2. 创建动态文本

在创建动态文本时,选择工具箱中的"文本工具",在"属性"面板中单击"静态文本"按钮,在弹出的菜单中选择"动态文本"类型,当光标变为十字形状时在舞台上单击拖动即可创建一个可扩展的动态文本框,在文本框中输入文字,即可创建动态文本,如图 2-88 所示。

使用动态文本,用户可以通过程序和变量来改变文字方块内的内容,因此常用于显示动态内容,例如滚动文本。其一般作为实例使用,可以是实例名称,通过程序访问,设置实例名称在"属性"面板中完成,如图 2-89 所示。

图 2-88　输入动态文本

图 2-89　动态文本的"属性"面板

在 Flash CS6 中,创建动态滚动文本有以下几种方法。

- 按住 Shift 键的同时双击动态文本框的圆形或方形手柄。
- 使用"选择工具"选中动态文本框,然后选择"文本"菜单下的"可滚动"命令。
- 使用"选择工具"选中动态文本框,然后右击该动态文本框,在弹出的快捷菜单中选择"可滚动"命令。

创建动态文本后,在其文本框的右下方会显示一个黑色的实心矩形手柄,如图 2-90 所示。

3. 创建输入文本

输入文本是指用户可以在其中输入文字的文本框,它一般用于 Flash 表单等需要用户输入文字的场合。

在创建输入文本时,选择工具箱中的"文本工具",在"属性"面板中单击"静态文本"按钮,在弹出的菜单中选择"输入文本"类型,当光标变为十字形状时在舞台上单击拖动即可创建一个可扩展的输入文本框,如图 2-91 所示。

图 2-90　动态文本　　　　　　　　图 2-91　输入文本输入框

2.4.3　创建 TLF 文本

TLF 文本的出现使 Flash 在文字排版方面的功能大大加强,与传统文本相比,TLF 文本有以下特点和优势。

- 更多的字符样式,包括行距、连字、加亮颜色、下划线、删除线、大小写、数字格式及其他样式。
- 更多的段落样式,包括通过栏间距支持多列、末行对齐选项、边距、缩进、段落间距和容器填充值。
- 控制更多亚洲字体属性,包括直排内横排、标点挤压、避头尾法则类型和行距模型柄。
- 可以对 TLF 文本应用 3D 旋转、色彩效果以及混合模式等属性,而无须将 TLF 文本放置在影片剪辑元件中。
- 文本可以按照顺序排列在多个文本容器中,这些容器称为串接文本容器或链接文本容器。
- 支持双向文本,其中从右到左的文本可以包含从左到右的文本元素,在使用一些其他亚洲语言时,此功能必不可少。

在创建 TLF 文本时,选择工具箱中的"文本工具",在"属性"面板中单击"传统文本"按钮,在弹出的菜单中选择"TLF 文本"类型,当光标变为十字形状时在舞台上单击拖动即可创建一个输入文本框输入 TLF 文本,如图 2-92 所示。

TLF 文本的主要参数选项在"属性"面板中设置,如图 2-93 所示。

图 2-92　TLF 文本输入框　　　　　　图 2-93　TLF 文本"属性"面板

2.4.4　课堂案例

【案例 2.6】　制作网页文字。

① 执行"文件"→"新建"命令,打开"新建文档"对话框,选择"常规"选项卡中的"ActionScript 3.0"选项,设置大小为 400 像素×200 像素、背景为♯0099FF,单击"确定"按钮,新建一个 Flash 文件。

② 选择"文本工具",在"属性"面板中设置"文本类型"为静态文本,设置"字符"区中的"系列"为幼圆、"大小"为 60、"字母间距"为 15、"颜色"为♯FFFFFF,然后输入"我的地盘我做主",在"段落"区中设置"缩进"为 35、"行距"为 15,如图 2-94 所示。

③ 在"属性"面板的"滤镜"区中添加"渐变发光"和"斜角"滤镜,进行如图 2-95 所示的设置。

图 2-94　创建文本　　　　　　　　图 2-95　设置滤镜

最终运行效果如图 2-96 所示。

图 2-96　最终效果

【案例 2.7】　制作倒影文字。

① 执行"文件"→"新建"命令,打开"新建文档"对话框,选择"常规"选项卡中的"ActionScript 3.0"选项,设置大小为 400 像素×200 像素、背景为♯0099FF,单击"确定"按钮,新建一个 Flash 文件。

② 选择"文本工具",在"属性"面板中设置"文本类型"为静态文本,设置"字符"区中的"系列"为隶书、"大小"为 50、"字母间距"为 10、"颜色"为♯000000,然后输入"亭台楼阁",如图 2-97 所示。

③ 选中文本框,按 Ctrl＋D 键将其复制并粘贴到舞台中,然后使用"任意变形工具"调整文本框,如图 2-98 所示。

图 2-97　创建文本

图 2-98　复制文本

④ 选中下面的文本框,连续按两次 Ctrl＋B 键分离文本,如图 2-99 所示。

⑤ 在工具箱中选择"椭圆工具",设置"笔触颜色"为♯0099FF、"填充颜色"为透明、"笔触"为 0.5、"样式"为实线,如图 2-100 所示。

图 2-99　分离文本

图 2-100　属性设置

⑥ 在文字上面由内向外绘制多个椭圆形状，并逐渐增大椭圆形状的大小和笔触大小，效果如图 2-101 所示。

图 2-101　倒影效果

2.5　Deco 工具

Deco 工具和前面的喷涂刷工具一样，属于 Flash 中的装饰性绘制工具，可以将创建的图形形状转变为复杂的几何图案。在 Flash 的工具箱中选择"Deco 工具"，然后单击舞台开始绘制图案，如果对选项稍作更改，可快速创建自定图案。通过"属性"面板可以设置图案的绘制效果、动画方案等，如图 2-102 所示。

Deco 工具包含藤蔓式填充、网格填充、对称刷子等 13 种图案效果选项可以选择。当更改工具和效果时，"属性"面板也会有所更改，以反映相应效果的可用选项。

2.5.1　在 Deco 工具的绘制效果之间切换

在选择 Deco 工具时，可以通过"绘制效果"下拉菜单对效果做出选择，其中包括藤蔓式填充、网格填充、对称刷子、3D 刷子、建筑物刷子、装饰性刷子、火焰动画、火焰刷子、花刷子、闪电刷子、粒子系统、烟动画和树刷子，如图 2-103 所示。

图 2-102　Deco 工具的"属性"面板

图 2-103　"绘制效果"下拉菜单

2.5.2 绘制效果填充

1. 网格填充

如果要使用网格填充,选择"Deco 工具",从"属性"面板中选择"网格填充"效果,然后单击拾色器,为网格选择一种颜色,并单击舞台上的任意位置。在此使用默认设置绘制网格,如图 2-104 所示。

图 2-104 生成默认网格

2. 对称刷子

如果要使用对称刷子,选择"Deco 工具",从"属性"面板中选择"对称刷子"效果,此时在舞台中将显示一组特定角度的手柄,可以使用手柄为对称增加形状或旋转整个组。选择"对称刷子"效果后,单击拾色器并为对称选择一种颜色,然后单击舞台上的任意位置(对称手柄除外),将为对称添加一个默认形状。绘制的对称效果如图 2-105 所示。

图 2-105 对称效果

3. 藤蔓式填充

如果要使用藤蔓式填充，选择"Deco 工具"，从"属性"面板中选择"藤蔓式填充"效果，然后单击拾色器，为"树叶"和"花"选择一种颜色，并单击舞台上的任意位置，将使用藤蔓图案填充单击的区域，直至延伸到边界，如图 2-106 所示。

图 2-106　藤蔓式填充图案

4. 建筑物刷子

如果要使用建筑物刷子，选择"Deco 工具"，从"属性"面板中选择"建筑物刷子"效果，然后单击舞台上的任意位置，将使用建筑物图案填充单击的区域，如图 2-107 所示。

图 2-107　建筑物图案

5. 花刷子和树刷子

如果要使用花刷子和树刷子，选择"Deco 工具"，从"属性"面板中选择"花刷子"和"树刷子"效果，然后单击舞台上的任意位置，将使用花图案和树图案填充单击的区域，如图 2-108 所示。

图 2-108　花图案和树图案

2.6　3D 转换工具

在 Flash 中,从 CS4 开始由原来的 X 轴和 Y 轴构成的平面空间引入了 Z 轴,并引入了 3D 转换工具,由此 Flash 可以制作三维动画,其动画空间由原来的二维(2D)空间变为了三维(3D)空间。在 Flash CS6 中,3D 转换工具包括 3D 旋转工具和 3D 平移工具,它们只对影片剪辑元件的实例起作用。

2.6.1　3D 旋转工具

"3D 旋转工具"用于在 3D 空间中移动对象,使对象能显示某一立体方向的角度,"3D 旋转工具"是绕对象 Z 轴进行旋转的。选择工具箱中的"3D 旋转工具",选中舞台上的影片剪辑实例,3D 旋转控件会显示在选定对象上方,X 轴控件显示为红色、Y 轴控件显示为绿色、Z 轴控件显示为蓝色,使用最外圈的橙色自由旋转控件可以同时围绕 X 轴和 Y 轴方向旋转,如图 2-109 所示。

在选择"3D 旋转工具"的同时,可以通过"属性"面板设置对象的位置和大小、3D 定位和查看、色彩效果等选项,如图 2-110 所示。

　图 2-109　应用"3D 旋转工具"效果　　　　图 2-110　"3D 旋转工具"的"属性"面板

图 2-111 所示为"3D 旋转工具"的几种不同应用效果。

图 2-111 "3D 旋转工具"的不同应用效果

2.6.2 3D 平移工具

"3D 平移工具"用于在 3D 空间中移动影片剪辑实例。选择工具箱中的"3D 平移工具",选中舞台上的影片剪辑实例,实例的 X、Y 和 Z 轴将显示在对象的顶部,X 轴显示为红色、Y 轴显示为绿色、Z 轴显示为红绿线交叉处的黑点,如图 2-112 所示。

使用"3D 平移工具"选中对象后,可以拖动 X、Y 和 Z 轴来移动对象,也可以在"属性"面板中设置 X、Y 和 Z 轴的值来移动对象,如图 2-113 所示。

图 2-112 应用"3D 平移工具"效果　　　图 2-113 "3D 平移工具"的"属性"面板

图 2-114 为使用"3D 平移工具"分别沿 X、Y、Z 轴移动的效果。

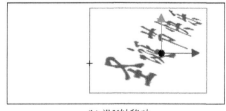

(a) 原图　　　　　　　　　　　　　(b) 沿 X 轴移动

图 2-114 "3D 平移工具"的平移效果

(c) 沿Y轴移动   (d) 沿Z轴移动

图 2-114 （续）

习题

1. 使用"钢笔工具"绘制一个图形标志。

2. 使用不同的绘制模式制作一些简单的舞台对象，例如某国国旗、银行标志、公司 Logo 等。

3. 利用 Flash 的绘图工具绘制一个场景，用不同的颜色和填充方式表现出道路、树丛、蓝天、白云和太阳。

4. 制作一个五彩渐变的文字特效。

5. 使用"Deco 工具"绘制一个庭院景观。

第3章 元件和库

元件是可反复在舞台上使用的对象,是 Flash 动画设计中非常重要的部分。库是所有舞台对象的存储场所,相当于剧组的后台空间。所有元件(即与制作有关的道具、演员等)都在未参与舞台表现时存放在库里面。本章主要讲解创建元件,将舞台上的动画转换为影片剪辑元件,编辑元件和使用库项目等内容。

3.1 元件与"库"面板

元件是指可在整个文档或其他文档中重复使用的内容,元件存储在一个被称为"库"的地方并可在需要的时候使用。实例是指存在于舞台上的元件的副本,它参与阐述动画的主题。

使用元件可以显著地减小文件的大小,使用元件还可以加快 SWF 文件的播放速度,因为元件只需下载一次。

3.1.1 元件的类型

元件的类型主要有图形元件、按钮元件和影片剪辑元件,可在整个文档或其他文档中重复使用。设计者创建的任何元件都会自动成为当前文档的库的一部分。

每个元件都有自己的时间轴、图层和舞台,并可以将帧、关键帧和图层等添加到其时间轴上,就像主时间轴(顶层动画舞台的时间轴)一样。

1. 图形元件

图形元件 ▣ 多表示静态图像(画面),可用来创建连接到主时间轴的可重复使用的动画片段。图形元件与主时间轴同步运行。交互式控件和声音在图形元件的动画序列中不起作用。图形元件本身没有时间轴,仅描述静态画面,因此图形元件在 FLA 文件中的尺寸小于按钮和影片剪辑。

2. 按钮元件

按钮元件 ▣ 用于实现与用户的交互,可以响应鼠标单击、滑过或其他动作,可以定义与各种按钮状态关联的图形,然后将动作指定给按钮实例。当用户有特定操作时,通常需要完成某种功能,这必须结合 ActionScript 3.0 脚本才能实现,因此需要先掌握与脚本编写相关的知识,这在本书的相关章节有详细的介绍。

3. 影片剪辑元件

影片剪辑元件 ▣ 是可以重复使用的动画片段,它拥有自身独立于主时间轴的多帧时间轴。影片剪辑的多帧时间轴可看作是嵌套在主时间轴内,其中包含交互式控件、声音甚至其他影片剪辑实例的元件,如果将影片剪辑的实例放在按钮元件的时间轴内,即可创建具有动画效果的按钮。

说明:3种类型的元件在"库"面板中分别以不同的图标来指示,用户可以很方便地识别和选用。

3.1.2 创建图形元件

图形元件用于表示静止的画面(例如房屋、家具等),其设计界面中虽然有时间轴,但会被忽略不用,这一点很重要。

创建图形元件的基本过程是先绘制元件的内容,然后将其转换为图形元件。

动画的设计与制作通常需要一定的美术基础,制作元件也不例外。对于没有美术基础的读者而言,为了增加制作效果不妨使用现成的图片作为辅助。

【案例 3.1】 制作蘑菇元件。

① 新建一个"ActionScript 3.0"脚本技术的常规 Flash 文档,在"属性"面板中修改文档的大小为"1024 像素×865 像素",然后将该文档保存为"案例 3.1.fla"。

② 选择"文件"→"导入"→"导入到舞台"命令,在打开的"导入"对话框中找到并打开素材中的"蘑菇 1.jpg"文件,如图 3-1 所示。然后选择"插入"→"时间轴"→"图层"命令,新建一个图层用来绘制蘑菇的轮廓线。

③ 使用"椭圆工具" ⬭ 绘制椭圆并删除其内部的填充部分,然后使用"部分选取工具" ➤ 调整椭圆曲线与蘑菇的外形一致,如图 3-2(a)所示,必要时可使用"钢笔工具" ✒ 为曲线添加新的控制点,线宽可在曲线调整好后重新设置。

图 3-1 蘑菇图片素材

④ 采用与③相同的方法制作蘑菇其他颜色区域的轮廓,注意利用组合绘制模式下"形状"会相互切割的特点来完成边缘区域的制作,中间过程及最后结果如图 3-2(b)和图 3-2(c)所示。

(a) 调整曲线   (b) 中间过程   (c) 最后结果   (d) 上色效果

图 3-2 "蘑菇"元件的制作过程

⑤ 选择工具箱中的"颜料桶工具" ，打开"颜色"面板，将颜色类型由"纯色"调整为"径向渐变"，并设置好渐变的起始颜色和终止颜色。"颜色"面板中的设置可参考图 3-3 所示的内容。

⑥ 单击轮廓线中的封闭区域为蘑菇填充颜色。然后重复⑤中的操作，以不同的颜色和涂色方式为蘑菇上色。

⑦ 在"时间轴"面板中隐藏或删除包含图片的图层，然后保存 Flash 文档，最终的上色效果可参考图 3-2(d)。

⑧ 用上好色的蘑菇创建元件。选择上色蘑菇的所有内容，然后选择"修改"→"转换为元件"命令，在打开的"转换为元件"对话框中输入元件名称为"蘑菇"，设置元件类型为"图形"，并单击"确定"按钮完成元件的创建，该元件可以在"库"面板中找到。

图 3-3　渐变填充设置

3.1.3　创建按钮元件

按钮元件用于实现与用户的交互，需要编写 ActionScript 3.0 脚本才能完成功能，在未介绍脚本知识以前，先带领读者学习按钮元件的制作方法。

创建新元件，除了可以先在舞台上制作好后将其转换为元件以外，还可以直接创建空元件并以从零开始的方式完成制作，按钮元件的制作就是如此。

创建按钮应遵循以下基本步骤。

1. 选择最适合自己需求的按钮类型

按钮有普通按钮元件和影片剪辑按钮元件两类。

大部分人会选择普通按钮元件这种类型，因为此类按钮更具灵活性。普通按钮元件包含自己特有的内部时间轴用于表示按钮的状态，这些状态分别是"弹起"、"指针经过"、"按下"和"点击"。通过为这 4 种状态创建不同的视觉效果，可以制作出非常丰富的特效。

使用影片剪辑按钮元件可以创建更复杂的、包含动画效果的按钮。这种按钮有一个缺点，那就是影片剪辑按钮元件比普通按钮元件要占用更大的存储空间。

2. 定义按钮状态

普通按钮元件有"弹起"、"指针经过"、"按下"和"点击" 4 种状态，需要设计者逐一进行设置。

* "弹起"帧：用户没有与按钮进行交互时按钮显示的外观。
* "指针经过"帧：表示鼠标指针移动到按钮上方时显示的外观。
* "按下"帧：用户单击按钮时按钮显示的外观。
* "点击"帧：对用户的点击有响应的区域。是否定义"点击"帧是可选的，如果按钮比较小，或者其图形区域不是连续的，定义此帧会非常有用。

"点击"帧具有以下特点。

* 在播放期间，"点击"帧的内容在舞台上不可见。
* "点击"帧的图形是一个实心区域，它的大小通常完全覆盖"弹起"、"按下"和"指针经过"帧的所有图形元素。但是，如果想制作响应舞台的特定区域的按钮，则可以将"点击"帧图形放在一个不覆盖其他按钮帧图形的位置上。
* 如果没有指定"点击"帧，则使用"弹起"状态的图像。

3. 将操作与按钮关联

如果要使用户选中一个按钮时触发某事件，可以在时间轴上添加 ActionScript 代码，请将 ActionScript 代码放入与按钮相同的帧中。在"代码片段"面板中有针对许多常见的按钮用途预编写的 ActionScript 3.0 代码。

【**案例 3.2**】 制作按钮元件。

① 新建一个采用"ActionScript 3.0"脚本技术的常规 Flash 文档，然后保存该文档为"案例 3.2.fla"。

② 选择"插入"→"新建元件"命令，在打开的"创建新元件"对话框中输入名称为"按钮1"并调整类型为"按钮"，然后单击"确定"按钮完成新元件的创建。

图 3-4 "时间轴"面板状态

③ 在"时间轴"面板中双击"图层 1"文字并将文字改为"图形"，然后单击"时间轴"面板左下方的"新建图层"按钮 创建一个新图层，并将图层说明文字"图层 2"改为"箭头"，完成后的结果可参考图 3-4。

④ 以相同的填充效果、不同的颜色制作"图形"层上的"弹起"、"指针经过"、"按下"和"点击" 4 个帧上的"圆"形状。以相同的填充效果、不同的颜色制作"箭头"层上的"指针经过"、"按下"两个帧上的"三角"形状。完成后的效果可参考图 3-5 的(a)、(b)、(c)和(d)。

(a) "弹起" 帧　　　(b) "指针经过" 帧　　　(c) "按下" 帧　　　(c) "点击" 帧

图 3-5 按钮元件的 4 个帧中的内容

⑤ 单击舞台上方的"编辑栏"左侧的 按钮返回主场景舞台，然后打开"库"面板，将"按钮 1"元件拖动到舞台上，并测试影片观察按钮的交互效果。

【**案例 3.3**】 利用图片素材制作按钮元件。

制作按钮元件不一定非要全手工绘制，如果有合适的图片素材一样可以用来制作按钮元件。本案例就是使用现有的图片来制作按钮元件，各图片如图 3-6 的(a)、(b)、(c)、(d)所示。

(a)图片1　　　(b)图片2　　　(c)图片3　　　(d)图片4

图 3-6 制作按钮元件的图片素材

① 新建一个采用"ActionScript 3.0"脚本技术的常规 Flash 文档,然后保存该文档为"案例 3.3.fla"。

② 选择"插入"→"新建元件"命令,在打开的"创建新元件"对话框中输入名称为"faceButton"并调整类型为"按钮",然后单击"确定"按钮完成新元件的创建。

③ 选中按钮元件时间轴的"弹起"帧,然后选择"文件"→"导入"→"导入到舞台"命令,通过"导入"对话框找到并选中相应的素材文件(例如 Face4.png),单击"打开"按钮完成素材的导入。

说明:如果多个素材文件命名中有编号特征(例如此例中的 Face4.png、Face5.png、Face6.png 等),Flash 会询问是否一同导入,如果决定一同导入,则相应的多个图片素材会被导入到连续的多个帧上,每个帧上放置一个素材。

④ 重复③并分别在按钮元件的"指针经过"、"按下"和"点击"帧上放置相应的图片素材。

⑤ 单击舞台上方的"编辑栏"左侧的 ⇦ 按钮返回主场景舞台,然后打开"库"面板,将"faceButton"元件拖动到舞台上,并测试影片观察按钮的交互效果。

3.1.4　创建影片剪辑元件

影片剪辑元件同样可以从库中取出并反复使用,特别之处在于其自身包含动画效果,可以不依赖主时间轴而自动播放。

影片剪辑元件的制作与普通 Flash 动画的制作几乎完全相同,唯一的区别是它可以很方便地重复使用。

【案例 3.4】　制作旋转的雪花。

① 新建一个采用"ActionScript 3.0"脚本技术的常规 Flash 文档,然后保存该文档为"案例 3.4.fla"。

② 在舞台上制作"雪花"的图案,制作过程如下。

ⓐ 通过文档"属性"面板调整"舞台"的背景颜色为蓝色(♯0000FF)。

ⓑ 在工具箱中选择"多角星形工具" ⬡,设置笔触颜色为白色且无填充,"笔触"的粗细适当。调整"选项"为六边形后绘制一个六边形。

ⓒ 选择"视图"→"贴紧"→"贴紧到对象"命令开启该贴紧功能,然后使用"线条工具" ◣绘制 3 条对角线及一条从中心到一边中点的线,完成后如图 3-7(a)所示。

ⓓ 选择"选择工具" ▸,向内调整边的中心点,然后复制并调整相应线条制作出"雪花"的一叶,完成后如图 3-7(b)所示。

　(a)绘制线条　　(b)制作"雪花"的一叶　　(c)删除并调整　　(d)旋转复制

图 3-7　"雪花"图形的制作过程

ⓔ 使用"选择工具" 删除六边形的其余 5 条边并选中需要复制的"雪花"的一叶,然后使用"任意变形工具" 调整变形中心的位置到六边形的中心处,完成后如图 3-7(c)所示。

ⓕ 打开"变形"面板,调整"旋转"角度为 60°,然后单击"重制选区和变形"按钮 直到"雪花"的形状完整,最终效果如图 3-7(d)所示。

③ 使用"选择工具"选中"雪花"形状,然后选择"修改"→"转换为元件"命令,在"转换为元件"对话框中输入元件的"名称"为 Snow,选择元件的"类型"为图形,单击"确定"按钮创建元件。

④ 选择"插入"→"新建元件"命令,在"创建新元件"对话框中输入元件的"名称"为 rSnow,选择"类型"为影片剪辑,单击"确定"按钮创建影片剪辑元件。

⑤ 在影片剪辑的第 1 帧上放置图形元件 Snow,在第 2、3 帧上放置图形元件 Snow 并分别旋转 20°、40°。

⑥ 单击舞台上方的"编辑栏"左侧的 按钮返回主场景舞台,然后打开"库"面板,将"rSnow"影片剪辑元件拖动到舞台上,并测试影片观察动画效果。

3.1.5 转换元件

元件可以从无到有地创建,也可以根据现有的内容转换得到。将现有内容转换为元件的具体过程如下。

(1) 在舞台上选择一个或多个元素,然后执行下列操作之一。

- 选择"修改"→"转换为元件"命令。案例 3.4 中的步骤③使用的就是这种方法。
- 将选中的内容拖动到"库"面板上。
- 在选中的内容上右击,然后在弹出的快捷菜单中选择"转换为元件"命令。

(2) 在"转换为元件"对话框中输入元件名称并选择元件类型。

(3) 在"对齐"右侧的注册网格中单击,以便调整元件的注册点。

(4) 单击"确定"按钮。

Flash 会将该元件添加到库中,同时舞台上原先选定的元素变成该元件的一个实例。在创建元件后,仍可以通过选择"编辑"→"编辑元件"命令在元件编辑模式下编辑该元件,也可以通过选择"编辑"→"在当前位置编辑"命令在舞台的当前位置编辑该元件。

3.1.6 "库"面板的组成

"库"是存放所有动画资源的地方,"库"面板则是管理这些资源的应用窗口。图 3-8 所示为打开"案例 3.3"后"库"面板的界面截图。

"库"面板从上到下共有 4 个区域。

最上方是文件列表框,其中列出了所有打开的 Flash 文档,通过该列表框可以很方便地选用各 Flash 文档中的元件或素材。文件列表框右侧有一个"新建库面板"按钮 ,通过该按钮可以同时打开多个"库"面板窗口,这在分类汇总动画资源时非常实用。

文件列表框的下方为资源预览区,选中的资源在此处显示其预览信息。资源预览区下方有一个搜索框,可依据资源名称在库中查找素材。搜索框下方是资源列表框,在文件列表框中选中的 Flash 文档中的所有资源都会列在这里,单击相应资源会看到资源的预览,双击资源会进入资源编辑窗口或者显示资源的描述信息。

图 3-8　"库"面板

"库"面板的左下方有 4 个按钮,其中,"新建元件"按钮 ![] 实现创建新元件的功能,"新建文件夹"按钮 ![] 实现资源分组的功能,"属性"按钮 ![] 实现资源描述信息的查看与修改,"删除"按钮 ![] 用于删除库中不再需要的资源。

3.1.7　内置公用库及外部库的文件

1. 基本的资源共享

Flash 中的资源都存储在库中,每个 Flash 文档都有自己的资源和自己的库。在打开多个 Flash 文档之后,这些文档中的资源可以相互共用,这是最基本的资源共享方式。

【案例 3.5】　在案例 3.3 和案例 3.4 之间共享资源。

① 在 Flash 中打开"案例 3.3.fla"和"案例 3.4.fla"。

② 切换到"案例 3.4"文档窗口并打开"库"面板,在"库"面板上方的文件列表框中选择"案例 3.3",则在"库"面板下方的资源列表中会看到"案例 3.3"的所有资源。

③ 从"库"面板中拖动"元件 1"到舞台上并用"任意变形工具"调整舞台上对象的位置和大小,图 3-9 可供参考。

④ 将 Flash 文档另存为"案例 3.5.fla",然后测试影片观察效果。

2. 使用内置的"公用库"

Flash 中 内 置 了 两 个 " 公 用 库 ",一 个 是 "Buttons"另一个是"Classes",这两个库的资源可随时用于任何 Flash 文档,图 3-10 显示了这两个"库"面板打开后的情形。

图 3-9　在 Flash 文档之间共享资源

内置库中的资源可以像普通的库资源共享一样拖动到舞台上使用,不同之处在于,此时相关文件的"库"面板中将增加该资源的引用信息而不是资源的副本。

图 3-10　"Buttons"和"Classes"内置库

3. 使用外部库文件

除了内置库之外,设计者还可以建立自己的外部库文件。外部库其实就是一个普通的 FLA 文件,只需要将其放置到特别的位置即可。文件的存放位置依据操作系统的不同有所差别:

- 在 Windows XP 中,路径为"C:\Documents and Settings\用户名\Local Settings\Application Data\Adobe\Flash CS6\语言\Configuration\Libraries\"。
- 在 Windows 7 中,路径为"C:\Users\用户名\Local Settings\Application Data\Adobe\Flash CS6\语言\Configuration\Libraries\"。
- 在 Mac OS 中,路径为"硬盘/Users/用户名/Library/Application Support/Adobe/Flash CS6/语言/Configuration/Libraries/"。

将 FLA 文件放置在指定位置后即可像使用内置的公用库一样使用它们,图 3-11 所示即为将前面几个案例文件放置在 Windows 7 的指定位置后"公用库"菜单中的变化。

图 3-11　使用"外部库"后的"公用库"菜单

设计者可以将自己制作或收集的资源放置在外部库文件中,不仅随身携带方便,也方便使用。

3.2　实例的创建与应用

创建元件之后,可以在文档中的任何地方(包括在其他元件内)创建该元件的实例。当用户修改元件时,Flash Professional 会更新元件的所有实例。

用户可以在"属性"面板中为实例提供名称。在 ActionScript 中使用实例名称引用实例。若要用 ActionScript 控制实例,需要为单个时间轴内的每个实例提供唯一的名称。

除非另外指定,否则实例的行为与元件的行为相同。另外,所做的任何更改只影响实例,并不影响元件。

3.2.1 建立实例

创建元件实例的步骤如下。

(1) 在时间轴上选择某一个层。Flash 只允许将实例放在关键帧中,并且总在当前选中的图层上。如果没有选择关键帧,Flash 会将实例添加到当前帧左侧的第一个关键帧上。

(2) 选择"窗口"→"库"命令,打开"库"面板,以便从中选取元件等资源。如果该资源存在于其他库中,则需要通过"库"面板上方的文件列表框改变文件,或选择"窗口"→"公用库"命令。

(3) 将元件从库中拖到舞台上。拖动"库"面板中的元件到舞台上是最便捷的操作方式,当然也可以通过在"库"面板中复制并在舞台上粘贴的传统方法完成元件实例的创建。

读者可以使用本章前面的几个案例来练习元件实例的创建过程。

3.2.2 转换实例的类型

若要在 Flash 应用程序中重新定义实例的行为,应更改实例的类型。例如,如果一个图形实例包含用户想要独立于主时间轴播放的动画,则可以将该图形实例重新定义为影片剪辑实例。下面介绍两种改变实例类型的方法。

1. 打开"属性"面板

在舞台上选择实例,然后选择"窗口"→"属性"命令打开"属性"面板,如果该面板已经在软件界面中,则单击切换到该面板即可。

2. 改变实例类型

通过"属性"面板上方的类型列表选择"图形"、"按钮"或"影片剪辑"(如图 3-12 所示)。

图 3-12　改变实例类型

3.2.3 改变实例的颜色和透明效果

每个元件实例都可以有自己不同的色彩效果。使用"属性"面板可以设置实例的颜色和透明度选项,这些设置也会影响放置在元件内的位图。

当在某关键帧中改变一个实例的颜色和透明度时,改变的结果会在该关键帧上立刻体现出来。通过在不同关键帧上设置不同的颜色和透明度选项,再结合使用补间动画就可以实现此类的渐变效果动画。

说明:如果对包含多帧的影片剪辑元件应用色彩效果,Flash 会将该效果应用于该影片剪辑元件中的每一帧。

设置实例颜色和透明效果的过程如下。

(1) 在舞台上选择实例并打开"属性"面板。

如果"属性"面板未出现在软件界面中,选择"窗口"→"属性"命令打开"属性"面板。

(2) 在"属性"面板的"色彩效果"区的"样式"下拉菜单中选择下列选项之一,如图 3-13

所示。

- 亮度：调节图像的相对亮度或暗度,度量范围是从黑(－100%)到白(100%)。若要调整亮度,可以单击并拖动三角形滑块,也可以在对应的框中输入数值来完成。
- 色调：用相同的色相为实例着色。若要设置色调百分比(从0%完全透明到100%完全饱和),使用"属性"面板中的色调滑块。若要调整色调,单击此三角形并拖动滑块,或者在框中输入一个值。若要选择颜色,在各自的框中输入红、绿和蓝色的值;或者单击"着色"控件(图3-13右上方的色块),然后从"颜色选择器"中选择一种颜色。
- Alpha：调节实例的透明度,调节范围是从完全透明(0%)到完全饱和(100%)。若要调整Alpha值,单击此三角形并拖动滑块,或者在框中输入一个值。
- 高级：分别调节实例的红色、绿色、蓝色和透明度值(如图3-14所示)。对于在位图这样的对象上创建和制作具有微妙色彩效果的动画,此选项非常有用。左侧的控件使用户可以按指定的百分比降低颜色或透明度的值;右侧的控件使用户可以按常数值降低或者增大颜色或者透明度的值。

在"高级"选项中,当前的红、绿、蓝和Alpha的值都乘以百分比值,然后加上右列中的常数值,产生新的颜色值。例如,如果当前的红色值是100,若将左侧的滑块设置为50%并将右侧滑块设置为101(如图3-14所示),则会产生一个新的红色值151(计算方法是100×50%＋101＝151)。

图3-13　"色彩效果"选项

图3-14　色彩效果的"高级"选项

说明："样式"中的"高级"设置执行函数$(a * y + b) = x$,其中,a是框左侧设置中指定的百分比,y是原始位图的颜色,b是框右侧设置中指定的值,x是生成的效果(RGB介于0和255之间,Alpha透明度介于0和100之间)。

【案例3.6】　制作渐隐的雪花飘落效果。

① 新建一个Flash文档,调整舞台背景为蓝色(♯0000FF),然后将文档保存为"案例3.6.fla"。

② 选择"文件"→"导入"→"打开外部库"命令,通过"作为库打开"窗口找到"案例3.4.fla"文件,并将其作为外部库导入。

③ 选中时间轴的"图层1"的第1帧,将"外部库"面板的rSnow元件拖动到舞台上创建一个雪花实例,然后移动雪花实例至舞台上方某处并通过"任意变形工具"调整雪花的大小。

④ 选中时间轴的"图层1"的第60帧,选择"插入"→"时间轴"→"关键帧"命令(该命令的快捷键为F6),然后在该关键帧上调整雪花的位置到舞台的下方某处并调小雪花的大小。

⑤ 选中第 60 帧上的雪花实例,在"属性"面板的"色彩效果"区中调整"样式"为 Alpha 并将其值调整为 0(如图 3-15 所示)。

图 3-15　调整雪花的 Alpha 值

⑥ 右击时间轴的第 1 帧,并在快捷菜单中选择"创建传统补间"命令。

⑦ 保存并测试影片,观察雪花旋转着飘落并逐渐消失的动画效果。

3.3　对象的变形与操作

对象添加到舞台后,可以通过工具箱中的"任意变形工具" 对其进行变形操作。使用"任意变形工具" 选中某个对象后,在对象上会出现变形控制框(如图 3-16(a)所示),变形操作主要包括以下几种。

　　(a) 出现变形控制框　　　(b) 变化宽度　　　(c) 自由旋转　　　(d) 垂直剪切变形

图 3-16　对象的变形操作

1. 缩放变形

对象的四周有 8 个变形控制点,通过 4 个边中点处的控制点可以改变对象的宽度或高度,通过 4 个角上的控制点可以自由变换对象的宽度和高度。将鼠标靠近这些控制点时鼠标指针会变成 、 或 等指示形状,图 3-16(b)为宽度变化后的雪花形状。

说明:在变形过程中,按住 Alt 键可以改变变形的参考点。变形参考点主要有对象的中心点和对边(角)两种。在拖动 4 个角的控制点缩放时,按住 Shift 键可以确保缩放后的高宽比不发生变化。

2. 旋转变形

当从外部靠近对象的 4 个角时会出现类似 的鼠标指针提示,此时按下鼠标左键并拖动可以实现对象旋转变形的效果。

对象的中心位置有一个白色的圆形控制点,该控制点是对象旋转变形的默认旋转中心。若要改变旋转中心,只需要在旋转前调整该控制点的位置即可。图 3-16(c)为自由旋转后的结果。

说明:在旋转变形的过程中,按住 Alt 键可以改变旋转的中心点。变形参考点主要有对象的中心点和对角点两种。在旋转的过程中按住 Shift 键可以确保旋转 45°、90° 及 135° 等特殊的角度。

3. 剪切变形

当鼠标从外部靠近控制框的 4 个边时,鼠标指针会变成类似 或 的形状,这就是剪切变形的提示指针。此时单击并拖动鼠标即可实现剪切变形的操作,图 3-16(d)即为执行完垂直剪切变形后的效果。

3.4 对象的修饰

在对象绘制到舞台上以后,还可以使用不同的工具进行修改和调整,主要的工具有"选择工具" �, 、"部分选取工具" ▶ 、"颜料桶工具" ◇ 、"墨水瓶工具" ⑥ 和"封套工具"。

1. 选择工具和部分选取工具

"选择工具"可以很方便地调整对象的笔触和填充,"部分选取工具"则可以较精细地调整对象的外形轮廓。通过前面章节的内容及案例,读者应当对它们有了较深的了解。

图 3-17 即是使用"选择工具"在两个圆形状的基础上制作的"元宝"形状,整个过程仅是在不断调整圆的笔触线的形状。

"部分选取工具"和"选择工具"的主要区别是其只能对笔触轮廓进行修改,通过修改轮廓上的控制点位置及其曲率方向和大小可以精细地调整轮廓的形状。

2. 颜料桶工具和墨水瓶工具

"颜料桶工具"用于控制对象内部的填充特征,可以用纯色、渐变或位图填充的方式影响对象的填充部分。"墨水瓶工具"用于控制对象的笔触轮廓特征,同样可以

图 3-17 用"选择工具"修饰对象

用纯色、渐变或位图填充的方式影响对象的轮廓线的特征。

【案例 3.7】 制作描边和填充的文字内容。

文字添加到舞台上后默认是一个整体对象,无法独立控制其中细部的动画效果。如果需要独立控制,则需要将文字分离使其变成类似合并绘制类的形状,之后就可以改变其笔触的线条和填充的效果了。

① 新建一个 Flash 文档并将其保存为"案例 3.7.fla"。

② 选择工具箱中的"文本工具" **T**,参考图 3-18 调整工具的各选项,然后在舞台上添加文字内容(例如"绚丽的彩虹文字"),添加后的文本如图 3-19(a)所示。

说明:舞台上的文本对象被选中后,可通过"属性"面板对其各个选项进行调整。

图 3-18 "文本工具"选项

(a) 添加文本

(b) 分离文本

图 3-19 最初的文本对象

③ 使用"选择工具"选中舞台上的文本对象,然后选择两次"修改"→"分离"命令,得到类似合并绘制形式的文字形状(如图 3-19(b)所示)。

④ 在工具箱中选择"墨水瓶工具" 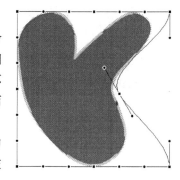，并调整笔触为红色(♯FF0000)，然后在文字或其笔画的外边缘处单击为其添加红色的描边效果(如图 3-20(a)所示)，注意不要忽略任何的内、外部的笔画轮廓。

⑤ 换用"颜料桶工具"，并通过"样本"面板调整填充颜色为彩虹渐变色，然后将其填充在文字形状的内部，完成后的效果如图 3-20(b)所示。

(a) 添加描边效果　　　　　　　　　　(b) 最终效果

图 3-20　描边并填充文本形状

3. 封套工具

"封套工具"需要通过选择"修改"→"变形"→"封套"命令打开。该工具与"部分选取工具"在调整方法上是非常相似的，它也是调整控制点的位置及其曲率的方向与大小。不同之处是"封套工具"针对的是对象所覆盖的矩形区域，而"部分选取工具"针对的是对象的轮廓线。

图 3-21 所示的即是在使用"封套工具"调整过程中的状态，其中矩形黑块为形状控制点、圆形黑点为曲率控制点。

图 3-21　使用"封套工具"调整

3.5　"对齐"面板与"变形"面板的使用

在制作舞台对象时，经常需要舞台上的多个对象按某种方式排列整齐，或者使其大小按某种方式保持一致，这就需要使用"对齐"面板(如图 3-22(a)所示)。

与前面 3.3 节中使用"任意变形工具"　改变对象的形状类似，对象的变形操作也可以借助"变形"面板来实现(如图 3-22(b)所示)。使用"变形"面板除了能实现普通的变形之外，还可以实现对象的 3D 旋转，从而能以平面的方式描述 3D 投影的效果。

(a) "对齐"面板　　　　　　　　　　(b) "变形"面板

图 3-22　"对齐"和"变形"面板

【**案例3.8**】 利用"对齐"面板制作电影胶片效果。

① 新建一个 Flash 文档,设置舞台背景为黑色并将文档保存为"案例3.8.fla"。

② 选中"图层1"在时间轴上的第1帧,选择"基本矩形工具" ▣,并调整笔触为黑色、填充为白色,然后在舞台的左上角绘制一个正方形。

③ 换用"选择工具"选中该正方形,复制并粘贴10次(注意粘贴的所有形状都叠放在舞台的中央)。

④ 拖动舞台中央的一个正方形至舞台的右上角位置,然后选中舞台上所有的正方形,并打开"对齐"面板,依次单击其中的"顶对齐"按钮 ▯ 和"水平居中分布"按钮 ↔,完成后的结果如图3-23(a)所示。

(a) 对齐上方正方形 (b) 对齐下方正方形 (c) 测试效果

图 3-23 制作电影胶片效果

⑤ 选中制作好的11个正方形复制并粘贴1次,然后将新得到的11个正方形整体移动到与另一组正方形上下对称并左对齐的位置上,完成后的效果如图3-23(b)所示。

⑥ 新建一个图层并选中"图层2"时间轴的第1帧,然后导入一幅图像到舞台上,移动图像的位置至舞台的右外侧。

⑦ 在两个图层的第60帧位置上插入关键帧,然后移动第60帧上图像的位置至舞台的左外侧,并在"图层2"中创建传统补间动画。

⑧ 保存并测试动画效果,图3-23(c)为测试中某时刻的画面,可供读者在制作时参考。

【**案例3.9**】 利用"变形"面板绘制向日葵的花朵。

① 新建一个 Flash 文档并将文档保存为"案例3.9.fla"。

② 选择"椭圆工具" ◯,并调整笔触为无 ▨,然后通过"颜色"面板调整"填充颜色"为"线性渐变"并设置起始色为♯A63300,终止色为♯FFFF66,在舞台上绘制一个椭圆形的花瓣(如图3-24(a)所示)。

(a) 绘制花瓣   (b) 复制花瓣   (c) 最终效果

图 3-24 制作向日葵花朵

③ 选择"任意变形工具" 并选中舞台上的花瓣,然后向下调整花瓣的旋转中心点的位置(对象中的"句号"形状),调整后的结果可参考图 3-24(a)。

④ 打开"变形"面板,然后调整面板中的旋转角度 △ 为 15 并立即单击"重制选区和变形"按钮 直到花瓣布满一周为止。旋转变形中的状态及最终效果如图 3-24(b)和图 3-24(c)所示。

3.6 外部素材的导入

Flash 动画制作所需要的素材并不全部由设计者全新制作得到,如果有合适的图像、声音、视频或者 Flash 文档等现成的素材可用,那么将它们以外部素材导入是最经济、高效的方式。

外部素材的导入需要选择"文件"→"导入"命令,该命令下有 4 种导入方式,简要说明如下。

- 导入到舞台:通过"导入"对话框导入外部素材到当前文档的"库"中,同时会在舞台上为每个素材创建各自的实例。如果一次导入的是多个外部素材,则 Flash 在创建舞台实例时会将每个实例放置在连续相邻的多个关键帧上。
- 导入到库:通过"导入到库"对话框导入外部素材到当前文档的"库"中,设计者可以在以后需要的时候再手动在舞台上创建其实例。
- 打开外部库:关于"外部库"的说明可参考 3.1.7 节。如果需要将现有的 FLA 文档作为外部库来使用,可以使用此方式将其导入。
- 导入视频:通过"导入视频"对话框导入外部视频文档到当前文档的"库"中,设计者可以在需要的时候使用它们。

3.6.1 导入图片

【案例 3.10】 制作金陵十二钗动画效果。

① 新建一个 Flash 文档并将其保存为"案例 3.10.fla"。

② 选择"文件"→"导入"→"导入到库"命令,将"金陵十二钗"图片导入到库中。

③ 根据图片的大小调整舞台大小为"600 像素×450 像素",并调整帧频为 1fps。

④ 将 12 张图片逐一放置到第 1 到 12 帧的舞台上,其间需要选择"插入"→"时间轴"→"空白关键帧"命令,因为只有"空白关键帧"和"关键帧"才能在舞台上添加对象。

⑤ 在每一帧中将图片对齐到舞台的中央。方法是选中舞台上的图片,然后单击"对齐"面板中的"水平中齐"按钮 和"垂直中齐"按钮 (注意先选择"与舞台对齐"复选框)。

⑥ 单击"时间轴"面板中的"新建图层"按钮 创建"图层 2",然后在"图层 2"的第 1 帧上将"库"中的"高山流水"素材放置到舞台上,并设置该帧的同步选项为"开始"、重复为"1"。

⑦ 保存并测试影片,观察播放的效果。

3.6.2 导入声音

声音可以用作动画短片的背景音乐,也可以用作动画中的配音效果。声音素材可以通过录制、剪辑的方式得到,也可以通过网络获得。

选择"文件"→"导入"→"导入到库"命令可以将声音素材导入到库中,之后可以在需要时将声音添加到时间轴上。声音与其他舞台对象一样需要放置到独立的层上。

【**案例 3.11**】 制作小车碰撞动画。

① 新建一个 Flash 文档并将其保存为"案例 3.11.fla"。

② 分别制作"地面及障碍"、"小车"和"货物"3 个影片剪辑元件,具体形状可参考图 3-25 所示为(a)、(b)、(c)。

(a) 地面及障碍 　　　(b) 小车 　　　(c) 货物

图 3-25　制作动画元件

③ 创建 3 个图层,分别将图层重命名为"地面"、"小车"和"货物",并将 3 个元件分别放置到对应层的舞台上,调整它们在舞台上的位置,如图 3-26 所示。

图 3-26　动画的初始状态

④ 在"地面"层的第 67 帧插入"帧",并以此确定整个动画的时长。

⑤ 定义"小车"层上的动画效果。在"小车"层的第 40 帧处插入"关键帧",调整该帧上小车的位置以及与障碍物碰撞接触的状态。最后右击"小车"层的第 1 帧并创建传统补间添加小车的平移动画。

⑥ 定义"货物"层上的动画效果。选择工具箱中的"任意变形工具"▓并调整"货物"对象的变形中心点至其右下角的位置。在"货物"层的第 40 帧处插入"关键帧",调整货物的位置(注意保持与小车的相对位置不变);在"货物"层的第 48 帧处插入"关键帧"并用"任意变形工具"向右旋转"货物"将其平放;在"货物"层的第 60 帧处插入"关键帧"并移动货物至与障碍物碰撞接触的位置。最后分别右击"货物"层的第 1 帧、第 40 帧和第 48 帧并创建传统补间为货物创建动画效果。

⑦ 为碰撞效果配音。选择"文件"→"导入"→"导入到库"命令,将事先准备好的"碰撞"和"摩擦"声音导入到库中。然后新建一个图层并将其重命名为"声音",在"声音"层的第 40 帧、第 48 帧和第 60 帧的舞台上分别添加"碰撞"、"摩擦"和"碰撞"声音,并在声音的"属性"面板中设置"效果"为淡出、"同步"为事件、"重复"为 1。

⑧ 保存并测试影片,观察播放的效果。

习题

1. 创建一个图形元件,根据自己的实际能力,可以完全手绘也可以依靠现有的素材。

2. 创建一个按钮元件,熟悉按钮元件的特点,然后在舞台上使用该元件并观察按钮的效果。

3. 创建一个影片剪辑,例如蜻蜓、齿轮、弹跳的物体、开关的动画等。

4. 创建一个相对复杂的动画,在动画中使用"库"中的各种素材、元件展示一个动画主题,练习"库"面板的使用与管理。

第4章 基本动画的制作

Flash 动画效果丰富多彩,可以使对象运动以及改变大小、颜色和位置等。这些效果的制作结合了制作者的创意,使用了一种或几种制作动画的类型,Flash CS6 中基本的动画类型有逐帧动画、传统补间动画、形状补间动画、补间动画,此外还有遮罩动画、引导层动画、骨骼动画等几种高级的动画类型可以使效果看起来更加具有动感,本章着重介绍基本的动画类型。

4.1 逐帧动画

逐帧动画的制作原理很简单,将连续变化的不同图形放置在不同关键帧上即可,是最基本的动画类型。制作时,在时间轴中逐个建立关键帧,在这些关键帧上图形保持连续变化,在播放中形成连续变化的动画效果。逐帧动画的应用范围很广,适合表现细腻的动画,可以制作奔跑、行走、表情、头发飘动、倒计时、光影动画等。但逐帧动画需要绘制每一帧的内容,因此制作工作量很大。

4.1.1 使用外部导入方式创建逐帧动画

用户可以将已经创建好的具有连续内容的图像序列导入到舞台,直接创建逐帧动画,这些图像文件在同一个文件夹中,且具有序列的名称。如果导入逐帧动画,只需选中导入的图像序列的开始帧,将图像序列导入到舞台,创建逐帧动画。

【案例 4.1】 导入逐帧动画。

① 打开"ch04\素材\4.1.fla",如图 4-1 所示。

② 新建一个图层,命名为"人物奔跑",然后选中第 1 帧,选择"文件"→"导入"→"导入到舞台"命令,打开"导入"对话框,选择要导入的图像,此处选择"ch04\素材\zou01.jpg",单击"打开"按钮,弹出如图 4-2 所示的提示框,提示是否以图像序列导入图像。

③ 单击"是"按钮,将图像序列导入,此时时间轴上将以连续关键帧显示,如图 4-3 所示。

④ 保存文档,测试影片,欣赏人物奔跑的最终效果,如图 4-4 所示。

提示:导入的图形一般情况下要求是透明背景的,如果不是,可以选中图形,选择"修改"→"分离"命令将位图分离成矢量图形,然后使用"魔术棒工具"选择多余部分并删除。

图 4-1　打开素材

图 4-2　提示框

图 4-3　导入图像序列后的时间轴

4.1.2　在 Flash 中制作逐帧动画

在 Flash 中,用户也可以自己绘制关键帧中的内容,通过添加多个关键帧并在每个关键帧中绘制动作或者情节连续的内容实现比较精美的动画效果。

图 4-4　最终效果

【案例 4.2】　奔跑的小鹿。

① 新建文档,在第 1 帧中绘制小鹿,然后每隔 5 帧绘制小鹿的其他形态(如图 4-5 所示),并将小鹿依次向左移动,时间轴上的关键帧表示如图 4-6 所示。

图 4-5　绘制每帧的内容

图 4-6　绘制后的时间轴

② 保存文档,测试影片,欣赏小鹿奔跑的动画。

【案例 4.3】 人物的绘制。

① 新建文档,在第 180 帧中添加关键帧并绘制如图 4-7 所示的人物。

图 4-7 绘制内容

② 选中第 180 帧并右击,选择"复制帧"命令,然后在第 175 帧添加关键帧并右击,选择 "粘贴帧"命令,如图 4-8 所示。

图 4-8 复制和粘贴帧

③ 在第 175 帧上用"橡皮擦工具"擦掉人物左臂线条,然后重复步骤②,在第 170 帧位 置复制第 175 帧,擦掉人物左肩线条,如图 4-9 所示。

图 4-9　改变帧内容

④ 依次重复步骤②,每隔 5 帧擦掉一些线条,直到所有线条完全擦除,部分擦除图形如图 4-10 所示。

图 4-10　部分帧内容

⑤ 保存文档,测试影片效果。

4.2　传统补间动画

传统补间动画能够制作位置变化、大小变化、透明度变化、颜色变化等动画,如果仅仅绘制图形来制作动画,工作量太大,而传统补间动画能够实现动画的自动过渡,制作者仅仅需要设置起始关键帧和结束关键帧的位置和状态,然后创建传统补间动画,Flash 将自动生成动画的中间过渡部分。

【案例4.4】 汽车开动。

① 新建文档,将图层1修改为"公路",然后选中第1帧,选择"矩形工具",修改"填充颜色"为黑白线性渐变,在舞台下方绘制矩形,如图4-11所示,并在第200帧处按F5键插入帧。

图4-11 绘制公路

② 新建图层2,修改名称为"汽车"。然后新建图形元件,命名为"车身",绘制如图4-12所示的车身,车灯为红色;新建图形元件,命名为"车轮",绘制如图4-12所示的车轮。

图4-12 制作"车身"和"车轮"元件

③ 新建影片剪辑元件,命名为"车轮转动",将"车轮"元件从库中拖到舞台上,并在第60帧处添加关键帧。然后在1~60帧的任意位置右击,在弹出的快捷菜单中选择"创建传统补间"命令,如图4-13所示。时间轴显示如图4-14所示,创建成功的传统补间可以看到底色变为紫色,并有实线箭头从开始帧指向结束帧。

④ 选择传统补间动画上的任意一帧,在"属性"面板上设置补间属性,此处设置"旋转"为顺时针旋转一次,如图4-15所示。

⑤ 切换回场景1,选中第1帧,拖入"车身"图形元件和两次"车轮转动"影片剪辑元件,按照如图4-16所示的

图4-13 创建传统补间

图4-14 传统补间动画时间轴

位置摆放。然后在第 100 帧处添加关键帧,按住 Shift 键选中 3 个元件,将它们拖动到舞台右侧,如图 4-17 所示。接着在 1～100 帧的任意位置右击,选择"创建传统补间"命令。

图 4-15　设置补间属性

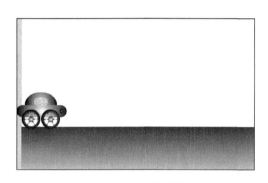

图 4-16　设置起始帧

⑥ 在第 101 帧处添加关键帧,然后选择"修改"→"变形"→"水平翻转"命令,将小车掉头,如图 4-18 所示。

图 4-17　设置结束帧

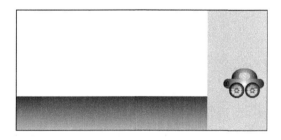

图 4-18　水平翻转

⑦ 在第 200 帧处添加关键帧,并将小车拖至最左侧,然后用同样的方法在 101～200 帧创建传统补间动画。

提示:此处汽车折返的动画也可以复制汽车右驶的动画,然后右击,选择"翻转帧"命令将动画翻转,制作反向动画。

【案例 4.5】　日暮飞翔。

① 新建文档,将"ch04\素材\日暮.jpg"和"ch04\素材\飞翔.gif"导入到库。

② 将图层 1 重命名为"日暮",将"日暮.jpg"从库中拖入到舞台,并在如图 4-19 所示的"属性"面板上将宽和高进行修改,修改后的图片如图 4-20 所示,将图片调整为和舞台对齐。

图 4-19　修改图片大小

75

图 4-20　修改后的图片

③ 选择"日暮.jpg",打开"对齐"面板,选择"与舞台对齐"复选框,然后单击"对齐"区中的"右对齐"按钮,如图 4-21 所示。

④ 在第 100 帧插入关键帧,将图片按步骤③与舞台左对齐。然后任选 1～100 帧的一帧右击,设置传统补间动画。

⑤ 新建图层 2,重命名为"飞翔",然后将"飞翔"影片剪辑元件拖入到舞台,在第 1 帧中设置为右对齐。接着在第 100 帧添加关键帧,设置为左对齐,并在 1～100 帧中设置传统补间动画,如图 4-22 所示。

⑥ 完成后时间轴如图 4-23 所示,保存文档,测试影片效果。

图 4-21　"对齐"面板

图 4-22　拖入元件

图 4-23　时间轴

4.3 补间形状动画

形状补间动画适用于矢量形状从一个形状变化为另一个形状,色彩也可以变化。制作形状补间动画的方法是,在两个已经绘制好不同形状图形的关键帧之间任选一帧,然后选择"插入"→"补间形状"命令,或者右击,选择"创建补间形状"命令,如图 4-13 所示。Flash 会自动计算中间帧的形状和颜色来创建动画,在时间轴上,被创建了形状补间的帧以绿色底纹显示,实线箭头从起始帧指向结束帧。

【案例 4.6】 企鹅变王子。

① 新建文档,将图层 1 重命名为"形状变化",然后选中第 1 帧,在舞台中央绘制如图 4-24 所示的企鹅形状。接着在第 25 帧上添加关键帧,在第 40 帧上添加关键帧,选择第 40 帧,在舞台中央绘制如图 4-25 所示的王子形状。

图 4-24 初始企鹅形状

图 4-25 王子形状

② 选择 25~40 帧的任意一帧,创建形状补间动画。

③ 在第 65 帧添加关键帧,在第 80 帧添加关键帧,选择第 80 帧,然后在舞台中央输入文字"企鹅变身"。选中文字,然后执行两次"修改"→"分离"命令,将文字打散,如图 4-26 所示。

企鹅变身

图 4-26 打散文字

④ 选择 65~80 帧的任意一帧,创建形状补间动画,并在第 90 帧处按 F5 键添加帧。

⑤ 新建图层 2,重命名为"文字",然后在第 1 帧、第 15 帧、第 35 帧的舞台上方分别输入

如图 4-27 所示的文字,并在第 90 帧处按 F5 键插入帧。

图 4-27 输入文字内容

⑥ 保存文档,测试从企鹅变成王子,再从王子变成文字的影片效果,如图 4-28 所示。

图 4-28 影片效果图

提示:从形状不可以直接创建到文字的形状补间,需要将文字两次分离成为矢量图。

4.4 补间动画

传统补间动画要求指定开始帧和结束帧的状态以后才可以制作动画,而补间动画则是在制作动画后再设置结束帧上的元件属性,可以设置位置、大小、颜色、透明度等元件属性来创建动画,和传统补间动画一样,补间动画只对元件起作用。

制作补间动画的步骤是,先选中起始帧,然后右击,在快捷菜单中选择"创建补间动画"命令。如果起始帧在第 1 帧,且其他图层无动画设置,则时间轴后 24 帧变为蓝色底色(补间范围长度为每秒的帧数),如图 4-29 所示。若起始帧不在第 1 帧,则起始帧变为蓝色。如果其他图层已经有动画设置,则动画长度自动和其他图层对齐,如图 4-30 所示,图层 3 上以第 12 帧为起始帧设补间动画,动画长度自动和下一图层长度对齐。将鼠标放在最后一个蓝色帧上会出现双向箭头,拖动可改变动画补间长度。补间动画可多次选择中间的任意一帧,通过改变元件属性来创建动画,被改变属性的关键帧上显示黑色菱形,如图 4-31 所示。

图 4-29　时间轴显示 1

图 4-30　时间轴显示 2

图 4-31　时间轴显示 3

【案例 4.7】　夜空。

① 新建文档,将图层 1 重命名为"星星",然后选中第 1 帧,选择"矩形工具",设置填充颜色为白色到蓝色的渐变,在舞台上绘制矩形背景并调整渐变,如图 4-32 所示。

② 新建图形元件,命名为"星星",绘制如图 4-33 所示的图形。

图 4-32　夜空背景

图 4-33　"星星"元件

③ 新建影片剪辑元件,命名为"闪烁的星星",并将图层 1 重命名为"星星 1",然后选中第 1 帧,拖入"星星"图形元件。右击第 1 帧,在弹出的快捷菜单中选择"创建补间动画"。单

击第 10 帧,选中元件,缩小"星星"元件,并在"属性"面板上设置 Alpha 值为 0%。单击第 20 帧,重新放大"星星"元件,并在"属性"面板上设置 Alpha 值为 100%。

④ 新建图层 2,重命名为"星星 2",然后在第 5 帧上添加关键帧,拖入"星星"元件,位置稍微远离图层 1 上的星星。接着用同样的方法设置补间动画,时间轴如图 4-34 所示。

图 4-34　两个闪烁的"星星"影片剪辑的时间轴

⑤ 新建图形元件,命名为"月亮",并绘制月亮图形,然后新建图形元件,命名为"云朵",并绘制云朵图形,如图 4-35 所示。

图 4-35　"月亮"元件和"云朵"元件

⑥ 返回场景 1,单击"星星"图层,选中第 1 帧,将"闪烁的星星"元件多次拖入,并改变为不同的大小,如图 4-36 所示,然后在第 100 帧处按 F5 键插入帧。

图 4-36　闪烁的星星背景

⑦ 新建图层 2,重命名为"月亮",然后选中第 1 帧,拖入"月亮"元件到舞台的左上角,如图 4-37(a)所示。右击创建补间动画,然后选中第 100 帧,向右拖动"月亮"元件到如图 4-37(b)所示的位置。

⑧ 新建图层 3,重命名为"云朵",然后选中第 1 帧,将"云朵"元件拖入到舞台如图 4-38(a)所示的位置。右击创建补间动画,然后选中第 100 帧,向右拖动云朵到如图 4-38(b)所示的位置。

(a) 初始帧位置　　　　　　　　　　　　　　(b) 结束帧位置

图 4-37　"月亮"元件的初始帧和结束帧位置

(a) 初始帧位置　　　　　　　　　　　　　　(b) 结束帧位置

图 4-38　"云朵"元件的初始帧位置和结束帧位置

⑨ "夜空"动画的最后效果如图 4-39 所示,时间轴如图 4-40 所示,保存文档,测试影片效果。

图 4-39　最终效果图

图 4-40　时间轴

【案例 4.8】 芭蕾。

① 新建文档,导入"ch04\素材\balei01.jpg"、"ch04\素材\balei02.jpg"、"ch04\素材\balei03.jpg"、"ch04\素材\balei01.jpg"到库。

② 选择图层 1,将"balei01.jpg"拖入到舞台,然后选中图片并右击,在弹出的快捷菜单中选择"转换为元件"命令。

③ 选择第 1 帧,创建补间动画。然后在第 25 帧处选择图片,在"属性"面板中设置 Alpha 值为 0%,如图 4-41 所示。

④ 在第 10 帧处将图片左移,如图 4-42 所示,此时图片上有虚线显示路径。

图 4-41 "色彩效果"属性设置　　　　　　　图 4-42　将图片左移

⑤ 新建图层 2,在第 10 帧处添加关键帧,然后拖入"balei02.jpg",并将其转换为元件。在第 25 帧处选择图片,在"属性"面板中进行如图 4-43 所示的设置,并将图片左移。

图 4-43　图片属性设置及左移

⑥ 新建图层 3，在第 25 帧添加关键帧，然后拖入"balei03.jpg"，并将其转换为元件。在第 55 帧处修改亮度值，并将图片上移，如图 4-44 所示。

图 4-44　图片属性设置及上移

⑦ 新建图层 4，在第 50 帧添加关键帧，然后拖入"balei04.jpg"，并将其转换为元件。在第 100 帧处修改混合模式，并将图片缩小至最小，如图 4-45 所示。

图 4-45　图片属性设置及上移

⑧ 此时时间轴如图 4-46 所示,保存文档,测试影片效果。

图 4-46　时间轴

4.5　动画预设

动画预设类似于 PowerPoint 里自定义动画部分已经做好的动画效果,是添加动画的快捷方法,可以针对舞台上的对象制作简单的动画,提高工作效率。每个对象只能应用一个预设,如果将第二个预设应用于相同的对象,则第二个预设将替换第一个预设。动画预设是补间动画,不是传统补间动画,在 Flash CS6 的"动画预设"面板中提供了 30 种默认的预设动画,用户也可以将制作的补间动画自定义为动画预设。

制作动画预设的方法是,选中待制作动画的元件,选择"窗口"→"动画预设"命令,打开"动画预设"面板,如图 4-47 所示,选择一种动画效果,单击"应用"按钮。

【**案例 4.9**】　疾驰的模糊的汽车。

① 新建文档,导入素材"ch04\素材\汽车.png"和"ch04\素材\公路.jpg"到库。

② 拖动"公路"图片到图层 1 的第 1 帧,选中图片,打开"对齐"面板,选择"与舞台对齐"复选框,在"匹配大小"区中依次单击"匹配宽度"按钮 和"匹配高度"按钮 (如图 4-48 所示),使图片和舞台大小相同并对齐。

图 4-47　"动画预设"面板

图 4-48　"对齐"面板

③ 拖动"汽车"图片到舞台,选中"汽车"图片并右击,然后在弹出的快捷菜单中选择"转换为元件"命令,将汽车转换为元件。

④ 选择"汽车"元件,打开"动画预设"面板,选择"从右边模糊飞入"选项,单击"应用"按钮即可为"汽车"元件创建动画,舞台上的汽车显示了带一条如图 4-49 所示的若干菱形方块

的橙色线条。在时间轴上会自动加入图层 2,并显示为补间动画,如图 4-50 所示。

图 4-49　创建动画预设的动画

⑤ 选择图层 2 的第 1 帧,将"汽车"元件拖动到公路尽头,并缩小汽车,如图 4-51 所示。然后选择图层 2 的最后一帧,将"汽车"元件拖动到合适的位置并适当放大,如图 4-52 所示。

图 4-50　时间轴

图 4-51　调整起始帧状态

⑥ 选择任意一帧,在"属性"面板中进行更详细的设置,如图 4-53 所示,可以设置模糊度。

图 4-52　调整结束帧状态

图 4-53　设置补间元件属性

⑦ 保存文档,观看汽车疾驰而过的模糊身影。

习题

1. 创建一个逐帧动画,要求有完整的故事情节或动作,例如蝴蝶挥动翅膀。

2. 利用传统补间创建一个动画,演示两个小球碰撞的效果,注意通过"缓动"功能来控制小球对象的加速或者减速运动。

3. 利用补间动画制作一个影片,展示小鸟在天空飞翔的样子。

4. 使用形状补间创作一个动画,要求对象改变形状、位置及颜色等。

第 5 章 高级动画的制作

高级动画是综合运用 Flash CS6 提供的一些技巧制作出来的动画,它具有很强的表现力,能够制作一些特殊的效果,这些技巧包括引导层动画、遮罩动画、骨骼动画等。即使再高级、再复杂的动画也必须建立在基本动画的基础上,经过巧妙地构思和精心地制作完成。

5.1 创建引导层动画

如果想使对象按设定的曲线运动,可以为对象设置运动引导层,在制作动画时,运动引导层用来控制对象的移动情况,使对象能够沿着曲线移动,从而使对象的运动路径看起来更逼真。在设置好引导层后,可以用"铅笔工具"在引导图层上绘制运动路径。被控制对象所在的图层称为被引导层,被引导层可以包含传统补间动画,但不能包含补间动画。

【案例 5.1】 汽车郊游。

① 新建文档,在图层 1 上绘制背景和小路,如图 5-1 所示。

② 新建图形元件,命名为"红色汽车",绘制如图 5-2 所示的图形,并在第 100 帧处按 F5 键插入帧。

图 5-1　绘制背景　　　　　　　　　图 5-2　绘制汽车元件

③ 新建图层 2,重命名为"汽车",将"红色汽车"拖入舞台。然后在第 100 帧处添加关键帧,创建从 1 到 100 帧的传统补间动画。

④ 右击"汽车"图层的名称,在弹出的快捷菜单中选择"添加传统运动引导层"命令,如图 5-3 所示。此时将会为"汽车"图层添加一个图层作为引导层,在时间轴上"汽车"图层自动缩进,如图 5-4 所示。

⑤ 选择"引导层",用"铅笔工具"绘制沿小路的曲线,如图5-5所示。

图 5-4　时间轴

图 5-3　添加传统运动引导层

图 5-5　绘制路径

⑥ 选择"汽车"图层的第1帧,拖动汽车将汽车中心对准路径起始点。然后选择"汽车"图层的第100帧,拖动汽车,将汽车变小,并将中心对准路径的结束位置,如图5-6所示。

图 5-6　对准汽车出发的首尾位置

⑦ 测试动画,发现汽车已经可以沿曲线运动了,但车头始终向一个方向,运动很不自然,可以在路的各个转弯处添加关键帧调整车头方向,此处调整几处,如图5-7所示。

图 5-7　调整车头方向

⑧ 最终时间轴如图 5-8 所示,保存文件,测试汽车沿小路郊游的效果。

图 5-8　时间轴

5.2　创建遮罩动画

遮罩动画的原理是以上一层的形状来遮盖下一层,只有在形状盖住的地方下一层才能显示出来,上一层称为遮罩层,下一层称为被遮罩层。遮罩层的作用是设定形状,被遮罩层的作用是显示出遮罩层所限定的形状。为了得到好看的动画,通常将遮罩层设置成补间形状或补间动画,使形状富于变化,从而在显示被遮罩层的时候也富于变化地显示各个部分。较为经典的应用如望远镜观看效果,将遮罩层设置为来回移动的两个圆形来显示被遮罩层的图形内容,从而达到望远镜的效果。

用户可以在遮罩层上使用形状补间进行遮罩。

【案例 5.2】　蝴蝶舞春。

① 新建文档,将图层 1 重命名为"黑白背景",然后导入图片"ch05\素材\黑白风景.jpg"到舞台中并与舞台对齐,接着在第 100 帧处按 F5 键插入帧,如图 5-9 所示。

② 新建图层 2,重命名为"彩色背景",然后导入图片"ch05\素材\彩色风景.jpg"到舞台中并与舞台对齐,接着在第 100 帧处按 F5 键插入帧,如图 5-10 所示。

图 5-9　黑白背景

图 5-10　彩色背景

③ 新建图层 3,重命名为"遮罩",然后新建图层 4,重命名为"蝴蝶",并将"ch05\素材\蝴蝶.png"导入到舞台。接着在这两个图层的第 100 帧处分别添加关键帧,并为这两个图层创建传统补间动画。

④ 选择第 1 帧,在"遮罩"层上用"椭圆工具"添加圆形,在"蝴蝶"层上导入"ch05\素材\蝴蝶.png"到库并拖到舞台。然后分别在两个图层的第 15 帧、30 帧、45 帧、60 帧、75 帧、100 帧处添加关键帧,并修改形状和改变蝴蝶的位置,如图 5-11 所示。

⑤ 右击"遮罩"层,在弹出的快捷菜单中选择"遮罩层"命令,然后设置遮罩,被遮罩层的

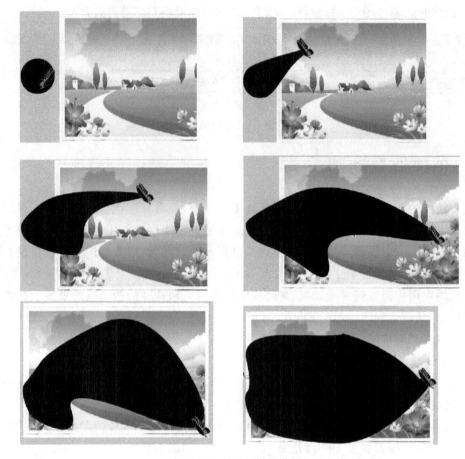

图 5-11　改变形状和位置

名称缩进显示,时间轴如图 5-12 所示。

图 5-12　时间轴

⑥ 保存文档,测试效果。

用户也可以在遮罩层上使用元件进行遮罩。

【案例 5.3】　模特图片转换。

① 新建文档,将"ch05\素材\mote1.jpg"、"ch05\素材\mote2.jpg"和"ch05\素材\mote3.jpg"导入到库。

② 将图层 1 重命名为"模特 1",将第一张图片拖到图层 1,调整其合适舞台大小(如图 5-13 所示),并在第 100 帧按 F5 键插入帧。

③ 新建图层 2,将图层 2 重命名为"模特 2",然后把第二张图片拖到舞台,覆盖第一张图片(如图 5-14 所示),并在第 100 帧按 F5 键插入帧。

图 5-13　导入第一张图片

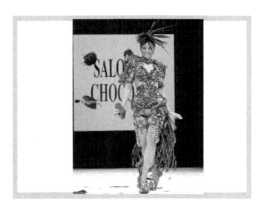

图 5-14　导入第二张图片

④ 新建影片剪辑元件,命名为"星形缩小",然后在第1帧绘制黑色星形覆盖舞台,在第100帧将星形缩小为看不见,并设置1到100帧的传统补间动画,图形和时间轴如图5-15所示。

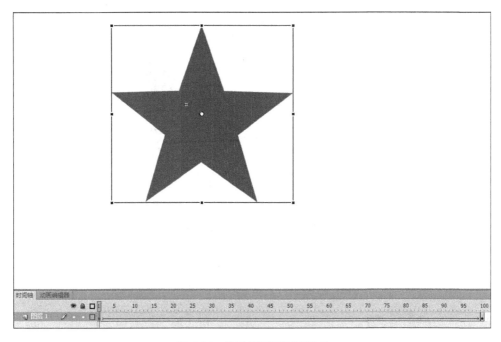

图 5-15　设置"星形缩小"元件

⑤ 新建图层3,将图层命名为"遮罩层1",然后"星形缩小"元件拖入到舞台中央,覆盖住第二张图片,并将"遮罩层1"设置为遮罩层,如图5-16所示。

⑥ 返回场景1,在"模特1"图层的第120帧处按F5键延长播放时间。然后新建图层4,重命名为"模特3",在第120帧处按F6键添加关键帧,将第三张图片拖入舞台调整至合适的大小覆盖前两张图片,如图5-17所示,接着在第220帧处按F5键插入帧。

⑦ 新建影片剪辑元件,重命名为"矩形变换",绘制一个黑充矩形覆盖舞台,然后在第100帧处添加关键帧,创建传统补间动画,并在第50帧处添加关键帧,将其缩为最小。

图 5-16　设置"遮罩层 1"

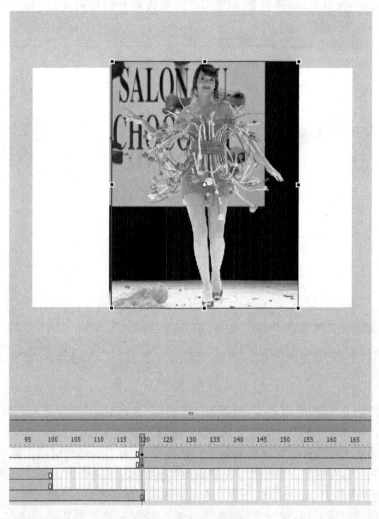

图 5-17　导入第三张图片

⑧ 返回场景 1，新建图层 5，重命名为"遮罩层 2"，然后在第 120 帧处添加关键帧，将"矩形变换"元件拖入舞台，使矩形能够覆盖舞台，并将该层设置为遮罩层（如图 5-18 所示），接着在第 220 帧处按 F5 键插入帧。

图 5-18　设置"遮罩层 2"

⑨ 在"模特 1"图层的第 240 帧处按 F5 键插入帧，在"模特 3"图层的第 240 帧处按 F5 键插入帧，时间轴如图 5-19 所示。

图 5-19　时间轴

⑩ 保存文档，观看影片效果。

5.3　创建骨骼动画

　　Flash CS6 的骨骼动画运用的是反向运动原理。"骨骼工具"在图形形状上或各个元件实例之间绘制多个骨骼，这些骨骼将各个部分连接成线性或分支型的骨架，当移动其中一个骨骼时，与其连接的骨骼会有相应的如人体运动般的反向运动，从而完美地演绎各种动作，两动作之间自动补间相应的过渡动作，节省了大量的绘制工作。制作者所需完成的仅仅是绘制基本图形或元件，打上骨骼，调整姿势即可。至于骨骼间怎样控制图形或元件发生反向变化，完全由计算机自动计算。

　　在此以图形形状为例，绘制如图 5-20 所示的形状，选择"骨骼工具" ✏，对人物一般从腰部开始打骨骼，如图 5-21 所示，从腰部向上到胸部脖子以下绘制骨骼，此根骨骼为根骨骼，其余骨骼都是该骨骼的分支。继续用"骨骼工具"从根骨骼的小圆关节处拖动，到肩关节、肘关节、腕关节，连续 4 根骨骼构成上臂骨架，如图 5-22 所示。从根骨骼小圆关节处向上分支画脖子和头部两根骨骼，依次延伸分支，绘制出下肢骨骼。

93

图 5-20　绘制形状　　　　图 5-21　从腰部绘制骨骼　　　　图 5-22　绘制上臂骨骼

　　打好全身骨骼后如图 5-23 所示,此时时间轴自动添加一个骨架图层,图层前有人形图标,如图 5-24 所示。选择骨架图层后面的某帧右击,在弹出的快捷菜单中选择"插入姿势"命令,如图 5-25 所示。此时可用"选择工具"拖动骨骼变换姿势,图 5-26 所示为腿部、手臂和头部的变化。

图 5-23　绘制全身骨骼

图 5-24　骨架图层　　　　　　　　　　　　图 5-25　插入姿势

图 5-26　利用骨架改变姿势

　　在为对象创建骨骼之后,选择其中的某个骨骼,可以在"属性"面板上设置与骨骼相关的属性,如图 5-27 所示。用户可以对骨骼的运动速度、连接方式和运动角度进行设置,例如可以防止骨骼进行 360°旋转。

图 5-27 骨骼属性设置

【案例 5.4】 跳舞的女孩。

① 新建文档,在图层 1 上用"画笔工具"绘制如图 5-28 所示的图形。

② 选择"骨骼工具",从腰部开始打骨骼,分别为身体的各个部位打上骨骼,如图 5-29 所示。此时时间轴上会自动添加骨架图层,如图 5-30 所示,骨架图层前面有人形图标。

图 5-28 绘制图形

图 5-29 绘制骨骼

图 5-30 时间轴

③ 分别在骨架图层的第 15、30、45、60、80 帧处右击,在弹出的快捷菜单中选择"插入姿势"命令,并用"选择工具"调整骨骼,改变女孩的姿势,如图 5-31 所示。

④ 保存文档,测试影片效果。

图 5-31　调整姿势

【**案例 5.5**】　跑步跨越障碍物。

① 新建文档，分别新建图形元件，并重命名为"头"、"腰"、"胯"、"上臂"、"前臂"、"手"、"大腿"、"小腿"、"脚"，然后绘制图形如图 5-32 所示。

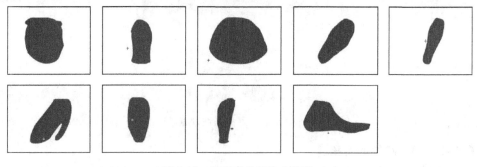

图 5-32　绘制身体的各个部分

② 新建影片剪辑元件，重命名为"跳跃"，然后将以上各个元件拖入并组合成如图 5-33 所示的人体。接着选择"骨骼工具"，从腰部开始为各个部分打上骨骼，如图 5-34 所示。

图 5-33　组合元件　　　　　　图 5-34　绘制骨骼

③ 在第 70 帧处右击，在弹出的快捷菜单中选择"插入姿势"命令，然后分别在第 10、20、30、40、50 帧处也执行此命令，时间轴如图 5-35 所示。

图 5-35　时间轴

④ 分别在第 10、20、30、40、50 帧处调整骨骼姿势,如图 5-36 所示。

图 5-36　绘制骨骼

⑤ 返回场景 1,将图层 1 重命名为"障碍物",并在第 12 帧处和第 23 帧处添加关键帧,绘制如图 5-37 所示的障碍物。然后新建图层 2,重命名为"跳跃的人",将"跳跃"影片剪辑元件拖入到舞台中。

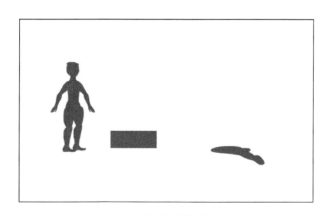

图 5-37　绘制障碍物

⑥ 此时时间轴如图 5-38 所示,保存文档,测试影片效果。

图 5-38　时间轴

习题

1. 使用运动引导层使蝴蝶沿曲线飞舞,此处蝴蝶可制作成影片剪辑元件。
2. 利用遮罩实现几幅图片过渡出现的效果。
3. 制作一个卡通人物的骨骼动画。
4. 利用前面讲过的所有技术制作一个动画,要求不少于 300 帧。

第 6 章 ActionScript 3.0脚本编程语言基础

动作脚本就是在动画运行过程中起到控制和计算作用的程序代码,理解和掌握好脚本的基本元素和编程技巧是深入学习动画制作的根本。

ActionScript 3.0 是随着 Adobe Flash CS3 和 Flex 2.0 的推出同步推出的脚本编程语言,本章将对 ActionScript 3.0 编程语言的基础进行简要的介绍。

6.1 ActionScript 3.0 发展概述

ActionScript 3.0 与 ActionScript 以前的版本有本质上的不同。它是一门功能强大、符合业界标准的面向对象的编程语言。它在 Flash 编程语言中起着里程碑的作用,是用来开发丰富的 Internet 应用程序(RIA)的重要语言。

ActionScript 3.0 在用于脚本撰写的国际标准化编程语言 ECMAScript 的基础之上,并对该语言做了进一步改进,可为开发人员提供用于开发丰富的 Internet 应用程序(RIA)的可靠的编程模型。开发人员可以获得卓越的性能并简化开发过程,便于利用非常复杂的应用程序、大的数据集和面向对象的、可重复使用的基本代码。ActionScript 3.0 在 Flash Player 9 中新的 ActionScript 虚拟机(AVM2)内执行,可为下一代 RIA 带来性能的突破。

ActionScript 最初的 1.0 版本随 Flash 5 一起发布,Flash 6 增加了几个内置函数,允许通过程序代码更轻松地操控动画元素。在 Flash 7 推出时引入了 ActionScript 2.0 版本,ActionScript 2.0 是更高级的程序语言,支持基于类的程序设计方法,例如继承、接口和严格的数据类型检查,Flash 8 进一步扩展了 ActionScript 2.0,增加了新的类以及用于运行时控制图像数据和文件上传的 API(Application Programming Interface)。

ActionScript 的旧版本(1.0 和 2.0)提供了构建效果和画面丰富的 Web 应用程序所需要的功能以及灵活性。随着 2005 年 4 月 Adobe 对 Macromedia 的收购,为 Flash 的发展注入了强大的动力。

ActionScript 3.0 的发布是 ActionScript(简写 AS)发展史上的一个里程碑,实现了真正意义上的面向对象,提供了出色的性能,简化了开发的过程,更适合开发复杂的 Web 应用程序。ActionScript 3.0 可以说是为了专门配合 Flash Player 应用的一种高性能与高开发效率的新语言,是一个划时代的产品。

ActionScript 3.0 需要 Flash Player 9 才能运行,Flash Player 9 通过 ActionScript 3.0 以及全新的 ActionScript 虚拟机(ActionScript Virtual Machine,AVM2)提供最快达 10 倍

的高速性能,同时具备实时编译器的特点,可用最快的运行速度将 ActionScript 的字节码转换为源代码。Flash CS6 仍允许用 ActionScript 3.0 或 ActionScript 2.0 的语法来开发 SWF 文件。

6.2 Flash CS6 的"动作"面板介绍

动作是指动作脚本语句或者命令,分配给某一关键帧或对象的一个或者多个动作称为一个脚本,Flash 提供了一个专门处理动作脚本的编辑环境——"动作"面板。在默认情况下,"动作"面板自动出现在 Flash"舞台"的下面,如果"动作"面板没有显示出来,可以选择"窗口"→"动作"命令或者按 F9 键显示。在"时间轴"面板中选择了帧之后,使用右键菜单中的"动作"命令就可以激活"动作"面板。"动作"面板分为 4 个区域,分别是"功能菜单"、"动作工具箱"和"脚本导航器"、"脚本窗口",如图 6-1 所示。

图 6-1 "动作"面板

"脚本窗口"是编辑代码的区域;"动作工具箱"提供一个树状列表,涵盖了所有程序语言元素;"脚本导航器"是一个脚本导航工具,其中罗列了所有含有代码的帧,用户可以通过单击其中的项目,使包含在相应帧中的代码在右侧的"脚本窗口"中显示。

"功能菜单"为编辑代码提供了多个功能按钮,用于插入代码、语法检查、调试等,下面详细介绍各项功能按钮。

(1)插入代码:可以直接在脚本输入区编辑动作、输入动作参数或删除动作,还可以双击"动作工具箱"中的某一项或单击"脚本窗口"上方的"将新项目添加到脚本中"按钮向"脚本窗口"添加动作。

(2)查找替换:单击"脚本窗口"上面的 🔎 按钮,弹出如图 6-2 所示的"查找和替换"对话框,在该对话框的"查找内容"和"替换为"文本框中输入要查找和替换的内容,单击"查找下一个"按钮,实现查找功能,单击"替换"按钮,即可将"查找内容"文本框中的内容替换为

"替换为"文本框中的内容,这一功能适合在较长的源程序中查找相关的内容或者批量地修改动作脚本的内容。

图 6-2 "查找和替换"对话框

（3）插入目标路径：在添加语句时,可以利用这个工具准确地插入对象的路径。例如在对按钮元件进行编程操作时,使用"插入目标路径"对话框对它的路径进行设置。单击"脚本窗口"上面的 ⊕ 按钮,可以打开"插入目标路径"对话框,如图 6-3 所示。在其中可以看到经过注册的影片剪辑元件和按钮元件,如果需要对按钮元件进行设置,可以单击这个按钮元件,然后选择下面的"相对"（相对路径）或者"绝对"（绝对路径）单选按钮,单击"确定"按钮,按钮元件的实例名和路径就会进入编辑的脚本中了。

图 6-3 "插入目标路径"对话框

（4）语法检查：在脚本输入区中输入程序代码,然后单击脚本输入区上面的 ✔ 按钮,如果没有语法错误,将会弹出提示对话框表明此脚本中没有错误；如果存在语法错误,将会弹出提示对话框表明此脚本中包含有错误,且在"输出"面板中全部列出,并指出发生错误的具体位置,如图 6-4 所示。

图 6-4 在"输出"面板中指出发生错误的具体位置

第6章 ActionScript 3.0脚本编程语言基础

（5）自动套用格式：为增强源代码的可读性，必须注意按照规范的语法格式来书写源代码，可以利用工具栏上的"自动套用格式"按钮 ▤ 来规范格式，方法是将光标放在语句中，单击"自动套用格式"按钮 ▤，此时代码即会按照规范的格式进行自动缩进等操作。读者也可以自定义源代码书写的各种格式，在"动作"面板的功能菜单中选择"首选参数"→"自动套用格式"命令，打开如图6-5所示的"自动套用格式"对话框，设置各个复选框，然后单击"确定"按钮即可生效。

图 6-5 自定义源代码书写的各种格式

（6）显示代码提示：在"动作"面板中编辑动作脚本时，Flash可以检测到正在输入的动作并显示代码提示，即包含该动作完整语法的工具提示，或列出可能的方法或属性名称的弹出菜单。当精确地输入或命名对象时会出现参数、属性和事件的代码提示，这样动作脚本编辑器就会知道要显示哪些代码提示，如图6-6所示。

（7）调试选项：对于较长的程序，在进行调试的时候有可能需要在某个关键的地方设置断点，使得程序执行到这里就暂停下来，从而进行进一步观察和调试。例如将光标移到第13行，单击"调试选项"按钮 ∞，设置此行为断点，如图6-7所示。

（8）代码折叠功能和注释功能：Flash CS6提供了代码折叠功能和注释功能，这样在编辑行数较多的代码的时候，可以按选择内容或标记从视图隐藏代码，这样开发人员就可以清楚地了解程序脉络，从而更加轻松地专注于正在开发的代码。图6-8所示为隐藏大括号之间的代码和应用了行注释。

(a) 代码提示1

(b) 代码提示2

(c) 代码提示3

图 6-6   代码提示

```
package {
    import flash.display.Sprite;
    import flash.events.KeyboardEvent;
    import flash.ui.Keyboard;

    public class KeyCodes extends Sprite {
        private var ball:Sprite;

        public function KeyCodes() {
            init();
        }
        private function init():void {
            ball = new Sprite();
            addChild(ball);
            ball.graphics.beginFill(0xff0000);
            ball.graphics.drawCircle(0, 0, 40);
            ball.graphics.endFill();
            ball.x=stage.stageWidth/2;
            ball.y=stage.stageHeight/2;
            stage.addEventListener(KeyboardEvent.KEY_DOWN, onKeyboardEvent);
        }
```

图 6-7   设置断点

图 6-8　代码折叠和注释

　　(9) 脚本助手：在"动作"面板的右上角有一个"脚本助手"按钮，单击此按钮可以使"动作"面板在"脚本助手"模式和"专家"模式之间切换。在"脚本助手"模式下，"动作"面板提供了一个简便的脚本编写交互界面，如图 6-9 所示。可以看到在这个模式下，用户不能直接在代码编辑区域手工输入代码，完整的代码是通过填写上方的几个文本框，再由系统生成，也可以从左侧的"动作工具箱"或者单击按钮选择适当的项目添加到代码中。

图 6-9　脚本助手

　　(10) 使用外部文本编辑器：用户可以使用其他文本编辑软件(例如记事本、写字板、Word 等)在 Flash 之外编辑脚本内容，然后将其导入到 Flash 的"动作"面板中，也可以将"动作"面板中的内容导出，甚至可以使用 include 函数在影片播放时添加使用外部文本编辑软件编辑的脚本。

① 导出脚本：选择"动作"面板功能菜单中的"导出脚本"命令，将会弹出"另存为"对话框，在该对话框中选择一个文件夹，并为文件命名，然后单击"保存"按钮，将文件保存下来。

② 导入脚本：选择"动作"面板功能菜单中的"导入脚本"命令，将会弹出"打开"对话框，在该对话框中选择要导入的带有脚本的 ∗.as 文件即可将脚本导入到脚本输入区中。

6.3　ActionScript 的语法

任何一门编程语言在编写代码时都必须遵循一定的规则，这个规则就是语法。本节将着重介绍从 ActionScript 2.0 开始使用的点语法和区分大小写，了解编程常用的标点符号的使用以及程序注释的使用。

1. 点

ActionScript 点语句是 Flash 5.0 中才引进的，点语法使 ActionScript 看上去类似于 JavaScript，点用来表示对象的属性和方法，或者用来表示影片剪辑、变量、函数、对象的目标路径。点还被称作点操作符，因为它经常被用于发布命令和修改属性。

点语法的结构：点的左侧可以是动画中的对象、实例或主时间轴，点的右侧可以是与左侧元素相关的属性、目标路径、变量或动作。下面是点语句的 3 种不同的应用形式：

```
myClip.visible = false;
menuBar.menu1.item5;
this.gotoAndPlay(5);                    //这里 this 代表主时间轴
```

在第一种形式中，名为 myClip 的影片剪辑通过使用点语法将 visible 属性设置为 false，使得它不可见；第二种形式显示了变量 item5 的路径，它位于动画 menu1 中，menu1 又嵌套在动画 menuBar 中。第三种形式使用主时间轴命令，主时间轴跳转到第 5 帧并进行播放。

2. 大括号

ActionScript 使用大括号符号"{}"组织脚本元素（这种符号也称为波形符号），将同一个事件触发的一系列程序指令组织在一起，例如按下 star_btn 按钮，大括号之间的语句将被执行。

```
star_btn.addEventListener(MouseEvent.CLICK,StarMovie);
function StarMovie(event:MouseEvent) {
gotoAndPlay(2);
}
```

3. 分号

在 ActionScript 中，用分号表示语句的结束，例如下面的语句中就使用分号作为结束标志：

```
gotoAndPlay();
row = 0;
```

如果在编写程序时忘记了使用分号，在绝大多数情况下，程序代码也能够得到正确的编译，不过正确地使用分号是一个良好的编程习惯。

4. 括号

当用户自定义函数时，需要将函数的参数放在括号内，例如：

```
function myFunction(name,age) {
…
}
```

当用户调用函数时,又需要使用括号将参数传递给函数,例如:

```
myFunction("Jack","TsingHua",false);
```

也可以使用括号来改变运算顺序,例如:

```
number = 16 * (9 - 7);
```

5. 大小写字母

在 ActionScript 中,只有关键字、类名、变量区分大小写(这 3 个概念会在后面详细介绍),其他字母的大小写可以混用,但是遵守规则的书写约定可以使脚本代码更容易被区分,便于阅读。例如在书写关键字时没有使用正确的大小写,脚本将会出现错误,语句如下:

```
setProperty(ball,_xscale,scale);
setproperty(ball,_xscale,scale);
```

前一句是正确的,后一句中 setproperty 的 p 应该是大写而没有大写,所以是错误的。在"动作"面板中启用彩色语法功能时,用正确的大小写书写的关键字用蓝色区别显示,因而很容易发现关键字的拼写错误。

6. 注释

注释符号有两种,一种是注释块分隔符"/ ** /",用于指示一行或多行脚本注释。出现在注释开始标签"/ *"和注释结束标签"* /"之间的任何字符都被 ActionScript 解释程序解释为注释并忽略。例如:

```
trace(1);
/ *     trace(2);
 * /
trace(3);
```

另一种注释符号是注释分隔符"//",它的作用是将分隔符到行末之间的内容标识为注释。注释内容以灰色显示,它的长度不受限制,也不会执行,同时形式简单且对应性很强,所以很常用。

```
var Total:Number;              //定义桃子总数的变量
var N:Number = 5;              //定义人数
Total = N * 5;                 //计算需要的桃子数量
```

7. 常量

常量是对象的属性之一,其值始终保持不变。例如,BACKAPACE、ENTER、QUOTE、RETURN、SPACE 和 TAB 这些常量就是 Key 对象的属性。下列语句可以检测键盘上的 Enter 键是否被按下:

```
if (Key.getCode() == Key.ENTER) {
   alert = "Are you ready to play? " ...
}
```

8. 关键字

关键字是 ActionScript 程序的基本构造单位,它是程序语言的保留字,不能被作为其他用途(不能作为自定义的变量、函数、对象名)。如果违反这个原则,将导致编译出错。ActionScript 3.0 中的保留字分为三类,即词汇关键字、语法关键字、为将来预留的词,词汇关键字共 45 个,都是经常在 ActionScript 3.0 自身语言中用到的词汇;语法关键字共 10 个,这些语法关键字不能单独使用,都是配合其他关键字一起使用的;为将来预留的词共 22 个,可以看出未来的 ActionScript 版本中可能会有哪些新的发展。

6.4 ActionScript 的数据类型和变量

6.4.1 ActionScript 的数据类型

数据类型是程序中最基本的概念。数据类型决定了该数据所占用的存储空间、所表示的数据范围和精度以及所能进行的运算。ActionScript 3.0 的数据类型同样分为两种,具体划分如下。

- 基元型数据类型:String、int、Number、Boolean 和 uint。
- 复杂型数据类型:Object(对象)、Array(数组)、Date 类、RegExp(正则表达式)、XML 和 XMLList 等。这里介绍几种常用的数据类型。

1. 字符串(String)

字符串是由一系列的字母、数字、空格和标点元件组成的序列。在 ActionScript 中需要将字符串放在引号中。下面语句中的"Ra2"就是一个字符串:

```
Var a:String = "Ra2";
```

可以使用"+"运算符连接两个字符串,在字符串中可以使用空格,例如下面的语句在连接两个字符串后,在逗号的后面将产生一个空格(username 是一个字符串变量)。在字符串中是区分大小写字母的。

```
Greeting = "Hello, " + username;
```

在字符串中有一些特殊的字符(双引号、单引号或反斜杠等),这就需要用到转义字符。所谓转义字符就是用两个字符的组合来表示一个特殊的字符。在 Flash ActionScript 中,和 C 语言、Java 语言类似,都使用"\"来表示转义字符。"\"字符再加上另一个字符可以表示一个特殊字符。

常用的转义字符如表 6-1 所示。

表 6-1 常用的转义字符

转 义 字 符	所表示的特殊字符	转 义 字 符	所表示的特殊字符
\b	Backspace 回退	\"	"双引号
\f	打印机换页符	\'	'单引号
\n	换行符	\\	\反斜线符
\r	Return 回车符	\000～\377	八进制数,例如 \777 表示
\t	Tab 跳格符		八进制的 777

用字符串数据类型声明的变量的默认值是 null。虽然 null 值与空字符串("")均表示没有任何字符,但两者并不相同。

下面列举字符串的一些基本操作:

1) 在字符串中搜索

如果想知道某个字符串中是否包含某个字符,就需要用到 indexOf() 和 lastIndexOf() 方法了。indexOf() 返回字符第一次出现的索引位置,lastIndexOf() 返回字符最后一次出现的索引位置。如果不包含该字符,则返回-1。

```
var myStr:String = "01@34@67@9";
//如果包含"@",则返回第一次出现@的索引位置,输出为 2
trace(myStr.indexOf("@"));
//如果包含"@",则返回第一次出现@的索引位置,输出为 8
trace(myStr.lastIndexOf("@"));
//如果不包含"*",则返回-1,输出为-1
trace(myStr.indexOf("*"));
借助这个方法,我们就可以简单地判断一个邮件地址是否有效了.
var myEmail:String = "ifreedream@yahoo.com.cn";
if (myEmail.indexOf("@")>0) {
    trace("这个邮件地址是有效的!");
}
```

2) 字符串的排序

借助于字符串的比较,我们可以对一系列字符串进行排序,如果字符串的数量很多,先逐个比较再排序很麻烦,此时可以使用简单的方法排序,就是数组的排序。

继续上边的代码,新增代码如下:

```
var myArr:Array = new Array(a,b,c,d,e,f);    //将 a~f 定义为数组
trace(myArr);                                //输出原始数组: eg,egg,egg,Egg,EGg,EGG
myArr.sort();                                //对数组排序,默认为从小到大
trace(myArr);                                //输出排序后的数组: EGG,EGg,Egg,eg,egg,egg
myArr.sort(Array.DESCENDING);                //指定参数对数组进行从大到小排序
trace(myArr);                                //输出排序后的数组: egg,egg,eg,Egg,EGg,EGG
```

3) 获取字符串指定位置的字符

利用 charAt() 可以获得字符串某个索引位置的字符,利用 charCodeAt() 可以获得字符串某索引位置字符的 ASCII 值。

```
var myStr:String = "自由与梦想!";
trace(myStr.charAt(3));             //输出第 3 个字符: 梦
trace(myStr.charCodeAt(3));         //输出第 3 个字符的 ASCII 值: 26790
```

4) 提取子字符串

字符串中的每一个字符都有一个对应的位置,即索引。第一个字符的索引是 0,往后依次递增。常用的方法如下:

* substr(start[,length])方法

substr() 的功能是提取从 start 开始长度为 length 的字符串,length 如果不写则提取到最后一个字符。start 可以是负数,表示从字符串后边某一个字符开始提取。length 必须是

一个正数。

假如定义一个字符串：

```
var str:String = "自由与梦想！";
```

各字符的索引位置为自：0；由：1；与：2；梦：3；想：4；！：5。

```
trace(str. substr (0,2));              //输出为"自由"
trace(str. substr (0));               //输出为"自由与梦想!"
trace(str. substr (－3,2));            //输出为"梦想"
trace(str.substr(－2,2));             //输出为"想!"
```

- substring(start[,end])方法

substring 的功能是提取从 start 开始到 end 之前的字符串，end 如果不写则提取到最后一个字符。

```
trace(str. substring (0,2));           //输出为"自由"
trace(str. substring (0));            //输出为"自由与梦想!"
trace(str. substring (3,5));          //输出为"梦想"
```

2. 整型（int）

整型变量用来表示整数值，即正整数、负整数和零。它占用 32 位(bit)内存空间，所以表示的数据范围是$-2\ 417\ 483\ 648(-2^{31})\sim2\ 147\ 483\ 647(2^{31}-1)$。声明整型变量的语法为：

```
var varName:int;
```

在没有赋值之前，系统给整型变量一个默认值 0。整型变量在不含小数的数学运算中广泛使用。

3. 无符号整型（uint）

无符号整型用来表示非负整数，即零和正整数。它也占用 32 位内存空间，由于不需要符号位，所以它可以表示的数据是$0\sim4\ 294\ 967\ 295(2^{32}-1)$。声明无符号整型的语法格式为：

```
var varName:uint;
```

无符号整型变量的默认值是 0，它也常用在没有小数的数值运算中，但最常用的是用它的十六进制来表示颜色值。

```
var colorFill:uint = 0x00FF00;         //定义填充颜色为绿色
var colorLine:uint = 0xFF0000;         //定义边框颜色为红色
```

4. 数值型（Number）

数值型数据可以表示整数、无符号整数和浮点数，它用 64 位内存空间存储空间，表示的数值范围更加广泛。声明一个数值型变量的语法为：

```
var varName:Number;
```

在 ActionScript 中，数值类型的数据是双精度浮点实数。用户可以使用数字运算符对数值数据进行运算，也可以使用内置的 Math 对象的方法处理数值。例如，使用下面的语句可以得到整数 121 的平方根。

109

```
Math.sqrt (121);
```

5. 布尔型（Boolean）

当一个数据的值只有两种可能——非此即彼，适合使用布尔型。例如性别只有男和女，线路状态只有开和关等。布尔型的变量只有两个值，即真和假，在 ActionScript 3.0 中定义了两个常量来表示两种不同的值，即 true 和 false。布尔型变量声明的语法为：

```
var varName:Boolean;
```

布尔型变量的默认值为 false，布尔值经常用在程序的条件判断语句中，如果条件为真就执行一段代码，否则执行另外一段代码。

```
var a:Number = 100.1;
    var b:Number = 100;
trace("a > b is ",a > b);                    //结果为：a > b is true
trace("ABC > abc is", "ABC">"abc");          //结果为：ABC > abc is false
```

6. 对象（Object）

对象（Object）是一种复合数据类型，是一个包含了多个基本数据的复杂类型，从本质上说，Object 是 ActionScript 3.0 内建的一个类——对象类，它是 ActionScript 3.0 的基础，它是所有 ActionScript 3.0 中类的祖先，包括可以在舞台上显示的影片剪辑以及各种用于绘图、计算等功能的类。在程序中可以直接定义 Object 类型的变量，语法如下：

```
var objName: Object;
```

其中，objName 是 Object 类型变量名，Object 类型变量的默认值为 null。

新建 Flash(ActionScript 3.0)文档，单击图层的第 1 帧并打开"动作"面板输入代码：

```
var myObj1:Object = new Object();
var myObj2:Object = {myHeight:168, myAge:32, myName:"夏敏捷"};      //定义两个对象
myObj1.msg = "个人信息";                                          //添加属性
trace(myObj1.msg,"\n",myObj2.myName,myObj2.myHeight,myObj2.myAge);//输出
```

输出结果：

```
个人信息
夏敏捷 168 32
```

7. 影片剪辑（MovieClip）

影片剪辑是对象中的一种，它可以被看作是一个对象类型的变量，实例的属性就是此影片剪辑中定义的基本数据类型变量。在程序中可以通过"."运算符访问一个影片剪辑实例的属性，例如：

```
mymc.x;                        //实例 mymc 的 X 坐标属性，是 Number 型
mymc.rotation;                 //实例 mymc 的角度属性，是 Number 型
mymc.visible;                  //实例 mymc 的可视属性，是 Boolean 型
mymc.blendMode;                //实例 mymc 的混合模式属性，是 String 型
```

8. 特殊数据类型

ActionScript 3.0 定义了几个用于特殊场合的数据类型，它们分别是 Null、* 和 void 类型。

Null 表示空的意思,这种类型只包括一个值——null,在程序中不能使用 Null 作为数据类型去定义一个变量;特殊类型 * 表示无类型,即不确定是哪种类型,当声明一个变量的时候如果无法确定其数据类型或为了避免编译时进行类型检查,可以指定变量为 * 类型;void 表示无值型,这种类型只包含一个值——underfined,即未定义,和空值 null 相比较,空值也算是一个特殊的值,而 void 类型表示什么值也没有,没有定义的意思,经常表示函数定义中返回值的类型,表示函数中不能包含 return 语句,不返回任何类型的数据。

9. Date 类

在 ActionScript 3.0 中,Date 类是顶级类,用于表示日期和时间信息。Date 类的实例表示一个特定的时间点(时刻),也可以查询或修改该时间点的属性,例如月、日、小时和秒等信息。

10. 数组

数组(Array)类在 ActionScript 3.0 中是顶级类,直接继承自 Object 类。利用数组的容器功能,可以在其中储存大量的数据。

创建数组的方法有两种,一是利用构造函数创建;二是利用中括号赋值来创建。

1) 利用构造函数创建数组

代码如下:

```
var _arr:Array = new Array();          //创建一个空数组
var _arr:Array = new Array(3);         //创建一个长度为 3 的数组,数组中的元素为空
var _arr:Array = new Array(1,2,3,4);   //创建一个数组,并直接对该数组赋值
```

2) 利用中括号赋值来创建数组

```
var _arr:Array = [1,2,3,4];            //创建一个数组,并直接对该数组赋值
var foo:Array = ["one","two","three"]; //新建一个数组
//使用索引访问第二个元素.数组的索引从 0 开始,所以第二个元素的索引为 1
trace (foo[1]);                        //输出: two
```

6.4.2 ActionScript 的变量

在程序中应用最多、最灵活的是变量,变量也用来存储程序中使用的值,和常量的区别在于,变量中的值是可读可写的。为了在程序中准确地访问一个变量,需要为每个变量指定一个唯一的标识符——变量名。定义一个变量的语法格式为:

```
var varName:DateType;
```

关键字 var 指出这条语句用来定义一个变量;varName 是自定义的变量名;冒号后面的 DataType 是这个变量的数据类型,它告诉系统为这个变量分配多大的内存空间。虽然指定数据类型不是必须的,但明确变量的数据类型可以使系统准确地为该变量分配内存空间,提高程序的运行效率。

变量可以存放任何数据类型,包括数字值(例如 18)、字符串值(例如"hello")、逻辑值、对象或影片剪辑等。存储在变量中的信息类型也很丰富,包括 URL、地址、用户名、数学运算结果、事件发生的次数、按钮是否被单击等。变量可以创建、修改和更新,也可以被脚本检索使用。

变量在使用中要注意以下 3 个方面:

1. 变量名的命名

通常情况下,构成变量名的字符只能包括 26 个英文字母(大小写均可)、数字、美元符号

（$）和下划线，而且第一个字符必须为字母、下划线或美元符号。

2. 确定变量范围

所谓确定变量范围，是指确定能够识别和引用该变量的区域，也就是变量在什么范围内是可以访问的。在 ActionScript 中有两种类型的变量区域，即局部变量和全局变量。

1）全局变量

全局变量是指变量在整个 Flash 动画中都是可以引用的变量。全局变量主要用于存储整个动画都需要使用的数据。全局变量是在任何函数或类定义的外部定义的变量。

例如，下面的代码通过在任何函数的外部声明一个名为 strGlobal 的全局变量来创建该变量。

```
var strGlobal:String = "Global";              //全局变量 strGlobal
function scopeTest(){
    trace(strGlobal);                          // 输出 Global
}
scopeTest();
trace(strGlobal);                              //输出 Global
```

从该例可以看出，全局变量 strGlobal 在函数定义的内部和外部均可使用。

2）局部变量

局部变量是在一个程序块中存储数据的变量，作用范围仅限于当前的程序块，用户可以通过在函数定义内部声明变量将它声明为局部变量。

```
function fun(){
    var str:String = "World";                  //局部变量 str
    trace(str);                                //输出：World
}
trace(str);                                    //错误：超出局部变量 str 的作用范围
```

如果用于局部变量的变量名已经被声明为全局变量，那么当局部变量在作用域内时，局部定义会隐藏（或遮蔽）全局定义。全局变量在该函数外部仍然存在。

与 C++ 和 Java 中的变量不同的是，ActionScript 变量没有块级作用域。

3. 声明和使用变量

在使用变量前，最好先使用 var 命令加以声明。例如：

```
var iCar:int = 10;
iCar += 1;
```

在上面的脚本中，变量 iCar 被声明为整型，脚本在执行后，变量 iCar 的值将为 11。

在进行变量声明时，为了能够更快地理解它所代表的意义。在声明时，在变量名称前额外加上识别字母，例如数值变量可以命名为 iMoney、iDay 等，字符串变量可以为 sName、sHwf、sLabel 等，其中，i 表示 integer，s 表示 string。其他的数组、对象也以相似的命名方式进行命名。

6.4.3 类型转换

将某种类型的数据（对象）转换为其他类型的数据（对象）时，就说发生了类型转换。类型转换有两种，一种是隐式转换，另一种是显式转换。

隐式转换又称为强制转换，是代码中没有指示却实际上进行了类型转换，在运行时由 Flash Player 执行。隐式转换发生在以下情况中：

- 在赋值语句中；
- 在将值作为函数的参数传递时；
- 在从函数中返回值时；
- 在使用某些运算符（例如加法运算符（＋））的表达式中。

显式转换由代码指示编译器将一个数据类型的变量视为属于另一个数据类型时发生。语法为：

目标类型(被转换对象)

例如：

```
var quantityField:String = "3";
var quantity:int = int(quantityField); //显式转换
```

不管是显式转换还是隐式转换，其内部的算法都是一样的。在类型转换以后，可能会发生值的改变。

例如 Number 类型转换成 int 类型，会将小数点后面的数值截断，在将数值类型转换成 Boolean 类型时，非 0 值转换成 true，而 0 转换成 false。如果转换的目标类型是复杂类，则被转换对象应该是相关类型，相关类型指具有继承关系的类型。所有的复杂类都继承自 Object 类，所以所有的复杂类都可以转换为 Object 类。MovieClip 类继承自 Sprite 类，所以 MovieClip 类可以转换成 Sprite 类，但是 Sprite 类不能转换成 MovieClip 类，因为 MovieClip 类不是 Sprite 类的相关类型。Date 类与 MovieClip 类之间互不继承，所以它们之间不能相互转换。

在类型转换中如果出现类型不匹配，则会出现错误。如果编译器为严谨模式，则在编译的时候就会弹出编译错误，程序无法编译完成，但是如果是标准模式，则会在程序运行到类型匹配错误的时候才弹出错误。当程序比较庞大时，越早发现错误越好，所以程序员都倾向于使用严谨模式。

6.5 ActionScript 的运算符与表达式

学习一门编程语言，首先要弄清楚的是如何对其中的数据进行运算。使用表达式来表达想要达到的效果，使用运算符来进行相关的运算，这就是数据运算的关键。本节主要介绍常用运算符的用法。

运算符指定如何合并、比较或修改表达式中值的字符，也就是通过运算来改变变量的值，运算符所操作的元素被称为运算项。

例如在以下语句中，加号（＋）就是运算符，i 和 3 就是运算项：

```
i + 3
```

ActionScript 的运算符如下。

- 算术运算符：＋（加）、＊（乘）、/（除）、％（求余数）、－（减）、＋＋（递增）、－－（递减）。
- 比较运算符：＜（小于）、＞（大于）、＜＝（小于或等于）、＞＝（大于或等于）。

- 逻辑运算符：&&（逻辑"和"）、‖（逻辑"或"）、!（逻辑"非"）。
- ?:运算符：唯一的三元运算符，也就是说，这个运算符有 3 个操作数。其具体的语法格式如下。

(条件表达式)?(表达式 1):(表达式 2)

格式说明如下。

条件表达式：判断表达式，通过逻辑判断得到一个 Boolean 型的结果。

表达式 1：判断表达式的结果为 true，执行该语句。

表达式 2：判断表达式的结果为 false，执行该语句。

在 ActionScript 3.0 中还有几个常见的运算符，例如 typeof、is、as，下面对这几个运算符进行简单的说明。

- typeof 运算符：typeof 用于测试对象的类型，使用方法如下：

typeof(对象);

- is 运算符：is 运算符用于判断一个对象是不是属于一种数据类型，返回 Boolean 型变量。如果对象属于同一类型，返回 true，否则返回 false。
- as 运算符：as 运算符和 is 运算符的使用格式相同，但是返回的值不同。如果对象的类型相同，返回对象的值；若不同，返回 null。

下面是运算符优先级的列表，如表 6-2 所示。所谓运算符的优先级，即几个运算符出现在同一表达式中时先运算哪一个，从上到下递减。

表 6-2　运算符优先顺序表

组	运　算　符
主要	[]、{x:y}、()、f(x)、new、x. y、x[y]、<>、</>、@、:、::…
后缀	x++、x−−
一元	++x、−−x、+、−、~、!、delete、typeof、void
乘法	*、/、%
加法	+、−
按位移位	<<、>>、>>>
关系	<>、<=、>=、as、in、instanceof、is
等于	==、!=、===、!==
按位"与"	&
按位"异或"	^
按位"或"	|
逻辑"与"	&&
逻辑"或"	‖
条件	?:
赋值	=、*=、/=、%=、+=、−=、<<=、>>=、>>>=、&=、^=、|=
逗号	,

1. 算术表达式

算术表达式指用加、减、乘、除以及求模和增量、减量等算术运算符组成的进行数学运算的表达式。例如：

```
var a:int = 1;
var b:int = 2;
var c:int = a + b;
var d:int = a − b;
var e:int = a ∗ b;
var f:int = a/b;
```

2. 字符表达式

字符表达式指用字符串组成的表达式。

例如用加号运算符"＋"在处理字符运算时有特殊效果，它可以将两个字符串连在一起。"恭喜过关，"＋"Donna！"得到的结果是"恭喜过关，Donna！"。

如果相加的项目中只有一个是字符串，则 Flash 会将另外一个项目也转换为字符串。

3. 逻辑表达式

逻辑表达式就是做逻辑运算的表达式。例如 $1>3$，返回值为 false，即 1 大于 3 为假。逻辑运算符通常用于 if 动作的条件判断，以确定条件是否成立。例如：

```
if (x == 9) {
    gotoAndPlay(15);
}
```

这段代码的功能是，当 x 与 9 比较结果为 true 时跳转到第 15 帧并开始播放。

6.6 ActionScript 的函数

函数在程序设计的过程中是一个革命性的创新。利用函数编程，可以避免冗长、杂乱的代码；利用函数编程，可以重复利用代码，提高程序效率；利用函数编程，可以方便地修改程序，提高编程效率。

6.6.1 认识函数

函数是执行特定任务并可以在程序中重用的代码块。在 ActionScript 3.0 中，如果将函数定义为类定义的一部分或者将它附加到对象的实例，则该函数称为方法。

ActionScript 3.0 中的函数有比较大的变化，它删除了许多全局函数。例如，stop()函数在 ActionScript 2.0 中是一个全局函数，ActionScript 3.0 中则不再有这个全局函数，全局函数 stop()的功能由 MovieClip 类的 stop()方法来代替。

ActionScript 3.0 中主要的全局函数如下。

- Array(… args)：Array：创建一个新数组。
- Boolean(expression：Object)：Boolean：将 expression 参数转换为布尔值并返回该值。
- Date()：String：返回当前星期值、日期值、时间和时区的字符串表示形式。
- decodeURI(uri：String)：String：将已编码的 URI 解码为字符串。
- decodeURIComponent(uri：String)：String：将已编码的 URI 组件解码为字符串。

- encodeURI(uri：String)：String：将字符串编码为有效的 URI(统一资源标识符)。
- encodeURIComponent(uri：String)：String：将字符串编码为有效的 URI 组件。
- escape(str：String)：String：将参数转换为字符串，并以 URL 编码格式对其进行编码，在这种格式中，大多数非字母数字的字符都替换为％十六进制序列。
- int(value：Number)：int：将给定数字值转换成整数值。
- isFinite(num：Number)：Boolean：如果该值为有限数，返回 true，如果该值为正无穷大或负无穷大，返回 false。
- isNaN(num：Number)：Boolean：如果该值为 NaN(非数字)，返回 true。
- isXMLName(str：String)：Boolean：确定指定字符串对于 XML 元素或属性是否为有效名称。
- Number(expression：Object)：Number：将给定值转换成数字值。
- Object(value：Object)：Object：在 ActionScript 3.0 中，每个值都是一个对象，这意味着对某个值调用 Object()会返回该值。
- parseFloat(str：String)：Number：将字符串转换为浮点数。
- parseInt(str：String, radix：uint＝0)：Number：将字符串转换为整数。
- String(expression：Object)：String：返回指定参数的字符串表示形式。
- trace(… arguments)：void：调试时显示信息。
- uint(value：Number)：uint：将给定数字值转换成无符号整数值。
- unescape(str：String)：String：将参数 str 作为字符串计算，以 URL 编码格式解码该字符串(将所有十六进制序列转换成 ASCII 字符)，并返回该字符串。
- XML(expression：Object)：XML：将对象转换成 XML 对象。
- XMLList(expression：Object)：XMLList：将某对象转换成 XMLList 对象。

这些函数在 ActionScript 3.0 中称为顶级函数或全局函数，即可以在程序的任何位置调用。

例如：

```
trace("函数的调用");
```

trace()函数是 Flash 的顶级函数，经常会用到。测试动画时，将在"输出"面板中显示"函数的调用"字符串信息。

有些函数位于一定的包内，包可以理解成本地硬盘中的文件夹，通过文件夹可以管理不同的文件。同样，不同的包可以管理不同的函数和类，通过包可以有效地分类管理函数。例如：

```
var randomNum:Number = Math.random();
//Math.random()函数表示生成一个随机数,然后赋给 randomNum 变量
```

6.6.2　定义函数

在 ActionScript 3.0 中使用函数语句定义函数。函数语句以 function 关键字开头，后跟函数名、用小括号括起来的逗号分隔参数列表、用大括号括起来的函数体。函数定义的语法结构如下：

```
function 函数名(参数 1:参数类型,参数 2:参数类型…):返回类型
{
      函数体 //调用函数时要执行的代码
}
```

代码格式说明如下。

- function：定义函数使用的关键字。注意，function 关键字要以小写字母开头。
- 函数名：定义函数的名称。函数名要符合变量命名的规则，最好给函数取一个与其功能一致的名字。
- 小括号：定义函数必需的格式，小括号内的参数和参数类型都可选。
- 返回类型：定义函数的返回类型，它也是可选的，要设置返回类型，冒号和返回类型必须成对出现，而且返回类型必须是存在的类型。
- 大括号：定义函数必需的格式，需要成对出现，括起来的是函数定义的程序内容，即调用函数时执行的代码。

示例如下：

```
function tomorrow(Pa:String) {
trace(Pa);
}
tomorrow("hi");                          //函数调用,可在"输出"面板中输出"hi"
```

6.6.3 函数的返回值

使用 return 语句可以从函数中返回值，但 return 语句会终止该函数，因此不会执行位于 return 语句后面的任何语句。另外，在严谨模式下编程，如果选择了指定返回类型，则必须返回相应类型的值。例如：

```
function myNum(Num1:int):int {           //自定义函数
    return(Num1 * 5)                     //return 语句
    trace("return语句后的语句")           //注意该语句不会执行
}
```

6.6.4 函数的调用

调用函数的最常用的形式如下：

```
函数名(参数);
```

其中，()代表调用函数的语法，可以向函数体传递数据和信息。

例如：

```
trace("函数的返回值是: " + myNum(3));
```

测试上面的代码，可在"输出"面板中看到输出的"函数的返回值是：15"的信息。

对于没有参数的函数，可以直接使用该函数的名字，并后跟一个圆括号()来调用。

下面定义一个不带参数的函数 HelloAS()，并在定义之后直接调用，其代码如下：

```
function HelloAS() {
```

```
        trace("AS3.0 世界欢迎你!");
    }
    HelloAS();
```

代码运行后的输出结果如下：

AS3.0 世界欢迎你!

6.6.5　函数的参数

函数通过参数向函数体传递数据和信息。ActionScript 3.0 对函数的参数增加了一些新功能，同时增加了一些限制。大多数程序员都熟悉按值或按引用传递参数这一概念，也有很多人对 arguments 对象和…(rest)参数感到陌生。

1. 按值或按引用传递参数

按值传递意味着将参数的值复制到局部变量中以便在函数内使用。按引用传递意味着只传递对参数的引用，不传递实际值。如果要了解任何一门编程语言中的函数，首先必须要搞清楚的问题就是参数到底是按值还是按引用来传递。

在 ActionScript 3.0 中，所有的参数均按引用传递，因为所有的值都存储为对象。但是，属于基元数据类型(包括 Boolean、Number、int、uint 和 String)的对象具有一些特殊运算符，这使得它们可以像按值传递一样工作。

2. 默认参数值

ActionScript 3.0 中新增了为函数声明"默认参数值"的功能。如果在调用具有默认参数值的函数时省略了具有默认值的参数，那么将使用在函数定义中为该参数指定的值。所有有默认值的参数都必须放在参数列表的末尾。

其语法格式如下：

function(参数 1:参数类型 = 默认值,参数 2:参数类型 = 默认值)

默认参数是可选项，用户可以设置默认参数，也可以不设置默认参数。若设置了默认参数，则在调用函数时，如果没有写明参数，系统将使用在函数定义中为该参数指定的值。

3. arguments 对象

在将参数传递给某个函数时，可以使用 arguments 对象访问有关传递给该函数的参数的信息。arguments 对象的一些重要方面如下：

(1) arguments 对象是一个数组，其中包括传递给函数的所有参数。

(2) arguments.length 属性报告传递给函数的参数数量。

(3) arguments.callee 属性提供对函数本身的引用，该引用可用于递归调用函数表达式。

4. …(rest)参数

在 ActionScript 3.0 中引入了一个称为…(rest)参数的新参数声明。此参数可指定一个数组参数用来接受任意多个以逗号分隔的参数。此参数可以拥有保留字以外的任意名称。此参数声明必须是最后一个指定的参数。使用此参数会使 arguments 对象变得不可用。尽管…(rest)参数提供了与 arguments 数组和 arguments.length 属性相同的功能，但是它不提供与 arguments.callee 类似的功能。在使用…(rest)参数之前，应确保不需要使用

arguments. callee。

6.6.6 函数作为参数

ActionScript 3.0 中的函数是对象,创建函数就是在创建对象,该对象不仅可以作为参数传递给另一个函数,而且可以有附加的属性和方法。作为参数传递给另一个函数的函数是按引用传递的。在将某个函数作为参数传递时只能使用标识符,不能使用调用方法时所用的小括号运算符。

例如,下面的代码将名为 click_Listener() 的函数作为参数传递给 addEventListener() 方法。

```
addEventListener(MouseEvent.CLICK, click_Listener);
```

6.7 类和包

类就是模板,对象(也可以理解为实例)是指定类的表现个体。包(package)的主要作用是组织类,简单地讲,是把相关的类组成一个组。

在正确的类定义语法中要求 class 关键字后跟类名,类体要放在大括号({})内,且放在类名后面。例如:

```
public class MyClass      //创建一个名为 MyClass 的类,其中包含名为 visible 的变量
{
    var visible:Boolean = false
}
```

包是根据目录的位置以及所嵌套的层级来构造的。在包中的每一个名称对应一个真实的目录名称,这些名称通过符号点(.)隔开。例如,有一个名为 MyClass 的类,它在"com\friendship\makingballsmove\"目录中(通常是将域名转化为包路径,这样可以确保包是独一无二的),这个类将指向 com. friendship. makingballsmove. MyClass。

在 ActionScript 3.0 中,包部分代码用来声明包,类部分代码用来声明类。例如:

```
package com.friendship.makingballsmove
{
    public class MyClass
    {
        public var myWord:Number = 999;
        public function myMethod(){
        trace("out");
        }
    }
}
```

在上段代码中,类前的 public(公有)意味着这个类可以被类外部的任意代码访问。在类的内部拥有一个名为 myWord 的变量和一个名为 myMethod 的函数,它们将变成创建的任意类实例的属性和方法。对于属性和方法,public 修饰词意味着这个对象之外的任何代码都可以访问这个属性和调用这个方法。如果创建的属性和方法只用于类的自身使用,可

以将它们标记为私有(private),它会阻止类外部任何代码的访问。

在 ActionScript 3.0 中将所有的内建类大致分成了 3 个部分,首先是顶级类,其中包含 int、Number、String、Array、Object、Boolean、XML 等最基本的类和一些全局函数。更多的类被分别包含在 fl 和 flash 两个包中(如图 6-10 所示),每个包都细分为多个不同类别的包,列表中的每一个包都包含了功能相近的一组类。其中,fl 包里面包含的主要是 ActionScript 3.0 的各种组件类,程序中应用最多、最广泛的类都包含在 flash 包中,例如"flash.filter"包包含了与滤镜相关的类;"flash.media"包包含了与媒体设备相关的类;"flash.text"组包含了与文本相关的类。

图 6-10 类和包示意图

虽然类的概念在整个 ActionScript 3.0 程序设计之中,但是类只是包含了一组数据及相关操作的模板,在程序中的实际应用主要是根据类创建实例。例如:

```
var mc:MovieClip = new MovieClip();
var obj:olject = new Object();
var arr:Array = new Array();
```

上面代码中的 mc、obj、arr 都是相应类的一个实例,或称对象,两者在本质上是同一个概念,只是在说法上稍有区别。例如从库中向舞台拖放元件的过程称为实例化,使用 new 语句创建的实例一般称为类的对象。如果想引用类的下属内容,可以使用点号"."进行逐级指定,如图 6-11 所示。

图 6-11 点号"."的使用

6.8 显示列表

显示列表是在 ActionScript 3.0 中新提出的一个概念,用于组织出现在舞台上的所有可视对象(显示对象)。使用显示列表可以方便地向舞台上添加、移除显示对象以及调整对象的显示层次。在一个影片中可能会有很多需要在舞台上显示的对象,这些对象可以在设计时静态地向舞台或元件中添加,也可以在程序中使用代码动态添加。

可视对象有容器对象和普通对象之分,容器对象除了具有普通对象的一般属性以外,还可以包含其他的可视对象。ActionScript 3.0 使用一个虚拟的树状结构来组织这些对象,这棵树的根就是舞台(stage)。舞台是顶级容器,所有的可视对象都被直接或间接地放在舞台上。图 6-12 所示为一个典型的显示列表结构。

图 6-12　显示列表结构

在显示列表中操作某一个对象时经常会遇到 stage、root、this 和 parent 几个概念,它们是在显示列表中访问可视对象的常用工具,其中,this 是 ActionScript 3.0 中保留的关键字,另外 3 个是每个可视对象都具有的属性。例如,mcl 是某显示对象。

- stage:舞台对象,是显示列表的顶级容器,可以使用 mcl. stage 的形式访问舞台对象。
- root:影片(*.swf)的根,通常指一个影片文件的主时间轴,使用 mcl. root 可以访问影片文件的根对象。
- this:指当前所在的对象,例如代码出现在主时间轴的关键帧中,那么 this==root。如果在一个自定义的类中使用了 this,那么这里的 this 指的是由这个类创建的对象。
- parent:当前对象的上一级容器对象,例如在主场景时间轴中,下面的代码输出的信息指出 this. parent 就是舞台。

```
trace(this.parent);                    //[object stage]
```

6.8.1　显示对象的一些基本概念

在舞台上看到的显示对象都有各自的属性,例如位置、大小、透明度等。这些属性都来自于显示对象的基类 DisplayObject,该类总结了大部分显示对象的共有特征和行为。特征对应于显示对象的属性,行为对应于显示对象的方法。

在 ActionScript 3.0 中,DisplayObject 类共有 25 个属性、6 个方法和 6 个事件(见表 6-3)。下面简单介绍一些常用的属性和方法,对于复杂的应用,将在后面的章节结合具体实例讲解。

表 6-3　DisplayObject 类的属性、事件、方法

DisplayObject 类	属性、事件、方法名
属性	x、y、width、scaleX 等
方法	getBounds( )、getRect( )、hitTestObject( )、hitTestPoint( )、localToGlobal( )、globalToLocal()方法
事件	added、addedToStage、enterFrame、removed、removedFromStage、render 事件

显示对象的属性共有 25 个,本节介绍常用的一些基本属性。

(1) 横坐标 x:显示对象注册点距离自己父级容器注册点之间的水平距离,以像素为单位。如果父容器是舞台,那么就是自身注册点与舞台原点间的水平距离。

(2) 纵坐标 y:显示对象注册点与父级容器注册点之间的竖直距离,以像素为单位。若父容器为根对象 root,则为自身注册点与舞台原点之间的竖直距离。

(3) 宽度 width:显示对象最左边到最右边之间的距离,以像素为单位。

(4) 高度 height:显示对象最上边到最下边之间的距离,以像素为单位。

(5) 横向缩放比例 scaleX:一个比例值,0~1 之间的数字,用于控制显示对象的横向缩放比例。

(6) 纵向缩放比例 scaleY:一个比例值,0~1 之间的数字,用于控制显示对象的纵向缩放比例。

(7) 鼠标横向横坐标 mouseX:鼠标相对于当前显示对象注册点之间的水平距离。

(8) 鼠标横向纵坐标 mouseY:鼠标相对于当前显示对象注册点之间的竖直距离。

(9) 顺时针旋转角度 rotation:显示对象绕轴点顺时针旋转的角度。0~180°表示顺时针旋转角度,0~−180°表示逆时针旋转角度。如果超过了这个范围,则自动减去 360 的整数倍。

(10) 透明度 alpha:0~1 之间的值,0 表示完全透明,1 表示完全不透明。

(11) 可见性 visible:Boolean 值,用于控制显示对象是否可见。true 表示显示对象,false 表示不显示对象。不管设置成何值,该显示对象始终位于显示对象列表中。

(12) 遮照 mask:持有的引用是用来遮照的显示对象。

(13) 显示对象名字 name:通常产生显示对象时会分配默认的名字。若有需要,可以使用代码进行修改。

(14) 父容器 parent:在显示列表中每个显示对象都有其父容器。parent 属性指向显示对象的父容器,若显示对象不在父容器,则该属性为 null。

(15) 根对象 root:返回 SWF 文件主类的实例。若显示对象不在父容器,则该属性为 null。

(16) 舞台 stage:该属性持有的引用指向该显示对象所在的舞台,每个 Flash 程序都有一个舞台。

除了以上 16 个属性之外,DisplayObject 对象还有 9 个属性,分别为 loaderInfo、cacheASBitmap、filters、scaleGrid、blendMode、accessibilityProperties、opaqueBackground、scrollRect 和 transform。这些属性在后面的章节中会根据需要进行讲解。

显示对象的基本方法有 6 个,常用的方法如下。

（1）getBounds（）方法：返回一个矩形区域，该矩形定义相对于显示对象所在坐标系的显示对象区域。

（2）getRect（）方法：返回一个矩形区域，该矩形定义相对于显示对象所在坐标系的显示对象区域，注意该区域不包含形状上的笔触宽度。

（3）hitTestObject（）方法：返回一个 Boolean 值，若为 true，表示两个对象重叠或相交，否则为不相交。

（4）hitTestPoint（）方法：返回一个 Boolean 值，若为 true，表示该对象对应点重叠或相交，否则为不相交。

（5）localToGlobal（）方法：将 point 对象从显示对象的（本地）坐标转换为舞台（全局）坐标。

（6）globalToLocal（）方法：将 point 对象从舞台（全局）坐标转换为显示对象的（本地）坐标。

显示对象的事件有 6 个，介绍如下。

（1）added 事件：将显示对象添加到显示列表中时会调用该事件。下面的两种方法会触发此事件，即将显示对象添加到容器、将显示对象添加到容器的某一层次。

（2）addedToStage 事件：将显示对象直接添加到舞台显示列表或将包含显示对象的子对象添加到舞台显示列表中时会调用该事件。在下面两种情况下会触发此事件，即将显示对象添加到容器、将显示对象添加到容器的某一层次。

（3）removed 事件：当要从显示列表中删除显示对象时会调用该事件。在以下两种情况下会生成此事件，即将显示对象容器的某个显示对象删除、将显示对象容器中的某个层次的显示对象删除。

（4）removedFromStage 事件：当要从显示列表中删除显示对象或者删除包含显示对象的子对象时会调用该事件。在以下两种情况下会生成此事件，即将显示对象容器的某个显示对象删除、将显示对象容器中的某个层次的显示对象删除。

（5）enterFrame 事件：播放头进入新帧时调用该事件。若播放头不移动，或者只有一帧，则会继续以帧频调用此事件。

（6）render 事件：在显示器渲染之前调用该事件。当使用 render 事件的显示对象进入舞台时，或者显示对象存在于显示列表时触发该事件。如果要保证 render 事件在当前帧触发，必须调用 stage. invalidate（）。

所有显示对象都继承自 DisplayObject 类。DisplayObject 类是可以放在显示列表中的所有对象（显示对象）的基类。该显示列表管理 Flash Player 中显示的所有对象。使用 DisplayObjectContainer 类排列显示列表中的显示对象。DisplayObject 是一种抽象基类，因此不能直接调用 DisplayObject。显示对象的层级关系如图 6-13 所示。

6.8.2 DisplayObject 类的子类

在 DisplayObject 类的子类（如图 6-13 所示）中，有些类具有交互功能，有些类不具有交互功能。例如影片剪辑实例具有 enterframe 事件等交互功能，而静态文本不能处理事件，即不具有这些交互功能。6 种交互类如表 6-4 所示，6 种非交互类如表 6-5 所示。

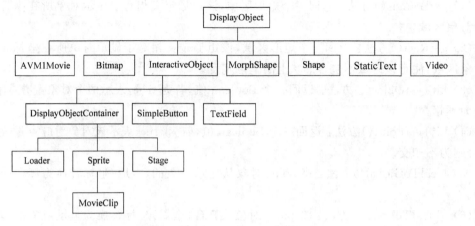

图 6-13　DisplayObject 类的子类

交　互　类	说　　明
SimpleButton	按钮
TextField	动态文本
Loader	加载外部影片、图像等
Sprite	一个没有时间轴的单帧影片剪辑
Stage	舞台
MovieClip	影片剪辑实例

表 6-4　交互类

非 交 互 类	说　　明
AVM1Movie	早期版本影片
Bitmap	创建位图对象
MorphShape	创建补间动画
Shape	创建背景图像
StaticText	创建静态文本
Video	创建视频

表 6-5　非交互类

在上面的 6 种交互类中,按其是否能嵌套其他显示实例的功能可以分为容器类和非容器类,可以在容器类的实例中添加其他实例。Loader、Sprite、Stage、MovieClip 类属于容器类。例如,可以在 MovieClip 类的实例中添加动态文本等显示实例。

非容器类的实例不能嵌套其他显示实例,SimpleButton 类和 TextField 类属于非容器类。

6.8.3　管理显示对象

显示对象只有显示在屏幕之上才能达到要实现的效果。显示容器就是用来储存和显示显示对象的对象。如果要在显示容器中显示对象,需要把显示对象加入到显示对象列表中。本节主要介绍如何添加和删除显示对象、如何通过深度管理对象以及如何访问显示对象。

所有的显示对象都要放入显示容器中才能够显示,为了方便区分,把显示容器简称为容器。容器是可以嵌套的,在容器中可以放置非容器显示对象,也可以放置子容器对象。

容器主要有以下功能:

- 提供访问、添加、删除显示对象的功能。
- 具有深度管理功能。

其中,深度管理也就是管理容器中子对象的叠放次序。所谓叠放次序,就是显示对象重叠时从前到后的显示顺序。其中,处于显示顺序最前面的对象完全显示,后面的对象依次被前面的对象遮挡,有的甚至不能显示出来。

1. 添加显示对象

在 ActionScript 3.0 中,要把一个对象显示在屏幕中需要做两步工作,一是创建显示对象,二是把显示对象添加到容器的显示列表中。加入显示列表的方法有 addChild()和 addChildAt()。

在 ActionScript 3.0 中创建一个显示对象,只需要使用 new 关键字加类的构造函数即可。只要是继承自 DisplayObject 类或者其子类的实例都可以添加到显示对象列表中,例如 Sprite、MovieClip、TextField 和自定义类。

创建 TextField(文本框)的代码如下:

```
var mytext:TextField = newTextField( );
```

上面已经使用代码建立了一个文本框实例,但是它并没有位于显示列表中,也就是说它现在还没有显示在屏幕上。如果要把这个文本框显示在屏幕中,必须使用容器类的 addChild()或者 addChildAt()方法将其加入到显示列表中。

1) 将显示对象直接添加到显示列表中

添加一个文本框对象 mytext 到显示列表的代码如下:

```
addChild(mytext);
var mc:MovieClip = new MovieClip();
```

上面的代码创建一个影片对象 mc,但是仅仅将对象置于内存中,不会成为用户可视资源列表中的一部分。

同样,添加一个影片对象 mc 到显示列表的主要方法是使用 addChild()方法。

```
addChild(mc);
```

被添加的影片剪辑必须是一个显示对象容器。显示对象容器包括 Stage、MovieClip、Sprite(一个没有时间轴的单帧影片剪辑),因此,如果想添加影片剪辑 mc 嵌套到一个被称为 mc2 的影片剪辑内部,代码如下:

```
mc2.addChild(mc);
```

甚至不需要指明深度,因为显示列表会自动处理。

2) 将显示对象添加到指定位置

addChild()方法添加显示对象到显示列表的最后。在一些情况下,可能需要在显示列表的特殊位置添加一个显示对象。举个例子,可能想插入一个显示对象到显示列表的中间位置。

下面的例子每次单击鼠标时添加一个库中的影片剪辑(类名为 Ball)实例到显示列表的开始处。

```
var inc:uint = 0;
stage.addEventListener(MouseEvent.CLICK, onClick);
function onClick(evt:MouseEvent):void {
    var ball:MovieClip = new Ball();          //创建一个影片剪辑
    ball.x = ball.y = 100 + inc * 10;
    addChildAt(ball, 0);
    inc++;
}
```

第 1 行初始变量记录球的增加。第 2 行添加事件侦听器到舞台,侦听鼠标事件。第 3 到第 8 行的函数是基本工作任务。第 4 行创建一个影片剪辑。

注意:ActionScript 3.0 内置了一个称为 Stage(S 大写)的类。在发布 SWF 文件来测试 Flash 作品时,ActionScript 3.0 会自动生成该类的一个实例(对象),名为 stage(s 小写),并且可以在程序的任何位置使用这个 stage 对象,使用这个对象可以侦听键盘事件。

用户需要根据情况选择使用 addChild()还是 addChildAt()。addChild()在仅仅需要添加显示对象到列表时使用。如果需要把对象插入到显示列表的任何位置,需要使用 addChildAt()并指明深度位置。

在任何指明一个深度的情况下,新的显示对象会夹在周围显示对象之间,而不是覆盖指明位置的内容。举个例子,如果在深度 5 插入一个对象,那么原来的深度 5 处的对象深度变为 6,下面深度对象的深度依次递增。

2. 删除显示对象

如果要移除位于显示对象列表中的显示对象,需要使用容器类的 removeChild()和 removeChildAt()方法。

1) 移除指定名称的显示对象

如果要移除已经知道显示对象名称的显示对象,可以使用显示对象类的 removeChild()方法,其用法格式如下:

```
容器对象.removeChild(显示对象)
```

2) 删除指定索引的显示对象

删除指定索引的显示对象要删除指定位置索引的显示对象,可以使用显示对象类的 removeChildAt()方法。其用法格式如下:

```
容器对象.removeChildAt(位置索引)
```

下例是前面讨论的 addChildAt()代码的逆序。开始使用 for 循环添加 20 个 ball 到舞台,脚本与前面类似,然后使用一个事件侦听器来删除每个 ball。代码如下:

```
for (var inc:uint = 0; inc < 20; inc++) {
    var ball:MovieClip = new Ball();
    ball.x = 100 + inc * 10;
    ball.y = 100 + inc * 10;
    addChild(ball);
}
stage.addEventListener(MouseEvent.CLICK, onClick);
function onClick(evt:MouseEvent):void {
    removeChildAt(0);
}
```

在移除最后一个球后,如果用户继续单击舞台,将会有一个警告提示“提供的索引已经溢出边界”。这是有道理的,因为当在显示列表中不存在任何东西时,你正在试着从显示列表的位置 0 移除一个子对象(显示对象)。

为了避免这种问题,可以先检查试图清空的对象容器中是否还有子对象,确保在删除编号 0 的子对象时防止前面提到的错误发生。接下来是前面 onClick 函数的一个变更:

```
for (var inc:uint = 0; inc < 20; inc++) {
    var ball:MovieClip = new Ball();
    ball.x = 100 + inc * 10;
    ball.y = 100 + inc * 10;
    addChild(ball);
}
stage.addEventListener(MouseEvent.CLICK, onClick);
function onClick(evt:MouseEvent):void {
    if (numChildren > 0) {
        removeChildAt(0);                //球从显示列表中移除,但仍在内存中存在
}
```

注意:从显示列表中移除对象并不是从内存中移除。当这种情况发生时,对象将不会显示在屏幕上但是仍然在内存中。下面的代码将会从显示列表和内存中移除影片剪辑。

```
function onClick(evt:MouseEvent):void {
    if (numChildren > 0) {
    removeChildAt(0);           //球从显示列表中移除,但仍在内存中存在
        trace(ball);
        ball = null;            //球现在完全被移除
        trace(ball);
}
```

3. 深度管理

深度也就是前面所说的位置索引,用于说明同一个容器中同一级别的所有显示对象从前到后的叠放次序。

在 ActionScript 3.0 中,深度由各自的容器对象管理。每一个容器都知道自己有多少个子对象,这个数目记录在自己容器的 numChildren 属性中。每一个对象在容器显示列表中的位置索引代表了其深度值。每一个容器的深度范围为 0~numChildren-1。索引值(深度)为 0 意味着子对象处于所有显示对象的最下方。

添加显示对象会自己调整各个显示对象的深度,以避免层次冲突。

1) 更改现有子项在显示对象容器中的位置

```
public function setChildIndex(child:DisplayObject, index:int):void
```

setChildIndex()方法可以更改现有子项在显示对象容器中的位置,这会影响子对象的分层。例如,下例在索引位置 0、1、2 处分别显示 a、b、c 3 个显示对象:

在使用 setChildIndex()方法并指定一个已经占用的索引位置时,唯一发生更改的位置是显示对象先前的位置和新位置之间的位置,所有其他位置将保持不变。如果将一个子项移动到比它当前的索引更低的索引处,则这两个索引之间的所有子项的索引引用都将增加 1。如果将一个子项移动到比它当前的索引更高的索引处,则这两个索引之间的所有子项的索

引引用都将减小 1。例如,如果上例中的显示对象容器名为 container,则可以通过调用以下代码来交换带有 a 和 b 标记的显示对象的位置:

container. setChildIndex(container. getChildAt(1),0);

该代码产生以下对象排列:

下例创建一个名为 container 的显示对象容器,然后向该容器添加 3 个稍微重叠的子显示对象。当用户单击这些对象中的任何一个对象时,clicked()方法调用 setChildIndex()方法,将单击的对象移动到 container 对象的子级列表中的最上面的位置:

```
import flash. display. Sprite;
import flash. events. MouseEvent;
var container:Sprite = new Sprite();
addChild(container);
var circle1:Sprite = new Sprite();
circle1. graphics. beginFill(0xFF0000);
circle1. graphics. drawCircle(40, 40, 40);
circle1. addEventListener(MouseEvent. CLICK, clicked);

var circle2:Sprite = new Sprite();
circle2. graphics. beginFill(0x00FF00);
circle2. graphics. drawCircle(100, 40, 40);
circle2. addEventListener(MouseEvent. CLICK, clicked);

var circle3:Sprite = new Sprite();
circle3. graphics. beginFill(0x0000FF);
circle3. graphics. drawCircle(70, 80, 40);
circle3. addEventListener(MouseEvent. CLICK, clicked);

container. addChild(circle1);
container. addChild(circle2);
container. addChild(circle3);
addChild(container);
function clicked(event:MouseEvent):void {
    var circle:Sprite = Sprite(event. target);
    var topPosition:uint = container. numChildren − 1;
    container. setChildIndex(circle, topPosition);
}
```

2) 交换两个子对象在显示对象容器中的位置

swapChildren()方法可以交换两个指定子对象在显示对象容器中的位置(在 Z 轴中从前到后的顺序),显示对象容器中所有其他子对象的索引位置保持不变。

public function swapChildren(child1:DisplayObject, child2:DisplayObject):void

参数：

child1：DisplayObject 为第一个子对象，child2：DisplayObject 为第二个子对象。

下例创建一个名为 container 的显示对象容器，接着向该容器添加两个子显示对象，然后显示调用 swapChildren()方法的效果：

```
import flash.display.Sprite;
var container:Sprite = new Sprite();
var sprite1:Sprite = new Sprite();
sprite1.name = "sprite1";
var sprite2:Sprite = new Sprite();
sprite2.name = "sprite2";
container.addChild(sprite1);
container.addChild(sprite2);
trace(container.getChildAt(0).name);          //sprite1
trace(container.getChildAt(1).name);          //sprite2
container.swapChildren(sprite1, sprite2);
trace(container.getChildAt(0).name);          //sprite2
trace(container.getChildAt(1).name);          //sprite1
```

swapChildrenAt()方法显示列表中两个指定的索引位置，交换子对象在显示对象容器中的位置（在 Z 轴中从前到后的顺序），显示对象容器中所有其他子对象的索引位置保持不变。

```
public function swapChildrenAt(index1:int, index2:int):void
```

参数：

index1：int 为第一个子对象的索引位置，index2：int 为第二个子对象的索引位置。

下例创建一个名为 container 的显示对象容器，接着向该容器添加 3 个子显示对象，然后显示对 swapChildrenAt()方法的调用，即如何重新排列该显示对象容器的子级列表：

```
import flash.display.Sprite;
var container:Sprite = new Sprite();
var sprite1:Sprite = new Sprite();
sprite1.name = "sprite1";
var sprite2:Sprite = new Sprite();
sprite2.name = "sprite2";
var sprite3:Sprite = new Sprite();
sprite3.name = "sprite3";
container.addChild(sprite1);
container.addChild(sprite2);
container.addChild(sprite3);
trace(container.getChildAt(0).name);          //sprite1
trace(container.getChildAt(1).name);          //sprite2
trace(container.getChildAt(2).name);          //sprite3
container.swapChildrenAt(0, 2);
trace(container.getChildAt(0).name);          //sprite3
trace(container.getChildAt(1).name);          //sprite2
trace(container.getChildAt(2).name);          //sprite1
```

第6章 ActionScript 3.0脚本编程语言基础

4. 访问显示对象

如果要访问加入到容器中的显示对象,可以通过 3 种方法来实现,即通过深度访问、通过名字访问和通过坐标访问。

1) 通过深度访问显示对象

通过深度访问显示对象要使用 getChildAt()方法,用法格式如下:

```
容器对象.getChildAt(深度)
```

2) 通过名字访问显示对象

每一个显示对象都有一个名称,该名称可以使用该显示对象的 name 属性进行访问和设置。在创建显示对象的时候,可以指定显示对象的名字,也可以不指定显示对象的名字。若没有指定,Flash Player 会自动分配给该显示对象一个默认的名字,例如 instance1、instance2 等。

3) 通过坐标访问显示对象

在 ActionScript 3.0 中,可以通过坐标来访问置于该坐标之上的所有显示对象。getObjectsUnderPoint()方法的用法格式如下:

```
容器对象. getObjectsUnderPoint(点对象);
```

6.9　事件

游戏离不开鼠标和键盘等输入设备,无论是复杂的还是简单的交互效果都离不开事件编程。从某种意义上说,Flash 中的每一个动作的产生和完成都有事件的参与。Flash 和操作系统一样,同样存在着事件的产生和响应的问题,事件交互机制在基本的人机交互活动中具有合理性和普遍性。本节将对 ActionScript 3.0 中常见的事件以及它们的使用方法和技巧进行介绍。

在利用 Flash 设计交互程序时,事件是其中最基础的一个概念。所谓事件,就是动画中程序根据软、硬件或者系统发生的事情确定执行哪些指令以及如何执行的机制。本质上,"事件"就是所发生的 ActionScript 能够识别并可响应的事情。许多事件与用户交互动作有关,例如用户单击按钮或按键盘上的键等。

无论编写怎样的事件处理代码,都会包括事件源、事件和响应 3 个元素,它们的含义如下。

- 事件源:事件源就是发生事件的对象,也称为"事件目标",例如哪个按钮会被单击,这个按钮就是事件源。
- 事件:事件是将要发生的事情,有时一个对象会触发多个事件,因此对事件的识别是非常重要的。
- 响应:当事件发生时执行的操作。

每一个具体的事件都是一个对象,例如当侦听器监测到用户单击鼠标时,它就会创建一个鼠标单击事件对象(一个 MouseEvent 类的实例),并用这个对象去描绘详细的鼠标单击这一事件。每个事件对象不仅保存了关于当前事件的一组特定信息(属性),还包含了用于操作该事件的几个方法。例如一个鼠标单击事件对象,在它里面包含的信息就有鼠标单击时的本地坐标、舞台坐标、单击时按下的功能键及其他一些信息。

一个用于作为事件发送目标的对象被称为事件目标,当事件对象到达事件目标以后,如果在这个事件目标上没有注册事件监听,则这个事件对象可能会被简单地丢弃。为了能够让事件目标对事件做出响应,需要在事件目标上注册事件监听函数。

在编写事件代码时,用户需要遵循以下基本的结构:

```
function eventResponse(eventObject:EventType):void
{
 //响应事件而执行的动作
}
    //注册事件监听函数
eventSource.addEventListener(EventType.EVENT_NAME,eventResponse);
```

在此结构中,加粗显示的是占位符,用户可以根据实际情况进行改变。首先定义了一个函数,函数实际上就是将若干个动作组合在一起,用一个快捷的名称来执行这些动作的方法。eventResponse 是函数的名称,eventObject 是函数的参数,EventType 是该参数的类型,这与声明变量是类似的。在{}之间是事件发生时执行的指令。

其次调用源对象的 addEventListener()方法,表示当事件发生时执行该函数的动作。所有具有事件的对象都具有 addEventListener()方法,从上面可以看到,它有两个参数,第一个参数是响应事件的特定事件的名称,第二个参数是事件响应函数的名称。

例如,建立影片片段 MovieClip 对象的鼠标单击事件监听器:

```
var my_mc:MovieClip = new MovieClip();
my_mc.addEventListener(MouseEvent.CLICK,mouseClick);
function mouseClick(me:MouseEvent){
    trace("您按了鼠标按钮!");
}
```

6.9.1　与鼠标相关的操作事件

在 ActionScript 3.0 中,任何对象都可以通过设置监听器来监控对于对象的鼠标操作,与鼠标相关的操作事件都属于 MouseEvent 类。

每次发生鼠标事件时,Flash 都会将 MouseEvent 对象调到事件流中。MouseEvent 类负责处理鼠标事件。表 6-6 和表 6-7 列出了鼠标事件常用的属性和事件名称,事件名称描述的是鼠标的触发事件。

表 6-6　MouseEvent 类的属性

属　　　性	说　　　明
buttonDown:Boolean	指示鼠标主按键是已按下(true)还是未按下(false)
ctrlKey:Boolean	指示 Ctrl 键是处于活动状态(true)还是处于非活动状态(false)
delta:int	指示用户将鼠标滚轮每滚动一个单位应滚动多少行
localX:Number	事件发生点的相对于包含 Sprite 的水平坐标
localY:Number	事件发生点的相对于包含 Sprite 的垂直坐标
shiftKey:Boolean	指示 Shift 键是处于活动状态(true)还是处于非活动状态(false)
stageX:Number	事件发生点在全局舞台坐标中的水平坐标

续表

属　　　性	说　　　明
stageY：Number	事件发生点在全局舞台坐标中的垂直坐标
relatedObject：InteractiveObject	对与事件相关的显示列表对象的引用，只在鼠标滑进滑出事件中起作用
target：Object	事件目标
type：String	事件的类型

表 6-7　MouseEvent 类常用的事件

事 件 名 称	说　　　明
MouseEvent. CLICK	用户在交互对象上单击鼠标时发生
MouseEvent. DOUBLE_CLICK	用户在交互对象上双击鼠标时发生
MouseEvent. MOUSE_DOWN	用户在交互对象上按下鼠标时发生
MouseEvent. MOUSE_UP	用户在交互对象上松开鼠标时发生
MouseEvent. MOUSE_OVER	用户将鼠标光标移到交互对象上时发生
MouseEvent. MOUSE_OUT	用户将鼠标光标移出交互对象时发生
MouseEvent. MOUSE_MOVE	用户在交互对象上移动光标时发生
MouseEvent. MOUSE_WHEEL	用户在交互对象上转动鼠标滚轮时发生
ContexMenuEvent. MENU_ITEM_SELECT	用户在交互对象相关联的上下文菜单中选择时发生

例如利用 MouseEvent 类的 target 属性和 type 属性显示鼠标事件作用的目标对象和事件类型。

```
//注册元件实例 bt 的鼠标单击事件侦听器
bt.addEventListener(MouseEvent.CLICK, clickHandler); //bt 是某元件的实例
function clickHandler(e:MouseEvent) {
  trace("事件的目标对象为 " + e.target);
  trace("事件的类型为 " + e.type);
}
```

下面的实例是一个简单的绘图程序 MouseEvent_Example.as，用户可以在主 Sprite 对象上绘制红色线条或者在较小的矩形 Sprite 对象上绘制绿色线条，效果如图 6-14 所示。

图 6-14　鼠标事件实例

```
package {
    import flash.display.Sprite;
    import flash.display.Graphics;
    import flash.events.MouseEvent;
    public class MouseEvent_ Example extends Sprite {          //构造函数
        private var innerRect:Sprite = new Sprite();          //innerRect (Sprite)对象
        public function MouseEvent_MOUSE_MOVEexample() {
            graphics.lineStyle(3, 0xFF0000, 1);               //将线条样式设置为红色
            stage.addEventListener(
                MouseEvent.MOUSE_DOWN, mouseDownHandler);
            stage.addEventListener(MouseEvent.MOUSE_UP, mouseUpHandler);
            innerRect.graphics.lineStyle(1, 0x00FF00, 1);     //将线条样式设置为绿色
            innerRect.graphics.beginFill(0xFFFFFF);
            innerRect.graphics.drawRect(10, 10, 200, 200);
            innerRect.graphics.endFill();
            innerRect.addEventListener(
                MouseEvent.MOUSE_DOWN, innerRectMouseDownHandler);
            innerRect.addEventListener(
                MouseEvent.MOUSE_UP, innerRectMouseUpHandler);
            addChild(innerRect);
        }
        private function mouseDownHandler(event:MouseEvent):void {
            graphics.moveTo(event.stageX, event.stageY);
            stage.addEventListener(
                MouseEvent.MOUSE_MOVE, mouseMoveHandler);
        }
        private function mouseMoveHandler(event:MouseEvent):void {
            graphics.lineTo(event.stageX, event.stageY);
        }
        private function mouseUpHandler(event:MouseEvent):void {
            stage.removeEventListener(
                MouseEvent.MOUSE_MOVE, mouseMoveHandler);
        }
        private function innerRectMouseDownHandler(event:MouseEvent):void {
            innerRect.graphics.moveTo(event.localX, event.localY);
            innerRect.addEventListener(
                MouseEvent.MOUSE_MOVE, innerRectMouseMoveHandler);
        }
        private function innerRectMouseMoveHandler(event:MouseEvent):void {
            innerRect.graphics.lineTo(event.localX, event.localY);
        }
        private function innerRectMouseUpHandler(event:MouseEvent):void {
            innerRect.removeEventListener(
                MouseEvent.MOUSE_MOVE, innerRectMouseMoveHandler);
        }
    }
}
```

在构造函数中,创建了一个矩形对象 innerRect(Sprite)并将线条样式设置为绿色,在主 Sprite 容器上将绘制的线条样式设置为红色。

addEventListener 为应用程序的主 Sprite 对象和 innerRect(Sprite)对象添加侦听 MouseEvent. MOUSE_UP 和 MouseEvent. MOUSE_DOWN 事件的侦听器。在这两种情况下,鼠标按下事件侦听器方法将当前绘画位置移动到鼠标指针的位置,并为 MouseEvent. MOUSE_MOVE 事件添加一个侦听器。在移动鼠标指针时,调用的事件侦听器方法将跟随指针并使用 graphics. LineTo()方法绘制一条直线(注意,innerRect Sprite 对象将会遮住矩形后面绘制的主 Sprite 对象的红色直线)。在发生 MouseEvent. MOUSE_ UP 事件时,将删除 MOUSE_MOVE 事件的侦听器并停止绘画。

6.9.2 与键盘相关的操作事件

同样,在 ActionScript 3.0 中任何对象也可以通过监听器的设置来监控对于对象的键盘操作,与键盘相关的操作事件都属于 KeyboardEvent 类。表 6-8 列出了 KeyboardEvent 类的属性。

表 6-8　KeyboardEvent 类的属性

属　　　性	说　　　明
charCode:uint	包含按下或释放的键的字符代码值
ctrlKey:Boolean	指示 Ctrl 键是处于活动状态(true)还是处于非活动状态(false)
keyCode:uint	按下或释放的键的键控代码值
keyLocation:uint	指示键在键盘上的位置
shiftKey:Boolean	指示 Shift 键是处于活动状态(true)还是处于非活动状态(false)

在响应用户的键盘输入操作时,Flash 将调用 KeyboardEvent 对象。KeyboardEvent 负责处理键盘触发事件,触发的事件有两种类型,即键按下时事件 KeyboardEvent. KEY_ DOWN 和键释放时事件 KeyboardEvent. KEY_UP。

1. 侦听键盘事件

用户可以在一个指定的对象上侦听键盘事件,就像前面讲到的侦听鼠标事件一样。为了做到这一点,需要先使对象获得焦点,以使它可以捕获那些事件。可以像下面这样书写:

```
stage. focus = sprite;                                      //sprite 对象获得焦点
```

而在许多案例中,只记得侦听键盘事件却忽视了它的焦点。要做到这一点,可以直接在舞台上侦听键盘事件。下面是一个在舞台上侦听键盘事件的示例代码:

```
package {
    import flash.display.Sprite;
    import flash. events. KeyboardEvent;
    public class KeyboardEvents extends Sprite {
        public function KeyboardEvents() {             //构造函数
            init();
        }
        private function init():void {
            //在舞台上侦听键盘事件
```

```
            stage.addEventListener(KeyboardEvent.KEY_DOWN, onKeyboard);
            stage.addEventListener(KeyboardEvent.KEY_UP, onKeyboardEvent);
        }
        public function onKeyboard (event:KeyboardEvent):void {
            trace(event.type);
        }
    }
}
```

2. 获取按键信息

通常,用户想知道的并不只是一个键被按下去或释放,而是想知道它是哪一个键,有两种方法可以读取键盘事件函数中的信息。

在之前讨论过一个事件处理者(handler)接收传过来的一个事件对象,这个事件对象中包含着刚刚发生的事件的数据信息。在一个键盘事件中,有两个属性与事件中的按键有关,即 charCode 和 keyCode。

charCode 属性给出的是键的字符代码值。例如,如果用户在键盘上按下 a 键,charCode 将包含这个字符串"a"。如果用户同时按下了 Shift 键,charCode 将包含"A"。

KeyCode 包含的是键控代码值(键的物理键值)。如果一个用户按下 a 键,keyCode 将包含数值 65,且忽视其他同时被按下的键。如果用户同时按下 Shift 和 a 键,需要两个键盘事件,一个是 Shift(keyCode 16),另一个是"a"(65)。

6.9.3 帧事件

每一次播放头进入到一个有帧脚本的帧,这些帧脚本会执行。帧脚本在帧生命周期中只执行一次,为了让帧脚本多次执行,必须让播放头离开该帧并返回到该帧,或者通过脚本导航指令或在播放头到达时间轴的最后一帧时将播放头返回到第 1 帧播放。

帧事件又称为进入帧事件(帧频事件),在时间轴的播放头进入一个新帧的时候触发。如果时间轴只有一帧(比如 Sprite 类对象),这个事件将会以帧频不断地被触发。任何可视对象都可以接收这个事件。

帧事件(ENTER_FRAME)是 ActionScript 3.0 中动画编程的核心事件,它以与文档帧频相同的节奏释放帧事件。如果默认帧频为 12 帧/秒,那么默认的 ENTER_FRAME 帧频就是 12 次/秒。

我们通过设置影片剪辑的 x、y 坐标来改变它们在屏幕上的位置是非常容易的。如果想使这个影片剪辑动起来,并给它设置一个特定的速度运动,这时就需要用到 ENTER_FRAME 事件了。

例如,在舞台上绘制一个人物图形,然后右击,在弹出的快捷菜单中选择"转换为元件"命令,在图 6-15 所示的对话框中将其转换为影片剪辑。

在"ActionScript 链接"区中选择"ActionScript 导出"复选框,同时为元件设置对应类名为 Hero,单击"确定"按钮,出现了一个如图 6-16 所示的"警告"对话框,它会提醒用户当要发布 SWF 文件时,如果 Flash 找不到指定的类,它就会自动创建该类。这只不过是 Flash 的一种手段,好像在说:"呃,看起来你好像还没有创建一个名为 Hero 的类,不过别担心,我会为你创建它!"你当然知道并没有创建这个类,所以它这样做真的是再好不过了。用户可

图 6-15　设置元件对应的类名

图 6-16　类定义警告

以选择图 6-16 中的"不再显示"复选框,以保证下次创建元件时不会再出现该警告。

下面通过一小段程序创建库中人物元件的一个实例,并且让它每帧移动一个像素,代码如下:

```
var hero:Hero = new Hero();
hero.x = 50;
hero.y = 100;
addChild(hero);
addEventListener(Event.ENTER_FRAME, animateHero);
function animateHero(event:Event) {
    hero.x++;
}
```

现在,测试影片可以看到,这个 hero 角色开始从屏幕坐标(50,100)处每帧以 1 个像素的速度水平向右移动,如果想让该影片剪辑每次移动 10 个像素,将代码修改如下:

```
hero.x += 10;
```

注意:用户还可以通过改变舞台"属性"面板上的帧频来控制对象的运动速度,系统默认值为每秒 12 帧,可以更改该值为 1～60 的任意数。事实上,如果选择了帧频为 60,并不意味着影片每秒运行 60 帧,如果该影片剪辑比较大,并且计算机的速度比较慢,那么将达不到 60 帧。

大家在制作游戏的过程中,经常会遇到人物行走的问题,这个问题在 Flash 中怎么解决呢? 不必担心,其实这个问题解决起来很简单,首先用制作动画的方法制作一个人物行走影片剪辑,该影片剪辑有 8 帧,从第 2 帧到第 8 帧为步行的一个循环,每帧代表不同的步进,第一帧作为站立的位置被保留。制作完成以后,在时间轴中输入下面的帧频事件和帧频函数,在函数内,我们将要创建该角色每帧在水平方向上移动 7 个像素,后面的条件代码检测该影片剪辑的当前帧数,如果为 8 帧,它将要返回第 2 帧继续运动,否则继续下面的一帧。其源代码如下:

```
var hero:Hero = new Hero();          //人物行走影片剪辑实例,共有 8 帧
hero.x = 100;
hero.y = 200;
addChild(hero);
addEventListener(Event.ENTER_FRAME, animateHero);
function animateHero(event:Event)
{
    hero.x += 7;
    if (hero.currentFrame == 8)
    {
        hero.gotoAndStop(2);
    } else
    {
        hero.gotoAndStop(hero.currentFrame + 1);
    }
}
```

6.9.4 计时事件

在 ActionScript 3.0 中使用 Timer 类(flash.util.Timer 类)来取代 ActionScript 之前版本中的 setinterval()函数,而对 Timer 类的调用事件进行管理的是 TimerEvent 事件类。用户需要注意的是,Timer 类建立的事件间隔要受到 Flash 文件的帧频和 Flash Player 的工作环境(比如计算机内存的大小)的影响,会造成计算的不准确。

Timer 类有两个事件,分别如下。

- TimerEvent.TIMER:计时事件,按照设定的时间发出。
- TimerEvent.TIMER_COMPLETE:计时结束事件,当计时结束时发出。

通过 Timer 类构造函数创建计时实例对象,传递 1 个毫秒作为间隔时间,下面的例子

实例化一个 Timer 对象每秒发出事件信号：

```
var timer.Timer = new Timer(1000);
```

一旦创建了 Timer 实例，下一步必须添加一个事件监听器来处理发出的事件，Timer 对象发出一个 TimerEvent. TIMER 事件，它根据设置的间隔时间或延时时间定时发出。下面的代码定义了一个事件监听，调用 onTimer()方法作为处理函数：

```
timer.addEventListener(TimerEvent.TIMER, onTimer);
function onTimer(event:TimerEvent):void{
    trace("on timer");
}
```

Timer 对象不会自动开始，必须调用 start()方法启动：

```
timer.start();
```

默认情况下只有调用 stop()方法才会停下来，另一种方法是传递给构造器第 2 个参数作为运行次数，默认值为 0，即无限次。下面的例子设定定时器运行 5 次：

```
var timer:Timer = new Timer(1000, 5);
```

下面的代码设定定时器延时 5 秒执行 deferredMethod()方法：

```
var timer:Timer = new Timer(5000, 1);
timer.addEventListener(TimerEvent.TIMER, deferredMethod);
timer.start();
```

下面的代码创建一个 Timer 对象，每隔 1 秒就触发调用一次 timerFunction 函数绘制圆形图案，源代码如下：

```
//创建一个 Timer 对象，每秒调用一次 timerFunction 函数
var myTimer:Timer = new Timer(1000);              //间隔 1 秒
myTimer.addEventListener(TimerEvent.TIMER, timerFunction);
//函数内为画一个黑色填充圆点
function timerFunction(event:TimerEvent)
{
    this.graphics.beginFill(0x000000);
    //currentCount 为计时器从开始后触发的总次数
    this.graphics.drawCircle(event.target.currentCount * 10,100,4);
}
myTimer.start();                                  //计时开始
```

另外，用户还可以用计时器完成 6.9.3 节用帧频事件做的动画，全部代码如下：

```
var hero:Hero = new Hero();
hero.x = 100;
hero.y = 200;
addChild(hero);
var heroTimer:Timer = new Timer(80);
heroTimer.addEventListener(TimerEvent.TIMER, animateHero);
function animateHero(event:Event){
```

```
    hero.x += 7;
    if (hero.currentFrame == 8) {
        hero.gotoAndStop(2);
    }
    else {
        hero.gotoAndStop(hero.currentFrame + 1);
    }
}
heroTimer.start();              //计时开始
```

可以发现,调用函数内部的代码没变,唯一不同的就是侦听器不一样。前面为帧频侦听,这里为计时器侦听。当用户测试影片时,会发现这个人物运动的速度和上面的差不多。如果重新设置一下舞台的帧频,例如改为 6 或者 60,会发现该影片运动的速度没有明显的变化。

注意:具体区别就是 ENTER_FRAME 是按帧发生的,Timer 是用户可以自定义的时间和循环次数。

6.9.5　删除事件侦听器

尽管使用事件侦听器使得绝大多数事件的添加和保持操作简单化,但是在不需要它们时保持在原位置会引起问题。从逻辑立场出发,考虑保持一个不想要的侦听器在操作中会发生什么。

不想要的事件被执行不是唯一的原因,每个侦听器会占用一定的内存。因为考虑不周创建了许多侦听器,但是在之后没有清除会减少内存。因此,在你知道侦听器不需要时要记得清除它们。

清除使用 removeEventListener()方法,通过指明相关事件的所有者和被激发的功能,用户可以移除这个侦听器不再对事件做出反应。removeEventListener()方法需要两个参数,即在侦听器被创建时指明的事件和函数。指明事件和函数是很重要的,因为用户可能已经操作侦听器创建了相同的事件。

下例是每次进入帧事件旋转 hero 度。当 hero 被旋转 360°时,侦听器被移除,旋转结束。

```
var hero:Hero = new Hero();
hero.x = 150;
hero.y = 100;
addChild(hero);
var jiao:int;
addEventListener(Event.ENTER_FRAME, animateHero);
function animateHero(event:Event) {
    jiao += 2;
    hero.rotation = jiao;
    if(jiao == 360)
        removeEventListener(Event.ENTER_FRAME, animateHero);
}
```

6.9.6 事件流

事件流是事件对象在显示对象层次结构中穿行的过程。当程序触发任何一个事件的时候,Flash Player 就会产生一个相应的事件对象。这个对象会将自己"广播"给程序中所有可接收事件的对象。如果该对象不在显示对象层次结构中,那么它们会立即收到广播信号,例如,Flash Player 将 progress 事件对象直接调度到 URLStream 对象。但是如果是处于显示对象层次结构中,则 Flash Player 将事件沿着层次结构穿行到事件目标,完成后又"回溯"到 Flash Player,这就是事件流。显示对象层次结构是绝大多数 Flash 作品的基本框架,所以了解事件流非常有必要。

假设某 Flash 文档的显示对象层次结构如图 6-17 所示。

图 6-17 某 Flash 文档的显示对象层次结构

假设现在用鼠标单击"显示对象 3",那么 Flash Player 就会产生 click 事件对象,此事件对象将按照如图 6-18 所示的方式穿行。

图 6-18 事件流

只要在事件流的路径上有相应事件的侦听器,就可以侦听到这次鼠标单击事件。而图中灰色部分的显示对象及容器不会收到这次的 click 事件,即使在这些对象上设置了 click 事件的侦听器也不能接收到不在时间流路径上的 click 事件。正如上图所示,事件流分为 3 个阶段,即捕获阶段、目标阶段和冒泡阶段。

6.10 基本动作脚本命令

6.10.1 时间轴控制命令

1. gotoAndPlay

形式：gotoAndPlay(scene,frame);

作用：跳转并播放，跳转到指定场景的指定帧，并从该帧开始播放，如果没有指定场景，则将跳转到当前场景的指定帧。

参数：scene,跳转至场景的名称或编号；frame,跳转至帧的名称或帧数。

有了这个命令，用户可以随心所欲地播放不同场景不同帧的动画。

例如，动画跳转到当前场景的第 16 帧并且开始播放：

```
gotoAndPlay(16);
```

2. gotoAndStop

形式：gotoAndStop(scene,frame);

作用：跳转并停止播放，跳转到指定场景的指定帧并从该帧停止播放，如果没有指定场景，则将跳转到当前场景的指定帧。

参数：scene,跳转至场景的名称或编号；frame,跳转至帧的名称或数字。

例如，动画跳转到场景 2 的第 1 帧并停止播放：

```
gotoAndStop("场景 2",1);
```

3. nextFrame

作用：跳至下一帧并停止播放。

该命令无参数，直接使用，例如"nextFrame( );"。

4. prevframe

作用：跳至前一帧并停止播放。

该命令无参数，直接使用，例如"prveFrame( );"。

5. nextScene

作用：跳至下一个场景的第 1 帧并停止播放。如果目前的场景是最后一个场景，则会跳至第 1 个场景的第 1 帧。

该命令无参数，直接使用，例如"nextScene( );"。

6. prevScene

作用：跳至前一个场景并停止播放。如果目前的场景是第 1 个场景，则会跳至最后一个场景的第 1 帧。

该命令无参数，直接使用，例如"prevScene( );"。

7. play

作用：可以指定动画继续播放。

在播放电影时，除非另外指定，否则从第 1 帧播放。如果动画播放进程被 gotoAndStop 语句停止，则必须使用 play 语句才能重新播放。该命令无参数，直接使用，例如"play( );"。

8. stop

作用:停止当前播放的电影,该动作最常见的运用是使用按钮控制电影剪辑。

例如,如果需要某个动画在播放完毕后停止而不是循环播放,则可以在动画的最后一帧附加 stop(停止播放电影)动作。这样,当动画播放到最后一帧时播放将立即停止。该命令无参数,直接使用,例如"stop( );"。

9. stopAllSounds

作用:使当前播放的所有声音停止播放,但是不停止动画的播放。需要说明的是,被设置的流式声音将会继续播放。该命令无参数,直接使用。注意,调用该函数必须同时指定"SoundMixer"类别,例如"SoundMixer. stopAllSounds( );"。

6.10.2 显示输出命令

在 Flash 中,显示输出使用 trace 命令。

形式:trace(表达式、变量、值)

作用:显示输出命令 trace()可以在"输出"面板中将运算结果、变量值显示出来。该命令主要用于在编写程序时进行查错,如果要显示变量的值,可以使用 trace 语句向"输出"面板发送值,这在 ActionScript 代码开发的过程中将会经常使用。例如,在测试 SWF 文件时,使用 trace 语句可以在"输出"面板中记录编程的注释或者显示消息。该语句类似于 Java 中的 System. out. println 语句(该语句可以将消息显示在控制台中)。

由于可以使用"发布设置"对话框中的"省略跟踪动作"选项将 trace 语句从发布的 SWF 文件中删除,所以不会造成任何信息泄露。

例如,在"输出"面板中输出字符串"Y 坐标"和当前鼠标光标的 Y 坐标值:

```
trace("Y 坐标:" + mouseY);
```

在"输出"面板中输出 str 变量和比较表达式"3>2"的比较结果:

```
var str:String = "Hello World";
trace(str);
trace(3 > 2);                              //输出 true
```

技巧与提示:

注意到在代码中使用了 trace(str)一行代码,这将会打开"输出"面板,并在该面板上显示变量 str 的值"Hello World",如图 6-19 所示。

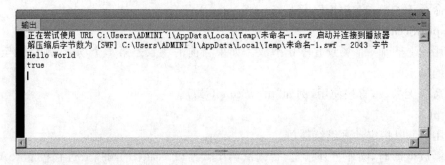

图 6-19   调试信息

6.11 ActionScript 代码的位置

进行 Flash 应用程序开发的第一个问题就是在哪里放置 ActionScript 程序代码，总结起来，共有两个位置可以放置，即放在时间轴中的帧上，以及放在一个外部类文件中。

6.11.1 在帧中编写 ActionScript 程序代码

在帧中编写 ActionScript 程序代码是最常见也是最主要的代码位置，选择主时间轴上或者影片剪辑中的某一帧，然后右击，在弹出的快捷菜单中选择"动作"命令，打开"动作"面板，就可以为该帧编写程序代码了。

当在帧中编写代码时，"动作"面板顶部的选项卡中会提示这是帧代码，并且会在底部的选项卡上提示程序代码位于哪个图层的哪一帧，如图 6-20 所示。

图 6-20　帧代码

另外，在帧中会出现一个小写的 a，表示该帧中包含代码，如图 6-21 所示（第 1 帧中包含有代码，第 2 帧中不包含代码）。

图 6-21　包含有代码的帧

6.11.2 在外部类文件中编写 ActionScript 程序代码

ActionScript 程序代码也可以位于外部类文件中，然后使用多种方法（包括使用 import

语句)将类文件中的定义应用到当前应用程序。

在 Flash CS6 中,用户也可以创建和编辑外部类文件(＊.as 文件),从主菜单中选择"文件"→"新建"命令,在打开的对话框中选择"ActionScript 3.0 类"选项就可以创建一个外部类文件来编辑,如图 6-22 所示。

图 6-22　外部 ActionScript 文件

这时,应该注意到编辑器的特征,它不再是"动作"面板,也没有"助手模式"。并且,外部＊.as 文件仅仅是纯文本格式的,它可以使用任何文本编辑器编辑,而且无须定义 ActionScript 版本,因为最终会被加载到帧中编译。

技巧与提示:

需要特别注意的是,外部的＊.as 文件并非全部都是类文件,有些是为了方便管理,将帧代码按照功能放置在一个一个＊.as 文件中。

习题

1. 什么是数据类型? ActionScript 3.0 中有哪些基本数据类型?

2. 什么是类和包? ActionScript 3.0 内建类大致分成哪 3 个部分?

3. 什么是显示列表? 显示对象的基类 DisplayObject 常用哪些属性和方法?

4. 简述根对象 root 和舞台 stage 的含义和区别。

5. 如何在显示列表中删除显示对象? 如何进行显示对象的深度管理?

6. 制作一个图片滚动的动画,在时间轴上加入 ActionScript 3.0 脚本,监听鼠标的两个动作,当鼠标移到图片上方时图片滚动停止;当鼠标移出图片上方时图片继续滚动。

众所周知,Flash 中的动画依靠的是时间轴,在没有脚本的情况下,动画会依照时间轴从第 1 帧不停地播放到最后一帧,然后重复播放或者停止。为了能更好地控制动画,必须使用脚本语句,而要想使动画具有逻辑判断的功能,就要使用流程控制语句了。

一般情况下,Flash 执行动作脚本从第一条语句开始,然后按顺序执行,直至达到最后的语句。这种按照语句排列方式逐句执行的方式称为顺序结构。顺序结构是程序中使用最多的程序结构,但用顺序结构只能编写一些简单的动作脚本,解决一些简单的问题。

在实际应用中,我们往往会有一些需要根据条件来判断结果的问题,条件成立是一种结果,条件不成立又是一种结果。像这样复杂问题的解决就必须用程序的控制结构,控制结构在程序设计中占有相当重要的位置,通过控制结构可以控制动作脚本的流向,完成不同的任务。

7.1 选择结构

选择结构在程序中以条件判断来表现,根据条件判断结果执行不同的动作。ActionScript 3.0 有 3 个可以用来控制程序流的基本条件语句,分别为 if 条件语句、if…else 条件语句、switch 条件语句。本节详细讲解这 3 种不同的选择程序结构。

7.1.1 if 条件语句

```
if (条件表达式){
//在条件成立的情况下执行{}中的语句,否则跳过{}执行后面的语句
}
```

例如:

```
var a:unit = 12;
if (a % 2 == 0)
    trace(a,"是偶数。");
```

在条件表达式中,取模运算符"%"的优先级高于"==",所以先计算"a%2",然后判断它的值是否等于 0。当条件为真时执行 trace()语句输出相关信息,由于需要执行的代码只有一行,所以可以不用大括号,如果需要执行的代码只有一个语句段,必须要把所有需要执行的语句都放在一对大括号内。

7.1.2 if…else 语句

if…else 语句在简单 if 语句的基础上增加了一个程序分支,这种语句的一般格式如下:

```
if (条件表达式) {
①……
}//条件成立,执行①中的语句
else {
② ……
}//条件不成立,执行②中的语句
```

例如:

```
var a:unit = 12;
if (a % 2 = = 0)
    trace(a, "是偶数。");
else
    trace(a, "是奇数。");
```

if…else 条件语句执行的操作最多只有两种选择,如果有更多的选择,可以使用 if…else if…else 条件语句。

```
if(表达式 1)
    语句 1;
else if (表达式 2)
    语句 2;
else if (表达式 3)
    语句 3;
…
else if (表达式 n)
    语句 n;
else
    语句 n + 1;
```

例如,按学生的分数 score 输出等级,其中,score≥90 为优,90>score≥80 为良,80>score≥70 为中等,70>score≥60 为及格,score<60 为不及格。

```
if (score > = 90)
    trace("优");
else if (score > = 80)
    trace("良");
else if (score > = 70)
    trace("中");
else if (score > = 60)
    trace("及格");
else
    trace("不及格");
```

7.1.3　switch 语句

使用 if…else 语句可以对条件表达式的真和假两种情况分别处理,使程序产生两个不同的分支,还可以使用 if 语句嵌套,实现多重判断。

switch 语句相等于一系列 if…else if…语句,但是要比 if 语句清晰得多。switch 语句不是对条件进行测试以获得布尔值,而是对表达式进行求值并使用计算结果来确定要执行的代码块。

switch 语句的格式如下:

```
switch(表达式){
    case:
      程序语句 1;
      break;
    case:
      程序语句 2;
      break;
    case:
      程序语句 3;
      break;
    default:
      默认执行程序语句;
}
```

例如,用 switch 语句实现按学生的分数 score 输出其等级的功能。

```
var a:int = score/10;
switch(a)
{   case 10:
    case 9:
      trace("优");
      break;
    case 8:
      trace("良");
      break;
    case 7:
      trace("中");
      break;
    case 6:
      trace("及格");
      break;
    default:
      trace("不及格");
}
```

7.2　循环结构

如果要多次执行相同的语句,可以利用循环语句简化程序。在 Flash ActionScript 3.0 中有 3 种循环语句,即 for 语句、for…in 语句、while 语句。

7.2.1　for 语句

for 语句通常用于循环次数固定的情况,它的基本格式如下:

```
for(初始表达式; 条件表达式; 递增表达式)
{
    //循环执行的程序段(循环体)
}
```

下面是一个用 for 语句编写的简单程序,计算 $1+2+3+\cdots+98+99+100$ 的值。

```
var s:int = 0;
var i:int,h:String;
for (i = 1;i <= 100;i++){
    s = s + i;
}
h = "s = " + s;
trace (h);
```

运行结果:

```
s = 5050
```

7.2.2　for…in 和 for each…in 语句

for…in 和 for each…in 语句都可以和数组以及对象数据类型一起使用。使用此语句可以在不知道数据里面有多少个元素或元素一直变化的情况下遍历所有数组元素。其基本格式如下:

```
for (变量名 in 数组名或对象数据类型)
{
    //程序段,可以用变量作为下标引用数组元素或用变量作为属性名引用属性值
}
```

例如,下面的语句将数值 myArr 中的元素显示出来:

```
var myArr:Array = [1,2,3,4,5,6,7,8,9,10];
for(var i:String in myArr) {
    trace(myArr[i]);                //直接用变量 i 作为数值元素的下标
}
```

在使用 for…in 时,变量的类型必须为 String 类型,如果声明为 Number 等其他类型,将不能正确地输出。

下面分别使用两种语句访问对象中的属性,代码如下。

```
//定义一个对象 lzxt,并添加属性 name 和 age
var lzxt:Object = {name:"浪子啸天", age:30};
//执行遍历操作
for (var i:String in lzxt) {
    //输出属性名称和属性值
    trace("for in 语句输出: " + i + ": " + lzxt[i]);
```

```
}
//执行 for each 遍历操作
for each (var k:String in lzxt) {
    //输出属性值
    trace("for each 语句输出: " + k);
}
```

7.2.3　while 语句

while 循环在条件成立的时候一直循环,直到条件不成立。它的基本格式如下:

```
while(条件表达式)
{
……
}//当条件为真时执行{}中的语句,在循环过程中也可以使用 break 语句跳出循环
```

例如下面的语句用来计算 $1 \sim 10$ 范围内所有自然数的乘积:

```
var i:uint = 1,mul:uint = 1;
while (i <= 10) {
    mul * = i;
    i++;
}
trace(mul);
```

7.2.4　循环的嵌套

循环的嵌套就是在一个循环的循环体中存在另一个循环体,如此重复下去直到循环结束为止,即为循环中的循环。在此以 for 循环为例,其格式如下:

```
for (初始化;循环条件;步进语句) {
    for (初始化;循环条件;步进语句) {
    循环执行的语句;
    }
}
```

7.2.5　break 和 continue 语句

在 ActionScript 3.0 中可以使用 break 和 continue 来控制循环流程。break 语句的结果是直接跳出循环,不再执行后面的语句;continue 语句的结果是停止当前这一轮循环,直接跳到下一轮循环,且当前轮次中 continue 后面的语句不再执行。

下面的两个例子分别执行循环变量从 0 递增到 10 的过程,如果 i 等于 3,分别执行 break 和 continue 语句,查看发生的情况。代码如下:

```
//使用 break 控制循环
for (var i:int = 0; i < 10; i++) {
    if (i == 3) {
        break;                          //或 continue 语句
    }
    trace("当前数字是:" + i);
}
```

7.3 影片剪辑的控制

影片剪辑元件是 Flash 中最重要的一种元件,对影片剪辑属性的控制是 ActionScript 的最重要功能之一。从根本上说,Flash 的许多复杂动画效果和交互功能都与影片剪辑属性控制的运用密不可分。

7.3.1 影片剪辑元件的基本属性

1. 坐标

Flash 场景中的每个对象都有它的坐标,坐标值以像素为单位。Flash 场景的左上角为坐标原点,它的坐标位置为(0,0),前一个数字表示水平坐标,后一个数字表示垂直坐标。Flash 默认的场景大小为 550 像素×400 像素,即场景右下角的坐标为(550,400),场景中的每一点分别用 x 和 y 表示 X 坐标值属性和 Y 坐标值属性,如图 7-1 所示。

例如,要在主时间轴上表示场景中的影片剪辑 my_mc 的位置属性,可以使用下面的方法:

```
my_mc.x     my_mc.y
```

通过更改 x 和 y 属性可以在影片播放时改变影片剪辑的位置。例如为影片剪辑对象 my_mc 编写以下事件处理函数,在每次 enterFrame 事件中向右移动两个像素、向下移动一个像素的位置:

```
stage.addEventListener(Event.ENTER_FRAME,moveBall);
function moveBall(event:Event){
my_mc.x += 2;
my_mc.y += 1;
}
```

影片剪辑对象的坐标中心点(对象的 x、y 坐标点)默认情况下是在对象外接矩形的左上角。一个五角星的坐标中心点如图 7-2 所示。

图 7-1 Flash 场景坐标

图 7-2 坐标中心点

对于坐标中心点和变形中心点要区别开来。

- 坐标中心点:即注册点,它是对象的 x、y 坐标点,默认为对象的左上角,是元件坐标系中(0,0)原点的位置(双击元件后屏幕中小十字的位置,如图7-2所示)。在进行转换为元件操作时会让用户选择注册点,选择左上角在元件坐标系中原点的位置就在图形的左上角,依此类推,如图7-3所示。

- 变形中心点:对象进行放大、缩小、旋转操作能变形时的参考中心点,默认为几何中心,可以调整使之位于对象的任何位置。如图7-2所示,在使用"任意变形工具"时,对象内部的空心圆即为其变形中心,用户可以用鼠标拖动这个中心点。

图7-3 修改注册点的位置

注意: 坐标原点分为下面两种情况。

(1) 如果可视对象直接放置在舞台上,则以舞台的左上角作为坐标原点。

(2) 如果可视对象嵌套在某可视对象内,则以某可视对象的坐标中心点作为坐标原点。

也就是说,对象的坐标值是相对的概念,指相对于它的上层对象的中心点,它的坐标值是多少。

可视对象层次结构中的坐标具有嵌套的特点。事实上,不仅仅是坐标,角度、透明度等可视对象属性都具有嵌套的特点。假设对象 a 中嵌套着对象 b,则 b 的属性与 a 的嵌套关系如表7-1所示。

表7-1 嵌套后子对象 b 的属性的计算

属　　性	嵌　套　关　系
不透明度(alpha)	全局不透明度＝a. alpha * b. alpha
高度(height)	全局高度＝a. scaleY * b. height
角度(rotation)	全局角度＝a. rotation＋b. rotation
宽度(width)	全局宽度＝a. scaleX * b. width
x 坐标(x)	全局 x 坐标＝a. x＋b. x * a. scaleX
y 坐标(y)	全局 y 坐标＝a. y＋b. y * a. scaleY

理解这一嵌套关系对于 Flash 游戏编程人员来说非常重要。

2. 尺寸控制

尺寸控制有两种方法,一种是"绝对尺寸控制",就是设定对象的高度和宽度是多少像素,另一种是"相对尺寸控制",就是设定对象的高度和宽度是原来的多少倍。

绝对尺寸控制一般使用属性"width"设置影片剪辑元件的绝对宽度,"height"设置影片剪辑的绝对高度,单位都是像素,并且值都不能为负。

例如设置影片剪辑对象 my_mc 的高度和宽度均为200像素:

```
my_mc. x = 200;
my_mc. y = 200;
```

相对尺寸控制是指在影片剪辑水平和垂直方向上进行缩放的倍数,属性"scaleX"和"scaleY"的值代表了相对于库中原影片剪辑的横向尺寸 width 和纵向尺寸 height 的百分比,而与场景中影片剪辑实例的尺寸无关。

scaleX、scaleY 属性值为数值,属性值1即缩放比率为100%(原始大小)。影片剪辑元件缩放局部坐标系统会影响子影片剪辑元件所定义的 x 和 y 属性设置。例如,如果将父影片剪辑元件缩放 50％,则设置 x 属性会将影片剪辑中的对象移动缩放比例为 100％时影片的一半像素数目。影片剪辑元件缩放默认的注册点坐标位置是(0,0)。

例如设置影片剪辑对象 my_mc 的高度和宽度均放大 1 倍:

```
my_mc.scaleX = 2;
my_mc.scaleY = 2;
```

3. 鼠标位置

利用影片剪辑元件的属性不仅可以获得坐标位置,还可以获得鼠标位置,即鼠标光标在影片中的坐标位置。表示鼠标光标的坐标属性的关键字是 mouseX 和 mouseY,其中,mouseX 代表光标的水平坐标位置,mouseY 代表光标的垂直坐标位置。需要说明的是,如果这两个关键字用在主时间轴中,则它们表示鼠标光标相对于主场景的坐标位置;如果这两个关键字用在影片剪辑中,则它们表示鼠标光标相对于该影片剪辑的坐标位置。mouseX 和 mouseY 属性都是从对象的坐标原点开始计算的,即在主时间轴中代表光标与左上角之间的距离;在影片剪辑中代表光标与影片剪辑中心之间的距离。Flash 不能获得超出影片播放边界的鼠标位置,这里的边界并不是指影片中设置的场景大小。如果将场景大小设置为 550 像素×400 像素,在正常播放时能获得的鼠标位置即在(0,0)～(550,400)之间;如果缩放播放窗口,将视当前播放窗口的大小而定;如果进行全屏播放,则与显示器的像素尺寸有关。

4. 旋转方向

rotation 属性代表影片剪辑的旋转方向,它是一个角度值,介于 $-180°$～$180°$之间,可以是整数和浮点数,如果将它的值设置在这个范围之外,系统会自动将其转换为这个范围之间的值。例如,将 rotation 的值设置为 181°,系统会将它转换为 $-179°$;将 rotation 的值设置为 $-181°$,系统会将它转换为 179°。不用担心 rotation 会超出它的范围,系统会自动将它的值转换为 $-180°$～$180°$之间,并不会影响到影片剪辑转动的连贯性。

5. 可见性

visible 属性即可见性,使用布尔值,即为 true(1)或者为 false(0)。为 true 表示影片剪辑可见,即显示影片剪辑;为 false 表示影片剪辑不可见,即隐藏影片剪辑。

例如隐藏影片剪辑 myMC:

```
myMC.visible = false;
```

7.3.2 控制影片剪辑元件的时间轴

影片剪辑元件时间轴的控制与主时间轴的控制基本一致,包括播放、暂停、跳转等,例如:

```
my_mc.play();              //播放
my_mc.stop();              //暂停
my_mc.prevFrame();         //转到上一帧并暂停
my_mc.nextFrame();         //转到下一帧并暂停
my_mc.gotoAndPlay(n);      //跳转到第 n 帧并继续播放
my_mc.gotoAndStop(n);      //跳转到第 n 帧并暂停
```

对于影片剪辑元件,还有以下 3 个用来监视时间轴进程的只读属性。

1. currentFrame

通过 currentFrame 属性可取得在影片剪辑时间轴上播放头所在的帧编号,在做相对跳转的时候很有用,例如在使用"快进"按钮的时候希望每次单击按钮让影片剪辑的播放头向前跳 20 帧,可以使用以下语句:

```
my_mc.gotoAndPlay( my_mc.currentFrame + 20 );
```

2. framesLoaded

framesLoaded 属性会返回从 SWF 文件中加载的帧数目,该属性十分有用,在还没有完成某个 SWF 文件中指定帧的加载动作之前可以显示一个消息,告诉用户该 SWF 文件正在加载中。例如:

```
totalFra = this. framesLoaded;
```

3. totalFrames

totalFrames 属性会返回在影片剪辑实体对象中的帧总数,该属性常与 framesLoaded 属性结合使用,可以告诉用户目前 SWF 文件的加载进度百分值(framesLoaded/ totalFrames * 100)。

假如设计"快进"按钮,如果在加载了 100 帧的时候播放到了第 90 帧,那么向前跳 20 帧,就要跳到 110 帧,由于此时第 110 帧还不存在,所以将执行失败,可以将代码完善如下:

```
var t = my_mc.currentFrame + 20;
if (t < my_mc.framesLoaded) {
    my_mc.gotoAndPlay(t);
}
else{
    my_mc.gotoAndplay(my_mc.framesLoaded);
}
```

7.3.3 复制与删除影片剪辑

1. 复制影片剪辑

在 ActionScript 2. 0 中使用 duplicateMovieClip 方法来复制影片剪辑实例,在 ActionScript 3.0 中已取消这个方法,也就是无法直接附加对象到动画片段中,而必须先构造要复制对象的实例,然后再使用 addChild 或 addChildAt 复制该对象的实例。

addChild()命令的语法结构为:

影片剪辑对象. addChild(对象)

addChild 可以将指定的对象加入到影片剪辑对象中,不限定加入的是何种对象。其中,对象为对象变量名称,也就是使用 new 函数创建的实体对象。

addChildAt()命令的语法结构为:

影片剪辑对象. addChildAt(对象,迭放次序)

addChildAt 可以将指定的对象加入到影片剪辑对象中,并且可以指定加入对象的迭放次序。其中,迭放次序为整数,为附加对象时对象所要放置的层次。

```
myObj = new Object();
```

```
my_mc.addChildAt(myObj,3);
//新建对象"myObj"并复制影片剪辑"my_mc"到第3层中
```

2. 删除影片剪辑

使用 removeChild 或 removeChildAt 可以删除影片剪辑对象。

removeChild()命令的语法结构为：

影片剪辑对象. removeChild(对象)

removeChild 可以将已复制到影片剪辑中的对象删除,例如：

```
my_mc. removeChild(myObj);
//删除影片剪辑"my_mc"中的子对象"myObj"
```

removeChildAt()命令的语法结构为：

影片剪辑对象. removeChildAt(迭放次序)

removeChildAt 可以将指定迭放次序的复制影片剪辑对象删除,例如：

```
my_mc. removeChildAt(3);
//删除影片剪辑"my_mc" 中的迭放次序为 3 的子对象
```

7.3.4 拖曳影片剪辑

1. startDrag()

startDrag()命令的语法结构为：

影片剪辑对象. startDrag(锁定中心,拖曳区域)

startDrag 方法可以让用户拖曳指定的影片剪辑对象,直到 stopDrag()被调用或其他影片剪辑对象可以拖曳为止,注意一次只能有一个影片剪辑对象为可拖曳状态。锁定中心为布尔值,指定可拖曳的影片剪辑对象锁定于鼠标指针的中央(true)或是锁定在用户第一次按下影片剪辑对象的位置(false),拖曳区域为矩形区域,指定影片剪辑对象拖曳的限制矩形区域。

例如：

```
my_mc.startDrag();
```

对影片剪辑对象"my_mc"进行拖曳。

```
this.startDrag(true);
```

将当前影片剪辑对象锁定中心点并开始拖曳。

2. stopDrag()

stopDrag()命令无参数,它可以结束 startDrag 方法的调用,让用户拖曳的指定影片剪辑对象停止拖曳状态。例如停止影片剪辑对象"my_mc"的拖曳动作：

```
my_mc.stopDrag();
```

3. dropTarget

dropTarget 命令无参数,用于返回影片剪辑对象停止拖曳时位于其下方的影片剪辑对

象,或是拖曳过程中位于其下方最后一个接触到的影片剪辑对象,例如:

```
myobject = my_mc.dropTarget;
```

取得当前影片剪辑对象"my_mc"在拖曳过程中位于其下方的影片剪辑对象,并指定给变量"myobject"。

7.3.5 课堂案例——汉诺塔

汉诺塔(又称河内塔)问题源自印度的一个古老的传说。游戏时有 A、B、C 3 根柱子,A 柱上有 n 个大小不等的盘子,大盘在下、小盘在上。要求将所有盘子由 A 柱搬动到 C 柱上,每次只能搬动一个盘子,在搬动过程中可以借助任何一根柱子,但必须满足大盘在下、小盘在上的原则。

本案例开发汉诺塔游戏,游戏由用户交互游戏和自动演示两部分组成,游戏运行界面如图 7-4 所示。

图 7-4　汉诺塔游戏界面

1. 游戏设计的思路

在进行游戏开发时,需要事先准备背景、3 根柱子和盘子图片。为便于盘子放置到柱子上的测试,柱子和盘子分别采用影片剪辑实现。n 个盘子的影片剪辑动态加载时,将 scaleX 属性逐步设小(每次少 0.1),达到盘子从下到上逐步变小的效果,而 3 根柱子影片剪辑 zhu1、zhu2、zhu3 是在场景中直接加入的。

同时每个柱子对应 Array 数组(m_PlatesA,m_PlatesB,m_PlatesC),用来保存此柱上已有的盘子。游戏开始时,按从下向上把原有盘子影片剪辑对象添加到 A 柱子对应的 Array 数组 m_PlatesA 中,使得最上面的盘子影片剪辑对象在数组的最后。所以判断用户拖动的盘子是否是最上面的一个即是判断此盘子是否是数组中的最后一个元素。

```
public function isTop(p:Plate):Boolean {      //p 是否是最上面的一个
    var top:Plate;
    if (p.oldzhu == "A") {
        top = m_PlatesA[m_PlatesA.length - 1];
```

```
        }
        if (p.oldzhu == "B") {
            top = m_PlatesB[m_PlatesB.length - 1];
        }
        if (p.oldzhu == "C") {
            top = m_PlatesC[m_PlatesC.length - 1];
        }
        if (p.y == top.y) {
            return true;
        } else {
            return false;
        }
    }
```

在交互移动盘子的过程中，判断新加入的盘子是否符合大盘在下、小盘在上的原则，只需判断该柱子对应的数组是否有小于新盘子编号（type 属性）的元素。同时当用户拖动盘子到达某柱子时（通过鼠标松开事件和碰撞检测发现），需要计算新移动盘子放置的准确位置、新移动盘子修改位置的信息及相关柱子数组的信息。

```
p.addEventListener(MouseEvent.MOUSE_MOVE, mouse_move);
p.removeEventListener(MouseEvent.MOUSE_DOWN, mouse_down);
p.removeEventListener(MouseEvent.MOUSE_UP, mouse_up);
public function mouse_up (event:MouseEvent) {         //鼠标松开事件函数
    var p:Plate = Plate(event.target);
    var t:int;
    p.stopDrag();
    if (p.hitTestObject(zhu1)) {                      //目标柱是 A
        //但目标柱 A 不允许放置
        if (m_PlatesA.length > 0 &&
          m_PlatesA[m_PlatesA.length - 1].type > p.type) {
            trace("目标柱 A 不允许放置");
            //恢复原位置
            p.x = p.oldx;
            p.y = p.oldy;
            return;
        }
        if (p.oldzhu == "A") {
            trace("目标柱 A 是以前的柱子");
            //恢复原位置
            p.x = p.oldx;
            p.y = p.oldy;
            return;
        }
        if (m_PlatesA.length > 0) {
            t = m_PlatesA.length + 1;
        } else {
            t = 1;
```

```
        }
        //计算新移动盘子放置的准确位置
        p.x = 140 + 1 * t;
        p.y = 260 - 15 * t;
        //记录位置
        p.oldx = p.x;
        p.oldy = p.y;
        m_PlatesA.push(p);                      //将盘子添加到数组 m_PlatesA 中
        //从原柱的数组中删除
        deleteFromArray(p.oldzhu);
        p.oldzhu = "A";
    }
    if (p.hitTestObject(zhu2)) {                //目标柱是 B
    //略
    }
    if (p.hitTestObject(zhu3)) {                //目标柱是 C
    //略
    }
    isOver();                                   //是否成功判断
}
```

在交互游戏中,如果目标柱(C柱)的元素达到设定的盘子数量,则游戏成功。

2. 游戏关键技术

1)盘子影片剪辑对象的拖动

鼠标放在盘子上面,鼠标指针变化为表示可以移动的手形指针,然后拖动鼠标可以使盘子移动,效果如图 7-5 所示。盘子影片剪辑对象的拖动主要使用 startDrag()命令和 stopDrag()命令实现。

图 7-5　盘子的拖动程序运行界面

在本游戏的开发中,在鼠标的按下事件中,startDrag 方法可以让用户拖曳指定的影片剪辑对象。在鼠标的抬起事件中,让用户拖曳的指定影片剪辑对象停止拖曳状态,所以在盘子加载时需要注册盘子鼠标事件:

```
p. addEventListener(MouseEvent.MOUSE_MOVE,mouse_move);
p. addEventListener(MouseEvent.MOUSE_DOWN, mouse_down);
p. addEventListener(MouseEvent.MOUSE_UP, mouse_up);
```

定义处理鼠标按下的事件：

```
public function mouse_down(event:MouseEvent) {
    var p:Plate = Plate(event.target);
    if (isTop(p)) {
        p.startDrag(true);
    }
}
```

定义处理鼠标移动的事件：

```
public function mouse_move(me:MouseEvent) {
    x_txt.text = String(mouseX);
    y_txt.text = String(mouseY);
}
```

定义处理鼠标抬起的事件：

```
public function mouse_up(event:MouseEvent) {
//见前文
}
```

2) 加载 *n* 个盘子对象

最初盘子加载到 A 柱上，所以使用 new 建立盘子影片剪辑对象 p 到数组 m_PlatesA 中，通过赋值动态地建立 oldzhu(所在柱子)、oldx、oldy(原位置坐标，移动前坐标)属性。通过代码设置好盘子影片剪辑对象的大小、位置等属性，并向新建的盘子对象添加鼠标事件监听。

```
public function LoadPlates(n:int):void {         //创建 n 个盘子
    m_PlatesA = new Array();
    m_PlatesB = new Array();
    m_PlatesC = new Array();
    var t:int;
    for (t = 1; t <= n; t++) {
        var p:Plate = new Plate();               //创建盘子
        p.type = t;
        p.x = 140 + 1 * t;
        p.y = 260 - 15 * t;
        p.scaleX = 1 - t * 0.1;
        p.oldzhu = "A";
        p.oldx = p.x;
        p.oldy = p.y;                            //原位置
        p.buttonMode = true;                    //鼠标指针变化为表示可以移动的手形
        this.addChild(p);                       //将 A 柱上的盘子添加到场景中
        m_PlatesA.push(p);                      //将盘子添加到数组 m_PlatesA 中
        //跟踪鼠标的位置
        p.addEventListener(MouseEvent.MOUSE_MOVE,mouse_move);
        p.addEventListener(MouseEvent.MOUSE_DOWN,mouse_down);
        p.addEventListener(MouseEvent.MOUSE_UP,mouse_up);
```

```
        }
    }
```

3. 开发汉诺塔游戏的步骤

打开 Flash CS6 软件,然后选择"文件"→"新建"命令,系统将打开"新建文档"对话框,在其中选择"ActionScript 3.0"选项。

1) 设置文档属性

选择"修改"→"文档"命令,打开"文档设置"对话框,设置场景的尺寸为 798 像素×350 像素,然后单击"确定"按钮。导入如图 7-6 所示的背景位图到舞台,然后在"属性"面板中设置文档类为 Hanoi。接着添加输入文本框 T_Score,用于输入盘子数量,并添加按钮 reset_btn("重置"按钮)。

2) 设计盘子影片剪辑元件

选择"插入"→"新建元件"命令,在打开的"创建新元件"对话框中将元件名称设置为"盘子",将元件类型设置为"影片剪辑",并选择"为 ActionScript 导出"和"在第 1 帧导出"复选框,然后设置链接类为 Plate,单击"确定"按钮,

图 7-6　图片

Flash 界面将转换为"盘子"元件的编辑区,导入如图 7-6 所示的盘子位图。

同理制作柱子影片剪辑元件,在场景中直接加入三根柱子 zhu1、zhu2、zhu3。

3) 设计游戏文档类(Hanoi.as)

选择"文件"→"新建"命令,系统将打开"新建文档"对话框,在该对话框中选择"ActionScript 3.0 类"选项,这样在 Flash 中会新建一个 ActionScript 类文件,将其命名为 Hanoi.as。

导入包及相关类:

```
package {
    import flash.display.MovieClip;        //影片剪辑支持类
    import flash.events.Event;             //事件支持类
    import flash.events.MouseEvent;        //鼠标事件支持类
    import flash.display.SimpleButton;
    import flash.text.TextField;
```

类成员变量的定义:

```
//成员变量的定义
public class Hanoi extends MovieClip {
    private var m_PlatesA:Array;        //A柱数组
    private var m_PlatesB:Array;        //B柱数组
    private var m_PlatesC:Array;        //C柱数组
```

构造函数同时对"重置"按钮 reset_btn 添加鼠标单击事件的侦听。如果是 reset_btn 按钮被单击则执行 resetMouseUp 函数动态加载盘子到 A 柱上。

```
//构造函数
public function Hanoi() {
```

```
        //监听"重置"按钮事件
        T_Button.addEventListener(MouseEvent.MOUSE_UP, resetMouseUp);
}
```

resetMouseUp 函数首先清空已存在的盘子，由于可能是用户玩不下去重新开始的情况，所以首先清空已存在的盘子。然后 LoadPlates()动态加载指定数量的盘子，通过 scaleX 属性控制(放大或缩小)盘子的大小。

```
public function resetMouseUp(e:MouseEvent):void {
    //如果用户单击"重置"按钮,将进行重置游戏的操作
    var i:int;
    //清空已存在的盘子
    if (m_PlatesA!= null || m_PlatesB!= null || m_PlatesC!= null) {
        clearPlate();
    }
    LoadPlates(int(T_Score.text));          //加载盘子
}
public function LoadPlates(n:int):void {      //创建 n 个盘子
    //见前文
}
```

注意：使用 clearPlate()清空盘子时,要把每个柱子对应的 Array 数组(m_PlatesA, m_PlatesB, m_PlatesC)信息清除掉。

```
public function clearPlate():void {
    //清空盘子及数组
    var t:int;
    var p:Plate;
    trace("清空已有的盘子");
    for (t = m_PlatesA.length - 1; t >= 0; t--) {
        //注意删除时 m_PlatesA.length - 1
        //for (t = 0; t <= m_PlatesA.length - 1; t++),这样会少删除,
        //由于删除后 m_PlatesA.length 改变了,所以通常只删除一半元素
        p = Plate(m_PlatesA[t]);
        //删除事件侦听
        p.removeEventListener("mouseMove",mouse_move);
        p.removeEventListener(MouseEvent.MOUSE_DOWN,mouse_down);
        p.removeEventListener(MouseEvent.MOUSE_UP,mouse_up);
        this.removeChild(p);          //将 A 柱上的盘子从场景中删除
        m_PlatesA.pop();              //将盘子从数组中删除
    }
    for (t = m_PlatesB.length - 1; t >= 0; t--) {
        p = Plate(m_PlatesB[t]);
        //删除事件侦听
        p.removeEventListener("mouseMove",mouse_move);
        p.removeEventListener(MouseEvent.MOUSE_DOWN,mouse_down);
        p.removeEventListener(MouseEvent.MOUSE_UP,mouse_up);
        this.removeChild(p);              //将 B 柱上的盘子从场景中删除
```

```
        m_PlatesB.pop();                     //将盘子从数组中删除
    }
    for (t = m_PlatesC.length - 1; t >= 0; t-- ) {
        p = Plate(m_PlatesC[t]);
        //删除事件侦听
        p.removeEventListener("mouseMove",mouse_move);
        p.removeEventListener(MouseEvent.MOUSE_DOWN,mouse_down);
        p.removeEventListener(MouseEvent.MOUSE_UP,mouse_up);
        this.removeChild(p);                 //将 C 柱上的盘子从场景中删除
        m_PlatesC.pop();                     //将盘子从数组中删除
    }
}
```

以下是鼠标的相关事件代码：

```
public function mouse_move(me:MouseEvent) {
    x_txt.text = String(mouseX);
    y_txt.text = String(mouseY);
}
public function mouse_down(event:MouseEvent) {
    var p:Plate = Plate(event.target);
    if (isTop(p)) {        //所在原柱子的最顶端
        p.startDrag(true);
    }
}
```

isTop(p:Plate)用于判断被移动的盘子是否是所在原柱子的最顶端,如果是返回 true,否则返回 false,因为游戏中只允许柱子最顶端的盘子能移动。

```
public function isTop(p:Plate):Boolean {
    var top:Plate;
    if (p.oldzhu == "A") {
        top = m_PlatesA[m_PlatesA.length - 1];
    }
    if (p.oldzhu == "B") {
        top = m_PlatesB[m_PlatesB.length - 1];
    }
    if (p.oldzhu == "C") {
        top = m_PlatesC[m_PlatesC.length - 1];
    }
    if (p.y == top.y) {
        return true;
    } else {
        return false;
    }
}
```

deleteFromArray(s:String)用于从原柱的数组中删除被移动的盘子,其参数 s 为被移动盘子所在的柱名。

```
public function deleteFromArray(s:String) {
    if (s == "A") {
```

```
            m_PlatesA.pop();
        }
        if (s == "B") {
            m_PlatesB.pop();
        }
        if (s == "C") {
            m_PlatesC.pop();
        }
    }
```

定义处理鼠标抬起的事件函数 mouse_ up(event:MouseEvent)。

```
public function mouse_ up (event:MouseEvent) {
    var p:Plate = Plate(event.target);
    var t:int;
    p.stopDrag();
    if (p.hitTestObject(zhu1)) {
        //目标柱 A 不允许放置
        if (m_PlatesA.length > 0 &&
          m_PlatesA[m_PlatesA.length-1].type > p.type) {
            trace("目标柱 A 不允许放置");
            //恢复原位置
            p.x = p.oldx;
            p.y = p.oldy;
            return;
        }
        if (p.oldzhu == "A") {
            trace("目标柱 A 是以前的柱子");
            //恢复原位置
            p.x = p.oldx;
            p.y = p.oldy;
            return;
        }
        if (m_PlatesA.length > 0) {
            t = m_PlatesA.length + 1;
        } else {
            t = 1;
        }
        p.x = 140 + 1 * t;
        p.y = 260 - 15 * t;
        //记录位置
        p.oldx = p.x;
        p.oldy = p.y;
        m_PlatesA.push(p);            //将盘子添加到数组 m_PlatesA 中
        //从原柱的数组中删除
        deleteFromArray(p.oldzhu);
        p.oldzhu = "A";
    }
```

```
if (p.hitTestObject(zhu2)) {
    //目标柱 B 不允许放置
    if (m_PlatesB.length > 0 &&
      m_PlatesB[m_PlatesB.length - 1].type > p.type) {
        trace("目标柱 B 不允许放置");
        //恢复原位置
        p.x = p.oldx;
        p.y = p.oldy;
        return;
    }
    if (p.oldzhu == "B") {
        trace("目标柱 B 是以前的柱子");
        //恢复原位置
        p.x = p.oldx;
        p.y = p.oldy;
        return;
    }
    if (m_PlatesB.length > 0) {
        t = m_PlatesB.length + 1;
    } else {
        t = 1;
    }
    p.x = 400 + 1 * t;
    p.y = 260 - 15 * t;
    //记录位置
    p.oldx = p.x;
    p.oldy = p.y;
    m_PlatesB.push(p);                    //将盘子添加到数组 m_PlatesB 中
    //从原柱的数组中删除
    deleteFromArray(p.oldzhu);
    p.oldzhu = "B";
}
if (p.hitTestObject(zhu3)) {
    //目标柱 C 不允许放置
    if (m_PlatesC.length > 0 &&
      m_PlatesC[m_PlatesC.length - 1].type > p.type) {
        trace("目标柱 C 不允许放置");
        //恢复原位置
        p.x = p.oldx;
        p.y = p.oldy;
        return;
    }
    if (p.oldzhu == "C") {
        trace("目标柱 C 是以前的柱子");
        //恢复原位置
        p.x = p.oldx;
        p.y = p.oldy;
```

```
                    return;
                }
                if (m_PlatesC.length > 0) {
                    t = m_PlatesC.length + 1;
                } else {
                    t = 1;
                }
                p.x = 655 + 1 * t;
                p.y = 260 - 15 * t;
                //记录位置
                p.oldx = p.x;
                p.oldy = p.y;
                m_PlatesC.push(p);            //将盘子添加到数组 m_PlatesC 中
                //从原柱的数组中删除
                deleteFromArray(p.oldzhu);
                p.oldzhu = "C";
            }
            isOver();                         //判断是否成功
        }
```

isOver()用于判断游戏是否成功,如果 C 柱上盘子的个数(C 的元素个数)达到设定的盘子数量 T_Score.text,则游戏成功。

```
public function isOver() {
    if (m_PlatesC.length == int(T_Score.text)) {
        trace("游戏成功");
        gotoAndPlay(2);
    }
}
```

具体的汉诺塔游戏的开发由读者自行完成。

7.4 鼠标、键盘和声音的控制

7.4.1 鼠标的控制

利用 hide()和 show()来隐藏和显示 SWF 文件中的鼠标指针,默认情况下,鼠标指针是可见的,但是可以将其隐藏。例如:

```
Mouse.show();
```

在 SWF 动画影片中将隐藏的系统鼠标指针显示出来。

```
my_mc.addEventListener(MouseEvent.MOUSE_OVER,chgMouse);
function chgMouse(me:MouseEvent){
Mouse.hide();
}
```

为对象 my_mc 建立鼠标事件侦听器,当鼠标指针进入对象范围内时(发生 MOUSE_OVER 事件)调用函数 chgMouse。在函数 chgMouse 中使用 hide 方法隐藏系统默认的鼠标指针。

利用 startDrag 制作鼠标效果,配合鼠标对象的隐藏方法,可以制作个性化的鼠标光标替换默认的鼠标指针。

7.4.2 键盘的控制

在第 6 章中学习了键盘事件的处理,任何对象都可以通过设置侦听器来监控键盘操作,与键盘相关的操作事件都属于 KeyboardEvent 类。

对于键盘输入,经常需要获取按钮编码,可以使用以下两个属性:

```
keyboardEvent.charCode;
keyboardEvent.keyCode;
```

第一个属性记录了按下键的字符编号,也就是 ASCII 码。ASCII 码(American Standard Code for Information Interchange,美国标准信息交换码)是目前计算机中使用最广泛的字符集及其编码,已被国际标准化组织(ISO)定为国家标准,每个字符对应一个 ASCII 码,例如空格键对应的是 32,大写的"A"对应的是 65 等。

第二个属性记录了按下键的键控代码值。这两个属性的区别在于,后者检查的是键盘上按下的键,前者检查的是实际输入的字符。例如输入"X"和"x",由于两个字符不同,所以 keyboardEvent.charCode 的结果不同,但是由于它们用的是同一个按键,所以它们的 keyboardEvent.keyCode 结果相同。

功能键也有按键值,但是不便于记忆。例如取消键(Esc 键)的按键值是 27,但是用户不必去记忆,因为 flash.ui.包中的 Keyboard 类有内置的常数来记录按键值,表 7-2 列出了 Keyboard 类中常用的一些常数。

表 7-2　Keyboard 类中常用的常数

常　　数	说　　明
Keyboard.ESCAPE	与 Esc 的键控代码值(27)关联的常数
Keyboard.DOWN	与向下箭头键的键控代码值(40)关联的常数
Keyboard.DELETE	与 Delete 的键控代码值(46)关联的常数
Keyboard.BACKSPACE	与 Backspace 的键控代码值(8)关联的常数
Keyboard.CONTROL	与 Ctrl 的键控代码值(17)关联的常数
Keyboard.END	与 End 的键控代码值(35)关联的常数
Keyboard.ENTER	与 Enter 的键控代码值(13)关联的常数
Keyboard.HOME	与 Home 的键控代码值(36)关联的常数
Keyboard.LEFT	与向左箭头键的键控代码值(37)关联的常数
Keyboard.RIGHT	与向右箭头键的键控代码值(39)关联的常数
Keyboard.SHIFT	与 Shift 的键控代码值(16)关联的常数

165

例如 Keyboard.SHIFT 等于数值 16,因此用户可通过检测 keyCode 是否等于 Keyboard.SHIFT 来发现 Shift 键是否被按下。检查键盘上的 Shift 键是否被按下,代码如下:

```
//侦听"keyDown"事件
   stage.addEventListener(KeyboardEvent.KEY_DOWN,showKey);
   function showKey(event:keyboardEvent){          //定义响应函数"showKey"
   if (event.keyCode == keyboard. SHIFT){          //查看按下的键是不是 Shift 键
       trace("Shift 键被按下了!");                //输出"Shift 键被按下了!"
   }
}
```

按 Ctrl＋Enter 组合键测试影片,可以看到当按下 Shift 键的时候在"输出"面板中显示出"Shift 键被按下了!",而按下其他键时没有任何反应。

7.4.3 课堂案例——控制圆的移动

该例实现获取方向键信息后控制圆移动的功能。代码如下:

```
package {
    import flash.display.Sprite;
    import flash.events.KeyboardEvent;
    import flash.ui.Keyboard;
    public class KeyCodes extends Sprite {
        private var ball:Sprite;
        public function KeyCodes() {
            init();
        }
        private function init():void {
            ball = new Sprite();
            addChild(ball);
            ball.graphics.beginFill(0xff0000);
            ball.graphics.drawCircle(0, 0, 40);
            ball.graphics.endFill();
            ball.x = stage.stageWidth/2;
            ball.y = stage.stageHeight/2;
            stage.addEventListener(KeyboardEvent.KEY_DOWN, onKeyEvent);
        }
        public function onKeyEvent(event:KeyboardEvent):void {
            switch (event.keyCode) {
                case Keyboard.UP:          //上方向键
                    ball.y -= 10;
                    break;
                case Keyboard.DOWN:        //下方向键
                    ball.y += 10;
                    break;
                case Keyboard.LEFT:        //左方向键
                    ball.x -= 10;
                    break;
                case Keyboard.RIGHT:       //右方向键
                    ball.x += 10;
                    break;
                default:
                    break;
            }
        }
    }
}
```

用户需要知道,当在 Flash IDE 环境中测试影片时,Flash IDE 会侦听 Tab 键、功能键和一些指定了快捷键的菜单,这些键不会在测试影片中被接收。用户可以在按 Ctrl+Enter 组合键预览影片的窗口中,通过选择"控制"→"禁用快捷键"命令来解决,这样测试时就能像真正工作在浏览器中一样。

7.4.4 声音的控制

1. 构造声音对象

语法:

```
Sound 对象名称:Sound = new Sound(声音文件);
```

Sound 类为 Media 组件中的类,Sound 类可以控制影片中的声音,在调用 Sound 类的方法之前,必须使用构造函数 new Sound 建立 Sound 对象,其中声音文件为 URLRequest 类型的参数,必须使用 URLRequest 类对象转换字符串成为加载文件存储器的目标路径。

例如:

```
my_sound:Sound = new Sound(new URLRequest("test.mp3"));
```

构造"my_sound"声音对象并加载外部声音文件 test.mp3。

其他声音控制属性属于 Media 组件的特定类,主要是 SoundChannel 和 SoundTransform 这两个类,用于控制向计算机喇叭输出声音的音量等属性,在使用前也必须先构造。例如:

```
my_soundChannel:SoundChannel = new SoundChannel();
```

构造一个"my_soundChannel"SoundChannel 对象。

```
my_soundTransform:SoundTransform = new SoundTransform();
```

构造一个"my_soundTransforml"SoundTransform 对象。

2. 加载声音文件

语法:

```
Sound 对象名称.load(声音文件);
```

load 方法可以将指定的声音文件加载到 Sound 对象中,load 方法针对的是外部的声音文件,所以必须使用 URLRequest 类对象转换文件来源字符串成为加载文件的目标路径。例如:

```
my_sound.load(new URLRequest("test.mp3"));
```

将声音文件"test.mp3"加载到"my_sound"对象中,声音文件"test.mp3"与 SWF 文件所在的位置相同(相同路径下)。

```
my_sound.load(new URLRequest ("http://www.xyz.com/test.mp3"));
```

将声音文件 test.mp3 加载到 my_sound 对象中,声音文件 test.mp3 与 SWF 文件所在的位置不同,位于 Internet 网络中。如果要取得加载的声音文件的相关信息,例如声音文件的播放时间长度(length 属性),必须在声音对象加载完成且没有错误发生时才能取得,也就是声音对象的 complete 事件被触发之后。如果声音文件已经位于 SWF 文件的库中,同时在"声音属性"对话框中已经设定成导出,此时只要以构造对象的方式就可以对该声音文件进行控制,并不需要使用 load 方法。

3. 声音文件的播放与关闭

语法:

```
Sound 对象名称.play(开始播放时间位置,重复播放次数,SoundTransform 对象);
Sound 对象名称.close( );
```

当使用 load 方法让声音对象完成加载声音文件且没有错误发生时,可调用 play 方法开始播放声音文件,调用 play 方法但没有给定任何参数时,声音文件将从头开始播放 1 次,调用 play 方法也可以给定参数指定从何处开始播放以及播放的次数。调用 play 方法后会返回一个 SoundChannel 对象,提供其他可以对声音文件进行的控制方法或属性设置,调用 close 方法会关闭音频数据流,所有已加载的数据将全部清除,此时声音对象将成为一个空对象。例如:

```
my_sound.close();
```

关闭音频数据流,清除所有已加载的数据。

4. 取得声音已播放的时间

语法:

```
SoundChannel 对象.position;
Sound 对象名称.length
```

position 属性值为声音已播放的时间,属性值的单位为毫秒。当声音被回放时,position 属性值会在每次回放的开头被重设为 0。如果要得知声音的可播放长度(声音的持续时间),可通过 Sound 声音对象的 length 属性。

```
NT = Math.floor(my_soundchannel.position/100)/10;
```

取得声音已播放的时间换算成含一位小数的秒数并存入变量 NT,my_soundChannel 为一个 SoundChannel 对象。

```
NT = Math.floor(my_channel.position/1000);
myM = Math.floor(NT / 60);
myS = Math.floor(NT % 60);
trace("声音已播放: " + myM + "分" + myS + "秒";)
```

取得声音已播放的时间换算成分、秒并显示。

```
NT = Math.floor(my_sound.length/1000);
```

取得声音可播放的总时间换算成秒数并存入变量 NL,my_sound 为一个 Sound 对象。

5. 设置/取得左右声音的声音变化(平衡)

语法:

```
SoundTransform 对象.leftToLeft
SoundTransform 对象.leftToRight
```

```
SoundTransform 对象.rightToLeft
SoundTransform 对象.rightToRight
```

leftToLeft 属性是设置或取得左声道输出分配多少给左边的喇叭,leftToRight 属性是设置或取得左声道输出分配多少给右边的喇叭,rightToLeft 属性是设置或取得右声道输出分配多少给左边的喇叭,rightToRight 属性是设置或取得右声道输出分配多少给右边的喇叭,这 4 个属性适用于控制"立体声"的左右声道,属性值都介于 0 到 1 之间。例如:

```
mySoundTransform.leftToLeft = 0;
```

设置左声道分配 0 输出给左边的喇叭。

```
myOut = mySoundTransform. leftToRight;
```

取得左声道分配给右边喇叭的输出值并存入变量 myOut。

6. 设置/取得播放声音文件的音量

语法:

```
SoundTransform 对象.volume
```

volume 属性用于设置或取得播放文件的音量,其属性值代表音量准位的数字(由 0 到 1),1 是最大音量,0 是静音。

```
myNum = mySoundTransform.volume;
```

取得目前播放声音文件的音量值并存入变量 myNum。

```
mySoundTransform. volume = 1;
```

设置目前播放声音文件的音量值为 1(最大音量)。

7. 设置/取得左右声道的音量平衡

语法:

```
SoundTransform 对象.pan
```

pan 属性控制了 SWF 文件当前和之后的声音的左右平衡,它决定声音在左右声道(喇叭)的播放方式或是哪一个喇叭(左或右)要播放声音,主要适用于单声道。其属性值用于指定声音左右平衡,有效范围介于 -1 到 1 之间,其中,-1 表示只使用左声道,1 表示只使用右声道,0 表示平衡两个声道间的声音。

```
myNum = mySoundTransform.pan;
```

取得目前播放声音文件的音量平衡值并存入变量 myNum。

```
mySoundTransform.pan = 1;
```

设置目前播放声音文件只有右声道有声音。

```
mySoundTransform.pan = myNum;
```

设置目前播放声音文件的左右声道平衡由变量 myNum 的值来决定。

7.5　Flash 的文本交互

Flash 的"交互"实际上是指人和程序之间的数据输入和输出过程,输入的内容可以是触发事件,例如鼠标单击按钮,也可以是各种数据,例如输入字符串、数字等,这就需要用到"输入文本",而输出的数据可以使用"动态文本"进行显示。下面学习动态文本与输入文本的相关知识。

7.5.1　文本类型

通过 Flash CS6 提供的"文本工具",制作者可以方便地输入相应的文字。输入文字后,还可以通过"属性"面板对其内容和样式进行编辑和设置。Flash 文本共有下面 3 种类型:

1. 动态文本

所谓"动态文本",指其中的文字内容可以被后台程序更新的文本对象。文本可以在动画播放过程中根据用户的动作或当前的数据改变。动态文本可以用于显示一些经常变化的信息,例如比赛分数、股市行情和天气预报等。在"属性"面板中设置参数如图 7-7 所示。此种文本类型使用 TextFiled 类来管理,动态文本的内容可以使用脚本语言利用 TextField 类的 text 属性来实现。

2. 输入文本

所谓"输入文本",指可以在其中由用户输入文字并提交的文本对象。"输入文本"对象的作用与 HTML 网页中的文本域表单的作用一样。不过在 HTML 中,数据的输入和提交是在 Web 页面上完成的,而在 Flash 中,数据的输入和提交可以在动画中完成。

图 7-7　设置为动态文本

输入文本也可以通过 TextField 类的实例来访问。

注意:"动态文本"主要用于显示变化的文本,"输入文本"主要用于接受用户输入的文本,这两种文本对象的目的是不同的。

3. 静态文本

静态文本是一些不会改变的文字。此种文本类型只能通过 Flash 创作工具来创建,不能使用 ActionScript 3.0 创建静态文本实例。此类型文本广泛用于 Flash 创作,用于在 Flash 中显示不变的文本。这些文字在发布为 SWF 格式文件后显示出来的文字不再改变,并且不能够再更改。

下面着重学习动态文本与输入文本的使用。

7.5.2　文本实例名称

用户可以将动态文本与输入文本看成是特殊的元件,在舞台上创建出来的每个动态文本都是元件的实例。正如"人"是一类元件,那么"孔子"、"李世民"、"林则徐"都是元件的实例。如果要和某个人联系,就必须先确定名称。动态文本和输入文本一样,如果希望控制它的完整属性,那么就必须设置它的名称。

在舞台上创建一个动态文本或输入文本,然后选中该文本,在"属性"面板中输入实例名称"my_txt",其中,后缀"_txt"可以触发文本类的相关代码提示。

选中主时间轴中的第 1 帧,然后选择菜单栏中的"窗口"→"动作"命令,打开"动作"面板,输入"my_txt."(注意后面有点号"."),即可触发提示代码列表。在其中可以选择文本类的相关属性和动作,例如添加以下代码:

```
my_txt.text = "I'm a text!";
my_txt.textColor = 0x6600ff;
my_txt.alpha = 0.9;
my_txt.scaleX = 1;
my_txt.scaleY = 1.5;
```

7.5.3　课堂案例——小学生算术游戏

计算机连续地随机给出两位数的加减法算术题,要求学生回答,答对的打"√",答错的打"×"。将做过的题目存放在多行文本框中备查,并随时给出答题的正确率,运行界面如图 7-8 所示。

(1) 打开 Flash CS6 软件,然后选择"文件"→"新建"命令,系统将打开"新建文档"对话框,在该对话框中选择 ActionScript 3.0 选项。

(2) 选择"修改"→"文档"命令,打开"文档设置"对话框,设置场景的尺寸为 300 像素×450 像素,然后单击"确定"按钮。

接着选择"窗口"→"属性"命令,打开"属性"面板(如图 7-9 所示),在其中设置文档类为 SuanShu。

图 7-8　算术游戏界面

图 7-9　设置 Flash 文件文档类及相关属性

（3）在工具箱中选择"文本工具"，在场景舞台上添加两个文本，并在"属性"面板中将文本设置为"动态文本"，然后将实例分别命名为 ti_mu 和 all_mu，其中，ti_mu 用来显示题目，all_mu 是多行文本用来显示做过题目的对错。

图 7-10　按钮"库"面板

在场景舞台上再添加一个文本，并在"属性"面板中将文本设置为"输入文本"，然后将实例命名为 input_txt，用来输入玩家的答案。

（4）选择"窗口"→"公用库"→Buttons 命令，打开按钮"库"面板（如图 7-10 所示），从中选取 bar blue 按钮拖动到舞台上。然后双击舞台上的 bar blue 按钮元件实例，进入元件编辑状态，选中此元件的"text"层，修改文字为"下一题目"。

（5）单击"场景 1"从元件编辑状态回到舞台，然后选中"下一题目"元件，在"属性"面板中将实例名改为"next_btn"。

（6）选择"文件"→"新建"命令，系统将打开"新建文档"对话框，在该对话框中选择"ActionScript 3.0 类"选项，这样在 Flash 中会新建一个 ActionScript 类文件，将其保存为 SuanShu.as，并保存到刚刚创建的 Flash 文件所在的文件夹中。SuanShu 类的具体代码如下：

```
package {
    import flash.text.TextField;
    import flash.display.*;
    import flash.events.*;
    public class SuanShu extends MovieClip {
        private var arr:Array = new Array();
        private var arr2:Array = new Array();
        private var m1:Number;
        private var m2:Number;
        private var m:uint = 90;
        private var op:uint;
        private var ans:Number;
        public function SuanShu():void {
            chu_ti();                    //出题
            next_btn.addEventListener(MouseEvent.CLICK,clickNext);
        }
```

由于需要产生多道题目，所以使用一个函数 chu_ti() 完成出题功能。每道题用 Math. random()＊m＋10 产生范围在 10～99 的两个随机整数作为操作数，同时加减运算也是随机的，用随机数方法 Math.random()＊2 返回一个 0～1 的整数，1 代表加法、0 代表减法。若为减法，应将大数作为被减数。

```
public function chu_ti() {
    var n1:uint;
    var n2:uint;
    n1 = Math.random() * m + 10;
```

```
n2 = Math. random( ) * m + 10;
op = Math. random( ) * 2;
m1 = n1;
m2 = n2;
if(op == 1){                    //1 代表加法
    ti_mu. text = String(m1) + " + " + String(m2) + " = ";
    ans = m1 + m2;
}
else{                          //0 代表减法
    if(m1 >= m2){              //若为减法,应将大数作为被减数
        ti_mu. text = String(m1) + " - " + String(m2) + " = ";
        ans = m1 - m2;
    }
    else{
        ti_mu. text = String(m2) + " - " + String(m1) + " = ";
        ans = m2 - m1;
    }
}
}
```

判断正误是在小学生输入答案并单击"下一题目"按钮后进行的,因此相关的代码应放在"下一题目"按钮的单击事件中完成的按键事件 clickNext()中完成。

```
public function clickNext(event:MouseEvent) {
    //处理本题是否答对
    if( int(input_txt. text) == ans)
        //all_mu. appendText(ti_mu. text + input_txt. text + "√" + "\n");
        all_mu. text = ti_mu. text + input_txt. text + "√" + "\n" + all_mu. text;
    else
        all_mu. text = ti_mu. text + input_txt. text + " × " +
                    "正确为" + String(ans) + "\n" + all_mu. text;
    chu_ti();        //出下一题
    input_txt. text = "";
}
```

(7) 按 Ctrl＋Enter 组合键测试并预览动画效果。

说明: 这段代码还用到了 Flash 内建的数学类 Math 的一个静态方法——random(),它的作用是生成一个 0～1 的随机小数。Math 是 Flash 内嵌的数学计算辅助类,开发游戏经常要和这个类打交道。它是一个静态类,包含一些静态函数和静态属性,以提供常用的数学方法和数学常数,在程序的任何地方都可以调用这些成员。

例如表示圆周率 π 的常数为 Math. PI。下面这行代码用于计算面积为 area 的圆的半径:

```
r = Math. sqrt(area/Math. PI);
```

Math 还包含了一些数学函数,在游戏编程中会经常用到这些函数,表 7-3 列出了 Math 类的部分数学函数。

表 7-3　Math 类的数学函数

函　　数	说　　明
abs(x)	返回由参数 x 指定的数字的绝对值
acos(x)	返回由参数 x 指定的数字的反余弦值
asin(x)	返回由参数 x 指定的数字的反正弦值
atan(tangent)	返回角度值，该角度的正切值已由参数 tangent 指定
cos(x)	返回指定角度的余弦值
exp(x)	返回自然对数的底的 x 次幂的值
log(x)	返回参数 x 的自然对数
pow(x, y)	计算并返回 x 的 y 次幂
random()	返回一个伪随机数 n，其中，$0<=n<1$
round(x)	将参数 x 的值向上或向下舍入为最接近的整数并返回该值
sin(x)	以弧度为单位计算并返回指定角度的正弦值
sqrt(x)	计算并返回指定数字的平方根
tan(x)	计算并返回指定角度的正切值

注：上表中的所有三角函数和反三角函数均以弧度制为单位。对于 Math 类的所有常数和方法，用户可参看脚本提示，或者查看 Flash 的帮助文件。

7.5.4　课堂案例——倒计时程序

该游戏默认玩 10 秒钟，每 1 秒钟刷新一次剩余时间，其运行界面如图 7-11 所示。

图 7-11　倒计时程序

（1）打开 Flash CS6 软件，然后选择"文件"→"新建"命令，系统将打开"新建文档"对话框，在该对话框中选择 ActionScript 3.0 选项。

（2）在工具箱中选择"文本工具"，在场景舞台上添加一个文本，并在"属性"面板中将文本设置为"动态文本"，然后将实例命名为 hint_txt（用于显示剩余时间）。

（3）选中主时间轴中的第 1 帧，选择"窗口"→"动作"命令，打开"动作"面板，输入以下代码：

```
var tempcount:int = 0;                          //临时计数变量
var totaltime:int = 10;                         //游戏默认玩 10 秒钟
var gameTimer:Timer = new Timer(1000);          //1 秒钟刷新一次
gameTimer.addEventListener(TimerEvent.TIMER,gameTimerHandler);
gameTimer.start();                              //启动定时器
function gameTimerHandler(event:TimerEvent){
```

```
        tempcount++;
        if(tempcount > totaltime − 1){
            hint_txt.text = "游戏时间已经结束!";
            tempcount = 0;
            gameTimer.stop();
        }else{
            hint_txt.text = "游戏时间剩余: " + (totaltime − tempcount) + " 秒";
        }
    }
```

下面制作具有动画效果的倒计时。这里先制作一个倒计时的影片剪辑,这个影片剪辑的长度为 50 帧,用形状补间动画把里面的填充色块逐帧扩大。

(1)选择"插入"→"新建元件"命令,在"创建新元件"对话框中输入元件名称(倒计时条),元件类型选择"影片剪辑"单选按钮,然后单击"确定"按钮。在图层 1 的第 1 帧上用"矩形工具"画一个矩形,宽 300 像素、高 20 像素,边框为绿色,填充色为红色,并调整其左边缘对齐舞台的中心点,如图 7-12 所示。

图 7-12　倒计时程序

(2)用"选择工具"选中中间的填充色块(红色部分),按 Ctrl+X 组合键剪切矩形填充色块。然后选中图层 2 的第 1 帧,选择"编辑"→"粘贴到当前位置"命令。

(3)在图层 2 的第 50 帧插入关键帧,把色块宽度调整为 1 像素(可以在"属性"面板中修改数据来缩小色块的宽度),右击图层 2 第 1 帧,在弹出的快捷菜单中选择"补间形状动画"。在图层 1 的第 50 帧按 F5 键插入普通帧,按 F9 键打开"动作"面板添加以下代码:

```
stop();
```

(4)选择"文件"→"新建"命令,系统将打开"新建文档"对话框,在其中选择"ActionScript 3.0 类"选项,这样在 Flash 中会新建一个 ActionScript 文件,将其命名为 main. as,输入下面的代码,并保存到创建的 Flash 文件所在的文件夹中。

```
package {
    import flash.text.TextField;
```

```
import flash.display. * ;
import flash.events. * ;
import flash.utils.Timer;
public class main extends MovieClip {
    var tempcount:int = 0;                        //临时计数变量
    var totaltime:int = 50;                       //游戏默认玩 50 秒钟
    var gameTimer:Timer = new Timer(1000,50);     //1 秒钟一次,重复 50 次
    //构造函数
    public function main() {
        hint_txt.text = "剩余: " + (totaltime - tempcount) + " 秒";
        gameTimer.addEventListener(TimerEvent.TIMER,gameTimerHandler);
        gameTimer.addEventListener(TimerEvent.TIMER_COMPLETE,COMPLETEHandler);
        gameTimer.start();                        //启动定时器
    }
    function gameTimerHandler(event:TimerEvent) {
        tempcount++;
        clock_mc.gotoAndStop(tempcount);
        hint_txt.text = "剩余: " + (totaltime - tempcount) + " 秒";
    }
    function COMPLETEHandler(event:TimerEvent) {
        hint_txt.text = "游戏时间已经结束!";
        gameTimer.removeEventListener(TimerEvent.TIMER_COMPLETE,COMPLETEHandler);
        gameTimer.removeEventListener(TimerEvent.TIMER,gameTimerHandler);
    }
}
}
```

(5) 选择"文件"→"新建"命令,系统将打开"新建文档"对话框,在其中选择 ActionScript 3.0 选项创建 Flash 文件。然后在创建的 Flash 文件中加入"倒计时条"影片剪辑,实例名为 clock_mc。在工具箱中选择"文本工具",在场景舞台上添加一个文本,并在"属性"面板中将文本设置为"动态文本",然后将实例命名为 hint_txt(用于显示剩余时间)。

(6) 按 Ctrl+Enter 组合键测试并预览动画效果,如图 7-13 所示。

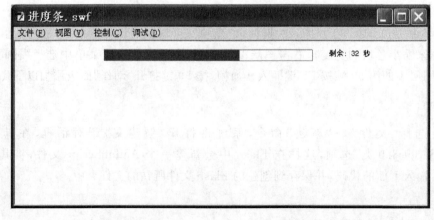

图 7-13　倒计时条效果图

7.6　数组的使用

数组（Array）类在 ActionScript 3.0 中是顶级类，直接继承自 Object 类。利用数组的容器功能，可以在其中储存大量的数据。

数组是游戏程序中频繁使用的一种数据类型，数组可以有效地管理具有相同类型的数据，可以缩短和简化程序。数组按照功能可以分为简单的索引数组和复杂的关联数组两种类型。数组按照维数不同，可以分为一维数组和多维数组。数组中存储的数据没有类型限制，无论是数组、字符串还是对象，都可以存储到数组中。

数组一般分为两类，即索引数组和关联数组。

（1）索引数组：数组中的每个元素都存储在指定编号的位置中，这个位置称为该数组的索引。数组的元素都用唯一的整数下标来索引，该索引的起始值为 0，每个元素保存在索引指定的位置。多维数组也可以通过索引来访问数组，也是索引数组。

（2）关联数组：数组中的每个元素都有对应的键值，此键值为唯一的字符串，作为数组元素的索引。关联数组是 Object 类的实例，每个键值都与一个属性名称对应。关联数组就是键和值对的无序集合，用字符串关键字作为每个元素的索引。

创建数组有两种构造函数：

```
var array:Array = new Array(3);                    //创建数组时指定数组长度
var array:Array = new Array(element0,…,elementN);  //创建数组时加入多个元素
```

直接用数组符号也可以创建一个数组，这是很简洁的方式：

```
var letters:Array = ["a", "b", "c"];
```

访问数组的元素则使用下标运算符"[]"来读取和设置内容，下标从 0 开始编号。例如：

```
letters[1] = "apples";      //下标从 0 开始编写，所以设置第 2 个元素为"apples"
trace(letters);             //显示数组内容为 a, apples, c
```

ActionScript 并不关心数组中储存的是什么类型的数据，可以是字符串、数字、布尔值和引用类型，而且不像其他语言，同一个数组可以储存不同类型的数据，例如：

```
var data:Array = ["a", 2, true, new Object()];
```

Array 类提供了一些方法修改数组内容或者返回新的数组，下面学习一些 Array 类提供的常用方法。

7.6.1　为数组新增元素

在 ActionScript 3.0 中，能够给数组新增元素的方法有 3 种，分别为 push()、unshift() 和 splice() 方法。对于这 3 种向数组添加新元素的方法，push() 方法用于向数组尾部添加新元素，unshift() 方法用于向数组的头部添加新元素，splice() 方法用于向数组中的指定位置添加新元素。

1. 向数组尾部添加新元素

push() 方法用于向数组尾部添加新元素。push() 方法的返回值是增加元素后的数组

长度。push()方法常用的用法如下：

```
数组.push(元素);
数组.push(元素 1,元素 2,元素 3,…,元素 n);
```

例如：

```
var bookList:Array = ["Book I","Book II","Book III"];
trace(bookList.push("A"));              //数组尾部加入 A,并用 trace 输出 push 方法的返回值
trace(bookList.push("B", "C", "D"));    //可以同时加入多个元素
trace(bookList);
```

输出结果如下：

```
4
7
Book I,Book II,Book III,A,B,C,D
```

2. 向数组头部添加新元素

unshift()方法用于向数组的头部添加新元素,常用用法如下：

```
数组.unshift(元素);
数组.unshift(元素 1,元素 2,元素 3,…,元素 n);
```

例如：

```
var bookList:Array = ["Book I","Book II","Book III"];
trace(bookList.unshift("1"));             //数组头部加入 1,并且输出 unshift 方法的返回值
trace(bookList.unshift("2","3","4"));  //可以同时加入多个元素
trace(bookList);
```

输出结果如下：

```
4
7
2,3,4,1,Book I,Book II,Book III
```

3. 向数组中的指定位置添加新元素

splice()方法用于向数组中的指定位置添加新元素。splice 的意思是拼接,指把两个东西通过某种方法连接起来。splice 方法需要用户删除数组中的某些元素,然后插入另一些元素。splice 方法需要两个必需的参数,一是开始索引(插入元素和删除元素开始的地方),二是删除的数量(如果是 0 则表示只插入不删除)。这是两个必需的参数,另外还可以加入任何数量的可选参数(这些参数都是从开始索引地方加入的元素)。splice()方法会返回删除的元素。

例如：

```
var shan:Array = ["恒山", "泰山", "衡水", "嵩山", "华山"];
trace(shan);                        //恒山,泰山,衡水,嵩山,华山
var xiugai:Array = shan.splice(2, 1, "衡山");
trace(shan);                        //恒山,泰山,衡山,嵩山,华山
trace(xiugai);                      //衡水
```

7.6.2　删除数组中的元素

在 ActionScript 3.0 中,能够删除数组中元素的方法也有 3 种,分别为 pop()、shift()和 splice()方法。pop()方法用于删除数组的最后一个元素,shift()方法用于删除数组中的第一个元素,splice()方法用于删除数组中指定位置的一个或多个元素。

例如:

```
var myArray:Array = new Array();
myArray.push(1);
trace(myArray);                  //在"输出"面板中显示 1
myArray.push(2);                 //数组有 1 和 2 两个元素
trace(myArray.pop());            //pop()方法删除最后一个元素,在"输出"面板中显示 2
trace(myArray);                  //数组仅有一个元素 1,所以在"输出"面板中显示 1
```

7.6.3　数组的排序

ActionScript 3.0 的数组排序方法共有 3 种,分别为 reverse()、sort()和 sortOn()方法。reverse()方法用于实现数组的翻转,sort()方法实现数组按指定方式排序,sortOn()方法则实现按数组指定属性进行排序。

1. reverse()方法

reverse()方法不带参数,也不返回值,但可以将数组从当前顺序切换为相反顺序。以下示例颠倒了 oceans 数组中列出的四大洋顺序:

```
var oceans:Array = ["Arctic", "Atlantic", "Indian", "Pacific"];
oceans.reverse();
trace(oceans);                   //输出: Pacific,Indian,Atlantic,Arctic
```

2. sort()方法

sort()方法按照"默认排序顺序"重新安排数组中的元素。默认排序顺序具有以下特征:

- 排序区分大小写,也就是说,大写字符优先于小写字符。例如,字母 D 优先于字母 b。
- 排序按照升序进行,也就是说,低位字符代码(例如 A)优先于高位字符代码(例如 B)。
- 排序将相同的值互邻放置,并且不区分顺序。
- 排序基于字符串,也就是说,在比较元素之前应先将其转换为字符串(例如,10 优先于 3,因为相对于字符串"3"而言,字符串"1"具有低位字符代码)。

用户也许不需要区分大小写或者按照降序对数组进行排序,或者用户的数组中包含数字,从而需要按照数字顺序而非字母顺序进行排序。sort()方法具有 options 参数,可以通过该参数改变默认排序顺序的各个特征。options 是由 Array 类中的一组静态常量定义的,如下所述。

- Array.CASEINSENSITIVE:此选项可使排序不区分大小写。例如,小写字母 b 优先于大写字母 D。

- Array. DESCENDING：用于颠倒默认的升序排序。例如，字母 B 优先于字母 A。
- Array. UNIQUESORT：如果发现两个相同的值，此选项将导致排序中止。
- Array. NUMERIC：这会导致排序按照数字顺序进行，例如，3 优先于 10。

以下示例重点说明了一些选项，首先创建一个名为 poets 的数组，并使用几种不同的选项对其进行排序。

```
var poets:Array = ["Blake", "Cummings", "Angelou", "Dante"];
poets.sort();                          //默认排序
trace(poets);                          //输出：Angelou,Blake,Dante,Cummings
poets.sort(Array.CASEINSENSITIVE);
trace(poets);                          //输出：Angelou,Blake,Cummings,Dante
poets.sort(Array.DESCENDING);
trace(poets);                          //输出：Cummings,Dante,Blake,Angelou
poets.sort(Array.DESCENDING | Array.CASEINSENSITIVE);     //使用两个选项
trace(poets);                          //输出：Dante,Cummings,Blake,Angelou
```

3. sortOn()方法

sortOn()方法是为具有包含对象元素的索引数组设计的，这些对象应至少具有一个可用作排序键的公共属性。如果将 sortOn()方法用于任何其他类型的数组，则会产生意外的结果。以下示例修改 poets 数组，以使每个元素均为对象而非字符串，每个对象既包含诗人的姓又包含诗人的出生年份。

```
var poets:Array = new Array();
poets.push({name:"Angelou", born:"1928"});
poets.push({name:"Blake", born:"1757"});
poets.push({name:"Cummings", born:"1894"});
poets.push({name:"Dante", born:"1265"});
poets.push({name:"Wang", born:"701"});
```

用户可以使用 sortOn()方法，按照 born 属性对数组进行排序。sortOn()方法定义了 fieldName 和 options 两个参数，必须将 fieldName 参数指定为字符串。在以下示例中，使用两个参数"born"和 Array. NUMERIC 来调用 sortOn()。Array. NUMERIC 参数用于确保按照数字顺序进行排序，而不是按照字母顺序。

```
poets.sortOn("born", Array.NUMERIC);
for (var i:int = 0; i < poets.length; ++i)
{
    trace(poets[i].name, poets[i].born);
}
```

输出：

```
Wang 701
Dante 1265
Blake 1757
cummings 1894
Angelou 1928
```

7.6.4 从数组中获取元素

如果要从数组中查找指定的元素位置(索引值),可以使用 indexof()方法和 lastIndexof() 方法来实现,也可以使用 for 循环语句、if 条件语句和 break 跳出语句自定义方法来实现。从数组中获取元素是利用 slice()方法获取指定索引后的全部或一部分元素,并组成新的数组。

1. indexOf()方法

indexOf()方法的执行结果返回要检索的数组元素的索引值。其语法格式如下:

数组名.indexOf(被检索的数组元素,开始位置)

其中,开始执行搜索的索引值在默认状态下是从头搜索。indexOf()的返回值是一个整数,在检索到的情况下返回索引值,检索不到时返回-1。

2. lastIndexOf()方法

lastIndexOf()方法和 indexOf()方法基本相同,不过它执行的是从后向前的搜索。

3. concat()方法

concat()方法将新数组和元素列表作为参数,并将其与现有数组结合起来创建新数组。

4. slice()方法

slice()方法从原数组中获取一定范围内的元素并组成新数组返回,此过程并不修改原数组中的元素。其语法格式如下:

数组名.slice(开始位置,结束位置)

slice()方法具有 startIndex 和 endIndex 两个参数,并返回一个新数组,它包含从现有数组分离出来的元素副本。分离从 startIndex 处的元素开始,到 endIndex 处的前一个元素结束。值得强调的是,endIndex 处的元素不包括在返回值中。以下示例通过 concat()和 slice()方法使用其他数组的元素创建一个新数组:

```
var array1:Array = ["alpha", "beta"];
var array2:Array = array1.concat("gamma", "delta");
trace(array2);                    //输出：alpha,beta,gamma,delta
var array3:Array = array1.concat(array2);
trace(array3);                    //输出：alpha,beta,alpha,beta,gamma,delta
var array4:Array = array3.slice(2,5);
trace(array4);                    //输出：alpha,beta,gamma
```

7.6.5 把数组转换为字符串

对于把数组转换为字符串,ActionScript 3.0 提供了两种方法,分别为 toString()方法和 join()方法。toString()方法是将数组中的元素使用逗号连接起来,转换为字符串;join()方法的实质是将数组中的元素使用指定的字符将数组连接起来,连接的字符可以任意设置。

1. toString()方法

toString()方法把数组转换为字符串。其语法格式如下:

数组名.toString()

2. join()方法

join()方法同样可以将数组中的元素转换为字符串。其语法格式如下：

数组名.join(分隔符号)

以下示例创建名为 rivers 的数组，并调用 join()和 toString()以便按字符串形式返回数组中的值。toString()方法用于返回以逗号分隔的值；而 join()方法用于返回以"＋"号分隔的值。

```
var rivers:Array = ["Nile", "Amazon", "Yangtze", "Mississippi"];
var riverCSV:String = rivers.toString();
trace(riverCSV);                        //输出: Nile,Amazon,Yangtze,Mississippi
var riverPSV:String = rivers.join(" + ");
trace(riverPSV);                        //输出: Nile + Amazon + Yangtze + Mississippi
```

7.6.6 多维数组

在 ActionScript 3.0 中，并没有提供一个直接创建多维数组的方法。如果要使用多维数组，通常利用数组嵌套方法来实现，常用的方法如下：

```
//创建一个空的数组
var arr:Array = new Array();
//数组的元素是数组
arr[0] = new Array(1,2,3);              //创建一个有 3 个元素的数组,元素值分别为 1、2、3
arr[1] = new Array(4,5,6);
arr[2] = new Array(7,8,9);
for (var i:int = 0; i < arr.length; i++) {
    for (var j:int = 0; j < arr[i].length; j++) {
        trace("位置为[" + i + "][" + j + "]的值为" + arr[i][j]);
    }
}
```

对于二维数组 arr，可以使用索引位置进行访问，其语法格式如下：

数组名[水平索引][垂直索引]

例如建立一个 4×6 的二维数组，每个数组元素保存一个 0～10 的随机整数，然后输出这个数组。

新建 Flash 文档，输入以下代码：

```
var myArray:Array = new Array(4);       //定义一维数组
for (var i = 0; i < 4; i++) {
    //一维数组的每个元素为一个新的一维数组
    myArray[i] = new Array(6);
    for (var j = 0; j < 6; j++) {
        //给数组元素随机赋值
        myArray[i][j] = int(Math.random() * 10);
    }
    //输出一维数组 myArray[i]
    trace(myArray[i]);
}
```

这里声明了一个 Array 类型的变量 myArray，并用 new 关键字创建这个 Array 对象的实例，初始化其长度为 4。Array 是一个用来表示一维数组的数据类型，它可以存储任意类型的数据或对象。

假设数组元素存储的是另一个数组，那么就构成了二维数组，以此类推。多维数组的访问采用多个下标运算符即可。

习题

1. ActionScript 3.0 选择结构有哪 3 个可用来控制程序流的基本条件语句？
2. 在 Flash ActionScript 3.0 中有哪 3 种循环语句？
3. 坐标中心点与变形中心点有什么区别？
4. 影片剪辑元件时间轴的控制有哪些？与主时间轴的控制基本一致吗？
5. 设计蝴蝶飞舞的影片剪辑元件，在舞台上加入按钮元件，在时间轴上加入 ActionScript 3.0 脚本，监听按钮元件单击事件，实现每次单击按钮复制一个蝴蝶飞舞的影片剪辑元件到舞台上。
6. 设计一个获取方向键信息后控制坦克移动的游戏，注意坦克不能移出舞台区域，并在按空格键时发出"发射炮弹"的声音。

面向对象的编程,其英文是"Object-Oriented Programming",简写为 OOP。它以对象为基本单元进行代码划分,组织程序代码。ActionScript 3.0(AS3)是一个完全标准的面向对象编程语言。面向对象编程在 Flash 5 中已经开始支持,可惜语法不是业界传统的编程语言格式,现在 ActionScript 3.0 的推出基本解决了 ActionScript 2.0(AS2)中存在的问题,而且相对于其他的 OOP 语言而言,其更简单易学。

8.1 对象和类

面向对象编程中最重要、最难以理解的概念就是"对象",对象指具有某种特定功能的程序代码。

对象(Object)具体可以指一件事、一个实体、一个名词、一个具有自己的特定标识的东西,例如汽车、人、房子、桌子、植物、支票、雨衣等都是对象。对象是一种客观存在,可能有时你觉得虚无缥缈,但是它却的的确确存在着。

任何一个对象都有其属性。以人为例,人有身高、体重、性别、血型、年龄等,这些都反映了人作为一个社会存在所共有的特性。把这些特性反映到编程语言中,这些特性就是属性,用来反映某一个对象的共有特点。

类(Class)就是一群对象所共有的特性和行为,类用来存储对象的数据类型及对象可表现的行为信息。如果要在应用程序开发中使用对象,就必须准备好一个类,这个过程就好像制作一个元件并把它放到库中一样,随时可以拿出来使用。用这个元件可以在舞台上创建很多的实例。与元件和实例的关系相同,类是一个模板,而对象(如同实例)是类的一个具体表现形式。

8.1.1 创建自定义的类

定义类的基本格式如下:

```
package 包路径
{
    访问关键字 class 类名
    {   var 属性名;
        function 方法名()
        {
        }
    }
}
```

下面来看一个类的例子：

```
package {
    public class MyClass {
        public var myProperty:Number = 100;
        public function myMethod() {
            trace("I am here");
        }
    }
}
```

从本例中可以看到，package 这个关键字和一对大括号是必须有的，可以理解为默认包，紧随其后的就是类的定义。这个类的名字为 MyClass，后面跟一对大括号。在这个类中有两个要素，一个是名为 myProperty 的属性（变量），另一个是名为 myMethod 的方法（函数）。

1. 包路径

用 package 关键字定义文件所在的包路径，如果 package 后面没有包路径的声明，默认路径就是类文件所在的文件夹。

包主要用于组织管理类。包是根据类所在的目录路径构成的，包名所指的是一个真正存在的文件夹，用"."进行分隔。例如有一个名为 Utils 的类，存在于文件夹"com\friendsofed\makingthingsmove\"中（使用文件夹作为包名是一个不成文的规定，目的是保证包名是唯一的），这个类就被写成 com. friendsofed. makingthingsmove. Utils。

在 ActionScript 2.0 中，使用整个包名来创建一个类，例如：

```
class com. friendsofed. makingthingsmove. Utils {
}
```

在 ActionScript 3.0 中，包名写在包的声明处，类名写类的声明处，例如：

```
package com. friendsofed. makingthingsmove{
    public class Utils {
    }
}
```

2. Class 类名

在 package 大括号内必须定义一个 class，类的名称必须与 ActionScript 文件名相同。ActionScript 3.0 中的类拥有访问关键字，访问关键字是指一个用来指定其他代码是否可访问该代码的关键字。public（公有类）关键字指该类可被外部任何类的代码访问。本书中所有示例的类都是 public 的。在深入学习了 ActionScript 3.0 之后，读者会发现不是所有类都是公有的，这些内容超出了本书的讨论范围。

3. 属性

在编程语言中，使用属性（即变量）来指明对象的特征和对象所包含的数据信息以及信息的数据类型。在定义类的过程中，需要通过属性实现对象特征的描述和对象信息数据类型的说明。例如在创建一个关于人的类的过程中，需要说明人这一对象的"性别"特征，需要说明人的"年龄"这一数据的数据类型是一个数字等。

在 ActionScript 3.0 的类体中,一般在 class 语句之后声明属性。类的属性分为两种情况,即实例属性和静态属性。实例属性必须通过创建该类的实例才能访问,而静态属性不需要创建类实例就能够访问。

1）实例属性

声明实例属性的语法格式如下。

```
var 属性名:属性类型;
var 属性名:属性类型 = 值;
public var 属性名:属性类型 = 值;
```

2）静态属性

声明静态属性的语法格式如下。

```
static var 属性名:属性类型
```

4. 方法

在编程语言中,使用方法（即函数）来构建对象的行为,即用来表示对象可以完成的操作。在编程过程中,通过对象的方法告诉对象可以做什么事情以及怎么做。例如在创建一个关于人的类的过程中,就需要知道人能够干什么事情,这就是人这一对象的方法。比如人张口说话、举手等行为,都需要通过方法来表示。

在 ActionScript 3.0 中,声明类实例方法的格式和上面函数的格式类似,格式如下。

```
function 方法名称(参数 …):返回类型{
    //方法内容
}
```

方法包括实例方法和静态方法。

1）实例方法

```
function 方法名称(参数):返回值类型
{
        方法内容
}
```

2）静态方法

```
static function 方法名称(参数):返回值类型
{
        方法内容
}
```

8.1.2 类的构造函数

构造函数是一个特殊的函数,其创建目的是为了在创建对象的同时初始化对象,即为对象中的变量赋初始值。

在 ActionScript 3.0 编程中,创建的类可以定义构造函数,也可以不定义构造函数。如果没有在类中定义构造函数,那么编译时编译器会自动生成一个默认的构造函数,这个默认的构造函数为空。构造函数可以有参数，通过参数传递实现初始化对象的操作。

下面的示例列出了两种常用的构造函数代码：

```
class Sample
{
    //空构造函数
    public function Sample(){
    }
}
class Sample
{
    //有参数的构造函数
    public function Sample(x:String){
        //初始化对象属性
    }
}
```

下面创建一个带有构造函数的职工类 Worker。

在 D 盘新建文件夹"ex4\code"，启动 Adobe Flash CS6，新建一个 ActionScript 文件，文件名为要创建的类的名字。例如要创建的类的名称为 Worker，那么保存的文件名也要为 Worker.as。注意保存在刚才建立的"ex4\code"文件夹中。

```
package code{
public class Worker {
    public var maxFixYear:uint = 30;        //最大供职年限，属于整个类
    public var nam:String;                  //职工姓名
    public var sex:String;                  //职工性别
    public const MAN:String = "男";
    public const WOMAN:String = "女";
        public function Worker(s:String,b:String = MAN):void{
            //构造函数，需要指定姓名和性别，性别默认为男
            nam = s;sex = b;
            trace("姓名是－" + nam + "性别是" + sex);
        }
        public function work( ) {
            trace("开始工作－工作中－工作完成");
        }
    }
}
```

在文件夹"ex4"下新建 Flash 文档 test.fla，然后输入以下代码在时间轴的第 1 帧上创建该 Worker 类的实例：

```
import code.Worker;
var w1:Worker = new Worker("夏敏捷");
```

在使用 new 关键字创建 Worker 类的实例时，构造函数会被自动调用。

结果输出：

姓名是－夏敏捷 性别是男

此处使用 import，因为每次要使用这个 Worker 类时都要输入 code. Worker，非常烦琐，使用 import 语句可以解决这个问题。在这个例子中，可以用"import code. Worker;"导入类，从而简化类名的书写。

8.1.3 类的属性的访问级别

用 public 标识的类或者类成员具有公共的访问权限，换句话说，标识为 public 的类或者类成员在任何位置可见。相对的用 private 标识的类成员只在类内部可见。这些控制类或者类的属性的访问级别由高至低，即 public→internal→protected→private。

- private 修饰符：指定一个变量、常数、方法只能在定义的类中可用。
- protected 修饰符：指定一个变量、常数、方法在类和子类中可用。
- internal 修饰符：指定一个类、变量、常数或函数在同一包内可以调用。同一包路径下的类成员之间可以相互访问，internal 相当于 public，在包外访问会报错。
- public 修饰符：指定一个类、变量、常数或函数在任何地方都可以调用。

说明：

（1）internal 是默认修饰符，即在 var 和 function 之前没有加修饰符时，这些属性和方法相当于被 internal 修饰，表示同一个包内可以访问类、变量、常数或函数。

（2）protected 能被当前类和当前类的子类访问，与 package 无关，如果不是当前类的子类，等同于 private。

（3）除了这些修饰符以外，ActionScript 3.0 还可以使用下列属性修饰符。

- static 修饰符：指定一个变量、常数或方法只属于类。
- final 修饰符：指定一个方法不能被重写或一个类不能被继承。

8.1.4 get()和 set()方法

在编写类的时候应该尽量将它的属性和方法都隐藏起来，但当要调用某一个属性的时候不得不将它暴露出来，这是唯一的一种解决方法吗？答案是否定的，例如有一个属性，我们想从外部调用它，也能够从外部访问它，但是不让它暴露到外部，这时应该怎么做呢？这时就要用到 get()方法。

ActionScript 3.0 中提供了 get()方法和 set()方法来访问私有变量，通过 get()方法访问的成员变量属于可读属性，通过 set()方法访问的成员变量具有可写属性，配合两种方法获得读/写控制有利于类的封装。

这里创建 Test. as 文件，定义类 Test 使用了 get()方法和 set()方法访问私有变量 Str。

```
package {
    public class Test {
        private var Str:String = "欢迎";
        public function get Data():String {
            return Str;
        }
        public function set Data(ns:String):void {
            Str = ns;
```

```
        }
    }
}
```

这段代码并不长,但却很好地体现了 get 的使用方法,这里首先定义了一个名称为 Test 的类,这个类中有一个私有属性 Str,这个属性只能被当前类访问。也就是说,无法在外部调用或访问这个属性。这时就要使用 get 让这个属性能够被外部访问。那么先来看 get 函数,这个函数有一个返回值,该返回值的类型是字符串。这个返回的数据就是一个隐藏的变量,通过这样的手法就达到了封装的目的。

再来看 set 函数的使用方法。set 顾名思义是设置的意思。如果没有写 set 函数,那么该属性只是一个只读属性。如果设置了这个 set 函数,那么该属性可以读也可以设置。在上面的代码中这个 set 函数接受了一个参数,该参数就是我们设置属性时要传递的值。注意 set 函数没有返回值,如果用户设置了返回值,那么将会产生编译错误。

下面来详细讲解一下 get()及 set()的使用方法。在第 1 帧上按 F9 键打开"动作"面板,添加以下代码:

```
var t:Test = new Test();
trace(t.Data);        //t.Data 调用 get()获取 Str 属性的值,trace()输出 Str 属性的值
t.Data = "光临";      //调用 set()方法给 Str 属性赋值
trace(t.Data);        //t.Data 调用 get()获取 Str 属性的值,trace()输出 Str 属性的值
```

这里首先要定义一个对象 t,该对象的类型是我们定义的类 Test。然后调用 t.Data 方法,虽然调用这个方法实际上是读取一个属性的值。第 3 行代码设置了属性的值,注意,此时调用的实际上就是 set 方法,我们再输出这个属性值,发现输出的内容发生了改变。

按 Ctrl+Enter 组合键测试,在"输出"窗口中显示以下结果:

```
欢迎
光临
```

8.2   继承

继承(Inheritance)是面向对象技术的一个重要的概念,也是面向对象技术的一个显著的特点。继承是指一个对象通过继承可以使用另一个对象的属性和方法。准确地说,继承的类具有被继承类的属性和方法。被继承的类称为基类或者超类,也可以称为父类;继承出来的类称为扩展类或者子类。

8.2.1   继承的定义

类的继承要使用 extends 关键字来实现,其语法格式如下:

```
package{
    class 子类名称 extends 父类名称{
    }
}
```

下面的示例创建一个新类 Man,它继承自 Person 类,这样 Man 类就是子类,Person 类

就是父类。代码如下:

```
package{
    class Man extends Person{
    }
}
```

例如设计汽车类,代码如下:

```
package classes {
    import flash.display.Sprite;
    public class Car extends Sprite {
        public function Car(x0:Number = 0,y0:Number = 0){
            graphics.lineStyle(0x0,1);
            graphics.drawRect(x0,y0,100,20);        //在指定位置绘制矩形代表汽车
        }                                //以上代码为类的构造函数,x0 和 y0 为开始时汽车的位置
        public function moveToXY(x2:Number, y2:Number){
            //x2 和 y2 为汽车行驶的目的地位置
            this.x = x2; this.y = y2;                    //this 指向自身实例
        }
    }
}
```

8.2.2 属性和方法的继承

子类可以继承父类中的大部分属性和方法,但是父类中使用“private”访问控制符定义的属性和方法不能被继承。

下面的示例新建一个 Person 类作为父类,该类有 name 和 age 两个实例属性,有 walk( )和 say( )两个实例方法。

创建父类 Person,代码如下:

```
package {
    //构建类
    public class Person {
        //构建属性
        public var name:String = "浪子啸天";
        public var age:int = 30;
        //构建函数
        public function walk():void {
            trace("人可以走路!");
        }
        public function say():void {
            trace("欢迎你来到 AS3 世界");
        }
    }
}
```

8.2.3 重写 override

通过继承父类可以继承父类的属性和方法,但有些时候需要使用父类中的方法名称,而需要改变其内容时需要利用重写来修改其方法内容。

在 ActionScript 3.0 中只能重写实例的方法,不能重写实例的属性。另外,父类中方法的访问控制符为 final 的方法也不能进行重写。

下面在上一节的子类 Man 中重写父类 Person 的方法 walk(),代码如下:

```
package{
    //继承父类
    public class Man extends Person {
        public override function walk():void {
            trace("这是重写过的走路方法");
        }
    }
}
```

8.2.4 MovieClip 和 Sprite 子类

用户可以自己写一个类,然后让另一个类去继承它。在 ActionScript 3.0 中,所有代码都不是写在时间轴上的,它们一开始就要继承自 MovieClip 或 Sprite。MovieClip 类是影片剪辑对象属性和方法的 ActionScript 模板。它包括我们所熟悉的属性,例如影片的(x,y)坐标、缩放等。

ActionScript 3.0 还增加了 Sprite 类,通常把它理解为一帧的影片剪辑。在很多情况下,只使用代码操作对象,并不涉及时间轴和帧,这时就应该使用 Sprite 这个轻型的类。如果一个类继承自 MovieClip 或 Sprite,那么它会自动拥有该类所有的属性和方法,我们还可以为这个类增加特殊的属性和方法。

例如,游戏设计一个太空船的对象,我们希望它拥有一个图形,并且在屏幕的某个位置移动、旋转,为动画添加 enterFrame 侦听器,以及鼠标、键盘的侦听等。这些都可以由 MovieClip 或 Sprite 来完成,所以要继承自它们。同时,还可以增加一些属性,例如速度(speed)、油量(fuel)、损坏度(damage),还有起飞(takeOff)、坠落(crash)、射击(shoot)、自毁(selfDestruct)等方法。那么这个类大概是这样的:

```
package {
    import flash.display.Sprite;
    public class SpaceShip extends Sprite {
    private var speed:Number = 0;
    private var damage:Number = 0;
    private var fuel:Number = 1000;
    public function takeOff():void {
        // …
    }
    public function crash():void {
        // …
```

```
    }
    public function shoot():void {
        //…
    }
    public function selfDestruct():void {
        //…
    }
  }
}
```

注意,首先要导入 flash. display 包中的 Sprite 类,如果要导入 MovieClip 类,同样也需要导入这个相同的包的 flash. display. MovieClip 类。

8.3　多态

多态指允许不同类的对象对同一消息做出响应,即同一消息(发送消息就是函数调用)可以根据发送对象的不同采用多种不同的行为方式。

在现实生活中,关于多态的例子不胜枚举。比方说按下 F1 键这个动作,如果当前在 Flash 界面下弹出的就是 Flash 的帮助文档;如果当前在 Word 下弹出的就是 Word 帮助;如果当前在 Windows 下弹出的就是 Windows 帮助和支持。同一个事件发生在不同的对象上会产生不同的结果。

下面举一个多态的应用实例 TestPolymoph. as,从而体会多态带来的好处。

```
package {
    public class TestPolymoph {
        public function TestPolymoph() {
            var cat:Cat = new Cat("MiMi");
            var lily:Lady = new Lady(cat);
            lady.myPetEnjoy();
        }
    }
}
class Animal {
    private var name:String;
    function Animal(name:String) {
        this. name = name;
    }
    public function enjoy():void {
        trace("call…");
    }
}

class Cat extends Animal {
    function Cat(name:String) {
        super(name);
    }
    override public function enjoy():void {
```

```
            trace("Miao Miao…");
        }
    }

    class Dog extends Animal {
        function Dog(name:String) {
            super(name);
        }
        override public function enjoy():void {
            trace("Wang Wang…");
        }
    }
    //假设又添加了一个新的类 Bird
    class Bird extends Animal {
        function Bird(name:String) {
            super(name);
        }
        override public function enjoy():void {
            trace("JiJi ZhaZha");
        }
    }
    class Lady {
        private var pet:Animal;
        function Lady(pet:Animal) {
            this.pet = pet;
        }
        public function myPetEnjoy():void {
            //试想如果没有多态
            //if (pet is Cat) { Cat.enjoy() }
            //if (pet is Dog) { Dog.enjoy() }
            //if (pet is Bird) { Bird.enjoy() }
            pet.enjoy();
        }
    }
```

首先定义 Animal 类，包括一个 name 属性（动物的名字）、一个 enjoy()方法（小动物玩高兴了就会叫）。接下来定义 Cat、Dog 类，它们都继承了 Animal 这个类，通过在构造函数中调用父类的构造函数可以设置 name 这个属性。猫应该是"喵喵"叫的，因此对于父类的enjoy()方法进行重写（override），叫声为"Miao Miao…"。Dog 也是如此，重写 enjoy()方法，叫声为"Wang Wang…"。

再定义一个 Lady 类，设置一个情节：假设这个 Lady 是一个小女孩儿，她可以去养一只宠物，这个小动物可能是 Cat、Dog，或是 Animal 的子类。在 Lady 类中设计一个成员变量pet，存放着宠物的引用。具体是哪类动物不清楚，但肯定是 Animal 的子类，因此 pet 的类型为 Animal，即 pet:Animal。注意这是父类的引用，用它来指向子类对象。

最后在 Lady 类里面有一个 myPetEnjoy()方法，在这个方法中只有一句"pet.enjoy()"，调用 pet 的 enjoy()方法。

现在来看测试类。new 出来一只 Cat，new 出来一个 Lady，将 Cat 的对象传给 Lady。

现在 Lady 中的成员变量应该是 pet：Animal = new Cat（"MiMi"）。下面调用 lady.myPetEnjoy()方法，实际上就是在调用 pet.enjoy()，打印出"Miao Miao"。pet 的类型明明是 Animal，但被调的方法却是 Cat 的 enjoy()，而非 Animal 的 enjoy()，这称为动态绑定——"在执行期间判断所引用对象的实际类型，根据其实际的类型调用其相应的方法"。

如果没有多态，myPetEnjoy()方法可能要做这样的一些判断：

```
if (pet is Cat) { new Cat("c").enjoy() }
if (pet is Dog) { new Dog("d").enjoy() }
```

判断如果 pet 是 Cat 类型调用 new Cat().enjoy()，如果是 Dog 类型调用 new Dog().enjoy()。假设有一天我要传入一个 Bird，那么还得手动加上：

```
if (pet is Bird) { new Bird ("b").enjoy() }
```

新加入任何类型都要重新修改这个方法，这样的程序可扩展性差。但是现在我们运用了多态，可以随意地加入任何类型的对象，只要是 Animal 的子类就可以。例如 var lily：Lady＝new Lady(new Bird("dudu"))，直接添加进去就可以了，不需要修改其他任何地方。这样就大大提升了代码的可扩展性，通过这个例子好好体会一下多态带来的好处。

最后再补充一点，在使用父类引用指向子类对象时，父类型的对象只能调用在父类中定义的，如果子类有新的方法，对于父类来说是看不到的。拿我们这个例子来说，如果 Animal 类不变，在 Cat 和 Dog 中都新定义出一个 run()方法，这个方法是父类中没有的，那么这时使用父类型的对象去调用子类新添加的方法就不行了。

8.4 包外类

在 ActionScript 3.0 中，一个 AS 类文件中可以定义多个类，但是包块内只能定义一个类，此为主类。主类的名称一定要和类文件的名称相同，这个类是供外部使用的。在包块之外，还可以定义多个类，这些类的名称和类文件的名称不同，而且只能由当前类中的成员可以访问。对于这种类，有些资料称为包外类，有些资料称为助手类。在这里作者使用包外类这一名称。

```
package {                                    //sampleClass.as 文件
    import flash.display.MovieClip;
    public class sampleClass extends MovieClip{    //sampleClass.as 文件的主类
        public function sampleClass():void{
            }
        }
}
//在 package 大括号后可视为包的私有类
class A{                                      //包外类
}
class B{                                      //包外类
}
```

这里定义 sampleClass.as 类文件的包外类 A 和 B,但只有当前类文件中的成员类可以访问。

8.5 链接类

如果希望在程序中使用 Flash CS6"库"中的元件、声音、位图等资源,需要使用链接类。这里所说的链接类(元件类)实际上指为 Flash 库中的元件指定一个相关联的类,用于将元件和类绑定。链接类是操纵资源库中的元件创建元件实例的必要步骤,这里通过范例说明如何先设置元件链接类,然后利用循环创建多个元件对象实例,具体方法如下:

(1)选择"文件"→"新建"命令,在打开的对话框中选择"常规"选项卡中的 ActionScript 3.0 选项,然后单击"确定"按钮,新建一个影片文档,并选择"文件"→"保存"命令,将文件命名为"转动的地球.fla"。

(2)选择"插入"→"新建元件"命令,在"创建新元件"对话框中输入元件名称(例如 Ball)、选择元件类型(例如"影片剪辑"),然后单击"确定"按钮,并绘制一个简单的球形图案,如图 8-1 所示。

图 8-1 元件 Ball

(3)打开"库"面板(按 Ctrl+L 组合键),找到新建的元件 Ball,然后右击,选择"属性"命令,在打开的"元件属性"对话框中选择"为 ActionScript 导出"和"在第 1 帧中导出"复选框,输入类名(如图 8-2 所示),单击"确定"按钮。

图 8-2 "元件属性"对话框

（4）在 Flash 文件中单击图层 1 的第 1 帧，按 F9 键打开"动作"面板，输入以下代码：

```
var mc1:Ball;
for (var i:int = 0; i < 10; i++) {
    mc1 = new Ball();
    mc1.x = 200 + 20 * i;
    mc1.y = 150 + 10 * i;
    addChild(mc1);
}
```

按 Ctrl＋Enter 组合键测试，效果如图 8-3 所示，可见可以通过脚本代码创建 10 个 Ball 元件实例并控制它们在舞台上的显示位置。

图 8-3　创建 10 个 Ball 元件实例

如果在 Flash CS6 中设计了一个元件，同时还希望这个元件实现一些具体的功能，例如响应单击 Click 事件，向右移动 5 个像素的距离，这除需要设置相应的链接类名外，还需要编写相应功能的代码段。例如设置影片剪辑元件（如 Ball 元件）的链接类名为 Ballmove（在如图 8-2 所示的"元件属性"对话框中设置），然后在 Flash 影片文件所在的同一个文件夹下创建一个类文件 Ballmove. as（或者在"库"面板中右击该元件，选择"编辑类"命令修改 Flash 自动创建的 Ballmove 类），并在这个文件中具体实现这个 Ballmove 类。

Ballmove. as 文件的脚本代码如下：

```
package {
    import flash. display. Sprite;
    import flash. events. MouseEvent;
    public class Ballmove extends Sprite {
        public function Ballmove() {
            this. addEventListener(MouseEvent.CLICK,clickHandler);
        }
        function clickHandler(e:MouseEvent) {
            x += 5;
        }
    }
}
```

在 Flash 文件中单击图层 1 的第 1 帧,按 F9 键,打开"动作"面板,输入以下代码:

```
var mc1:Ballmove;
for (var i:int = 0; i < 10; i++) {
    mc1 = new Ballmove();
    mc1.x = 200 + 20 * i;
    mc1.y = 150 + 10 * i;
    addChild(mc1);
}
```

按 Ctrl+Enter 组合键测试,可见在舞台上创建了 10 个 Ball 元件实例,不同的是这些元件实例被单击会向右移动 5 个像素的距离。

8.6　文档类

文档类(Document class)是 ActionScript 3.0 中引入的一个全新的概念。通常,一个 Flash 影片文件(SWF)运行时,程序的入口是主场景时间轴的第 1 帧的代码,但如果一个影片使用了文档,那么这个 Flash 影片的运行就会从文档类开始。

一个文档类就是一个继承自 Sprite 或 MovieClip 的类,并作为 Flash 影片文件(SWF)的主类。客户运行 SWF 时,这个文档类的构造函数会被自动调用,它就成为程序的入口,任何想要做的事都可以写在上面,例如创建影片剪辑、画图、读取资源等。如果在 Flash CS6 IDE(集成开发环境)中写代码,可以使用文档类,也可以选择继续在时间轴上写代码。但如果使用 Flex Builder 2 开发环境,由于没有时间轴,唯一的办法就是写在文档类中。

定义文档类的方法和自定义类的方法一样,下面是一个文档类的框架:

```
package {
    import flash.display.Sprite;
    public class main extends Sprite {
        public function main() {
            init();
        }
        private function init():void {
            //写代码处
        }
    }
}
```

使用默认包,导入并继承 Sprite 类。构造函数只有一句,调用 init 方法。当然,用户也可以把所有代码写在构造函数里,但是要养成一个好习惯,就是尽量减少构造函数中的代码,所以把代码写到了另一个方法中,这样在影片编译执行时就会调用 init 中的代码。

在 Flash 中实现文档类还需要做一些设置和约定。首先文档类所在的脚本文件(例如 main.as)必须与其对应的 Flash 文件(扩展名为.fla)放在同一文件夹下。其次,在该 Flash 文件的"属性"面板上的"文档类"框中要输入该文档类的类名(例如 main)。再次,确保 FLA 文件的默认发布设置为 Flash Player 9 和 ActionScript 3.0。

另外需要注意的是,用户定义的文档类必须继承自 MovieClip 类或 Sprite 类,如果还需要在影片的时间轴上写代码,则文档类必须以 MovieClip 类为父类。但是在使用一个文档类时应尽量避免在 FLA 的主时间轴上加入任何代码,因为这样做有可能导致与编译器加入的代码发生冲突,从而阻止影片的正常编译或运行。

具体步骤如下:

(1) 打开 Flash CS6 软件,选择"文件"→"新建"命令,系统将打开"新建文档"对话框,在该对话框中选择 ActionScript 3.0 选项,创建 FLA 文件。在"属性"面板中可以看到出现了一个名为文档类(Document Class)的区域(如图 8-4 所示),只需在其中输入类名 main,然后选择"文件"→"保存"命令将文件命名为"Test.fla"即可。

图 8-4 设置 Flash 的文档类

注意:输入的是类名,而不是文件名,所以这里不需要输入扩展名.as。如果这个类包含在一个包中,那么就需要输入类的完整路径,例如 com.friend.chapter2.main。

(2) 选择"文件"→"新建"命令,系统将打开"新建文档"对话框,在该对话框中选择"ActionScript 3.0 类"选项,这样在 Flash 中新建了一个 ActionScript 类文件,将其命名为 main.as,输入上面的代码,并保存到刚刚创建的 Flash 文件"Test.fla"所在的文件夹中。

8.7 动态类

动态类可以在运行的时候给它动态地附加成员(属性或方法),非动态类(例如 String 类)是"密封"类,不能在运行时向密封类中添加属性或方法。

在声明类时,可以通过使用 dynamic 属性创建动态类。例如下面的代码创建了一个名为 Employee 的动态类:

```
dynamic class Employee                          //动态类
{
    private var privateGreeting:String = "hi";
```

```
    public var publicGreeting:String = "hello";
    function Employee() {
      trace("Employee instance created");
    }
  }
```

如果要在以后实例化 Employee 类的实例,可以在类定义的外部向该类中添加属性或方法。

例如下面的代码创建 Employee 类的一个实例,并向该实例中添加了两个名称分别为 sName 和 Age 的属性:

```
var myEmployee:Employee = new Employee();
myEmployee.sName = "张歌";
myEmployee.Age = 30;
trace(myEmployee.sName, myEmployee.Age);          //输出:张歌 30
```

添加到动态类实例中的属性 sName、Age 是运行时实体,因此会在运行时完成所有类型检查。注意,不能向以这种方式添加的属性中添加类型注释。

用户还可以定义一个函数并将该函数附加到 myEmployee 实例的某个属性,从而向 myEmployee 实例中添加方法。

下面的代码将 trace 语句移到一个名为 traceEmployee() 的方法中:

```
var myEmployee:Employee = new Employee();
myEmployee.sName = "张歌";
myEmployee.Age = 30;
myEmployee.traceEmployee = function ()
{
    trace(this. sName, this.Age);
};
myEmployee.traceEmployee();          //输出:张歌 30
```

但是,以这种方式创建的方法对于 Employee 类的任何私有属性或方法都不具有访问权限,而且即使是对 Employee 类的公共属性或方法的引用也必须用 this 关键字或类名进行限定。下面的示例说明了 traceEmployee() 方法,该方法尝试访问 Employee 类的私有变量和公共变量。

```
myEmployee.traceEmployee = function ()
{
    trace(myEmployee.privateGreeting);          //输出:undefined
    trace(myEmployee.publicGreeting);          //输出:hello
};
myEmployee.traceEmployee();
```

8.8 Tween 类

Flash 现在支持一个很特别的新类——Tween 类,用于实现舞台上影片剪辑的缓动效果(补间动画)。这个类包位于 fl. transition. * 中。其实,这些包中的类效果的原理都是监听 ENTER_FRAME 事件的。在动画播放时，按帧频改变目标的属性，从而产生动画的效果，利用它可以容易地开发影片剪辑对象的运动效果。Tween 类的使用方法如下：

someTween = new mx.transitions.Tween(object, property, function, begin, end, duration, useSeconds)

对其参数解释如下。

- object：一个用户想要增加 Tween 动作的影片剪辑（MC）的实例名。
- property：该 MC 的一个属性，即为将要添加 Tween 动作的属性。
- function：运动方法（easing 类的一个方法），运动方法有 Strong、Back、Elastic、Regular、Bounce 和 None 6 类（下面会讲解），每一类都有 easeIn、easeOut、easeInOut 和 easeNone 4 种方法。
- begin：属性开始时的数值。
- end：属性结束时的数值。
- duration：动作持续的帧数/时间。
- useSeconds：一个布尔值，决定是使用帧数计时（为 false）还是使用秒数计时（为 true），默认为 false。

Tween 对象一旦初始化，动画就开始了。Tween 类补间动画可以触发 6 种事件，最常用的是 TweenEvent.MOTION_FINISH。动画一结束，就会触发这个事件。

因为 Tween 是外部类，所以首先应导入"import fl.transitions.Tween;"。

将 Tween 类中的 easing 方法导入，即"import fl.transitions.easing.*;"。

6 类运动方法的介绍如下。

- Strong：较慢的运动。此效果类似于 Regular 缓动类，但它更明显。
- Back：过渡范围外扩展动画一次，以产生从其范围外回拉的效果。
- Bounce：过渡范围的弹跳效果。弹跳数与持续时间相关，持续时间越长，弹跳数越多。
- Elastic：超出过渡范围的弹性效果。弹性量不受持续时间影响。
- Regular：较慢的运动。加速效果、减速效果或这两种效果。
- None：无任何减速或加速效果的运动。此过渡也称为线性过渡。

这 6 种缓动计算类的每一种都有 3 个缓动方法，下面简单介绍这些缓动方法。

- easeIn：在过渡的开始提供缓动效果。
- easeOut：在过渡的结尾提供缓动效果。
- easeInOut：在过渡的开始和结尾提供缓动效果。
- easeNone：指明不使用缓动计算，只在 None 缓动类中提供。

例如控制小球从左向右移动，最后又回弹的效果（如图 8-5 所示），并且动画时间为 3 秒。在 Flash 文件中添加小球影片剪辑 mc_mc、输入文本框 input_txt 和动态文本框 war_txt，以及两个按钮 reset_btn（"重置"按钮）和 play_btn（"播放"按钮）。其中，"重置"按钮将小球重新移到左侧，"播放"按钮将小球动画移到输入文本框指定的位置。

图 8-5　控制小球从左向右移动的界面

在第 1 帧加入以下脚本代码：

```
import fl.transitions.Tween;
import fl.transitions.easing. * ;
var intN:Number;
reset_btn.addEventListener(MouseEvent.MOUSE_DOWN,resetmc);
play_btn.addEventListener(MouseEvent.MOUSE_DOWN,playmc);
function resetmc(event:MouseEvent):void {
    var mytween:Tween = new Tween(mc_mc,"x",Elastic.easeOut,0,20,3,true);
}
function playmc(event:MouseEvent):void {
    intN = Number(input_txt.text);
    if (isNaN(intN)) {
        war_txt.text = "请输入数字";
        }else{if (intN < 0) {;
        war_txt.text = "数值应大于 0";
        } else {if (intN > 400) {;
        war_txt.text = "数值应小于 400";
    } else {
        var mytween:Tween = new Tween(mc_mc,"x",Elastic.easeOut,0,intN,3,true);
    }
}
```

　　例如在汉诺塔游戏中，盘子从 C 柱移到 A 柱，可以看成沿水平方向 x 移动，在移动时以像素为单位缓慢移动，这样会产生动画效果。实现盘子 movedPlate 沿水平方向 x 从 movedPlate.oldx 移动到 $140+1\times t$ 位置，并且动画时间为两秒的代码如下：

```
//缓动运动效果
xTween = new Tween(movedPlate, "x", Bounce.easeOut, movedPlate.oldx,140 + 1 * t, 2, true);
```

8.9　ActionScript 3.0 API 类概览

　　学习 ActionScript 3.0，除了要学习 ActionScript 的基本语法以外，还需要了解 ActionScript 3.0(Flash Player)提供的相关 API 类。这些 API 类位于 flash. * 包中，有的用于图形和动画的显示，有的用于错误处理，有的用于异常处理，有的则用于网络访问。这些 API 类都被放在特定的包中,需要使用时在 ActionScript 代码中使用 import 语句进行导入。本节将对 ActionScript 3.0 中相对常用的包进行简单介绍。ActionScript 3.0 中常用的 API 类被放在表 8-1 所列的各个包中。

表 8-1   ActionScript 3.0 常用的 API 类

包　　名	说　　明
flash.display	包含图形、图像显示的类
flash.errors	包含异常类
flash.events	包含事件类
flash.external	包含外部接口调用的类
flash.filters	包含各种滤镜类
flash.geom	包含几何对象类
flash.media	包含与多媒体相关的类
flash.net	包含与网络通信相关的类
flash.printing	包含与打印相关的类
flash.system	包含与系统相关的函数与类
flash.text	包含与文本处理相关的类
flash.utils	包含与 ActionScript 相关的工具类
flash.filesystem	包含 AIR 用于文件系统访问的类
flash.data	包含 AIR 用于数据访问的类

表 8-1 中列举了 ActionScript 3.0 应用开发中经常用到的 API 类所在的包,这些包基本上覆盖了 ActionScript 3.0 所提供的功能特性。

1. flash.display 包

flash.display 包中包括了 MovieClip、Sprite、Stage、Graphics、Shape、SimpleButton、Loader 等类,这些类的实例都可以显示到 Flash Player 中呈现给用户。

2. flash.errors 包

flash.errors 包中包含了异常类型,这些类型可以使用 try…catch 语句捕获并进行处理。flash.errors 包中的异常类有 InvalidSWFError、IOError、EOFError 等。另外,flash.errors 包还包含了 AIR 程序中可能出现的 SQLError 类。注意,其他的一些异常对象被定义在顶级包中,而不是在 flash.errors 包中。这些异常类也非常常用,例如 ArgumentError、DefinitionError、EvalError 等。

3. flash.events 包

flash.events 包中包含了用于 ActionScript 3.0 事件处理的事件对象类,例如 FocusEvent、FullScreenEvent、MouseEvent 等。事件类型的对象在特定的事件流中传递,事件对象也包含事件发生的一些信息,例如键盘的按键码、鼠标单击的坐标位置、下载目标的总量和当前载入量等。

4. flash.external 包

flash.external 包中只包含 ExternalInterface 一个类,该类用于 Flash Player 与宿主程序进行通信。通过 ExternalInterface 类,ActionScript 可以和网页中的 JavaScript 进行通信。如果 Flash Player ActiveX 控件被嵌入到桌面程序中,ExternalInterface 类可以和桌面

宿主程序进行通信。

5. flash. filters 包

flash. filters 包中包含了各种滤镜类,通过这些滤镜类 ActionScript 3.0 可以创造出更多不同的效果。这些滤镜包括位图滤镜 BitmapFilter、模糊滤镜 BlurFilter、投影滤镜 DropShadowFilter、发光滤镜 GlowFilter 等。

6. flash. geom 包

flash. geom 包中包含了用于表现几何对象的数据结构。例如,Point 类用于表现一个点,Rectangle 类用于表现一个矩形,Matrix 类用于表现一个矩阵,Vector3D 类用于表现一个三维空间上的矢量。通过这些几何类,ActionScript 3.0 可以非常轻松地实现变换、运动等效果。

7. flash. media 包

flash. media 包中包含了一系列多媒体工具类。例如,Camera 用于控制摄像头,Microphone 类用于管理麦克风,Sound、SoundChannel 等音频类用于播放并控制声音,Video 类用于视频内容的播放。通过这些多媒体工具类,用户可以使用 ActionScript 3.0 编写在线多媒体播放器、视频会议等应用程序。

8. flash. net 包

flash. net 包中包含了一组用于网络通信的工具类,它们实现与服务器的连接、从服务器下载数据、把数据上传到服务器等功能。flash. net 包中的类包括 NetConnection 类、NetStream 类、SharedObject 类、XMLSocket 类,以及 URLLoader 类和 URLStream 类等。另外,flash. net 包中还包含了用于网络访问的函数,例如 navigateToURL ( ) 函数和 sendToURL ( ) 函数等。

9. flash. printing 包

flash. printing 包中包含了 PrintJob、PrintJobOptions、PrintJobOrientation 3 个用于打印控制的类。通过 PrintJob 类,ActionScript 3.0 可以将可视对象输出到打印机。

10. flash. system 包

flash. system 包中包含了与系统的各项特性、输入法、安全相关的类。其中,Capabilities 类用于查询客户端系统的各项特性,IME 类用于输入法控制,Security、SecurityDomain、SecurityPanel 类与 ActionScript 3.0 运行的安全性有关,System 类用于查询系统信息,控制系统运行。

11. flash. text 包

flash. text 包中包含了与文本相关的类,它们控制文本的显示、字体类型、文字样式以及格式化方式等。例如,TextField 表现一个文本对象,Font 类用于表现文本字体,StyleSheet 类表现 CSS 样式表,TextFormat 类用于文本格式化等。

12. flash. utils 包

flash. utils 包中包含了 ActionScript 3.0 中会用到的工具类和工具方法。其中,最为常用的是计时器类 Timer。ActionScript 3.0 不再建议使用 setInterval ( ) 等计时器函数,而是使用 Timer 类。Timer 类提供了计时器功能,每隔一定的时间就调度指定的侦听器函数。

13. flash. filesystem 包

flash. filesystem 包中的 API 只有在 AIR 运行时才被支持,它提供了用于访问本地文件系统的 API。flash.filesystem 包中的 File 对象提供文件引用、文件浏览、目录和文件管理等功能。FileStream 对象则用于文件的读/写操作。

14. flash.data 包

flash.data 包中的 API 只有在 AIR 运行时才被支持,它提供了 ActionScript 3.0 访问本地 SQLite 数据库的功能。flash.data 包中的 SQLConnection 类用于数据库连接,SQLStatement 类用于 SQL 语句的执行,而 SQLResult 类用于查询结果的访问遍历。

习题

1. 设计一个坦克影片剪辑元件链接类,它具有监听方向键信息控制坦克移动的功能,被鼠标单击时会产生爆炸的效果。

2. 设计一个连连看方块的影片剪辑元件链接类,它具有构造显示不同类型方块的功能,被鼠标单击时会产生消失的效果。

3. Flash 现在支持一个很特别的新类——Tween 类,用于实现舞台上影片剪辑的什么效果? 举例说明。

4. flash.display 包中包含什么类? 作用是什么? 哪个包中包含了一组用于网络通信的工具类?

第 9 章 Flash组件和数据存储

9.1 组件概述

组件是在创作过程中包含有参数的复杂的影片剪辑,它提供了简单的方法,供用户在动画中重复使用复杂的元素,而不需要了解或编辑 ActionScript,实际上就是熟悉使用 Flash 脚本的程序员在影片剪辑中建立的一个应用程序,然后用一种可重复使用的格式来发布,可以供任何人使用的影片剪辑。

组件的概念是从 Flash MX 开始出现的,但其实在 Flash 5 的时候已经有了组件的雏形,在 Flash 5 中有一种特殊的影片剪辑,能通过参数面板设置它的功能,被称为 Smart Clip (SMC)。用户可以将具有完整功能的程序封装在影片剪辑中,并且提供一种能够调整此影片剪辑属性的接口,以后当某个影片需要用到这些功能时,只要把 SMC 拖放到舞台并调整它的属性即可使用。组件是 SMC 的改良品,除了参数设置接口之外,组件还具备一些让程序调用的方法。Flash CS6 提供了更强大的组件功能,利用它内置的 UI(用户界面)等组件可以创建功能强大、效果丰富的程序界面。

Flash CS6 提供了 User Interface(UI)组件和 Video 组件,在操作时选择"窗口"→"组件"命令即可打开"组件"面板,如图 9-1 所示。各类组件的具体功能及含义如下:

图 9-1 "组件"面板

- User Interface 组件：即 UI 组件，用于设置用户界面，并通过界面使用户与应用程序进行交互操作。在 Flash CS6 中，大多数交互操作都是通过该组件实现的，包括编程语言所用到的常用控件，即按钮、单选按钮、复选框、标签、列表框、下拉列表框等 17 个组件。
- Video 组件：主要用于对播放器中动画的播放状态和播放进度等属性进行交互操作，在该组件类别下包括 BackButton、PauseButton、PlayButton 和 VolumeBar 等 14 个组件。

按照组件文件的发布格式，ActionScript 3.0 中的组件可分为两种，即基于 FLA 的组件和基于 SWC 的组件。所有的 UI 组件都是 FLA 文件格式，这些组件的定义文件位于 Flash CS6 安装文件夹下的"language\Configuration\Components\User Interface. fla"，打开这个文件可以看到所有用户界面组件的原始定义，基于 FLA 文件格式的组件允许用户静态地修改组件的外观。在视频组件中最重要的组件 FLVPlayback 是基于 SWC 格式的组件，这是一种经过编译的文件格式，使用这种格式的组件在影片运行时可以提高运行速度。

9.2　用户界面组件

在 Flash CS6 中，用户界面组件包括 17 个组件，下面分别讲解一下常用组件的属性、方法及应用。

9.2.1　Button 组件

Button 组件也就是按钮组件，它是任何表单或 Web 应用程序的一个基础部分。每当需要让用户启动一个事件时都可以使用按钮。例如，大多数表单都有"提交"按钮，也可以给演示文稿添加"前一个"和"后一个"按钮。按钮组件是一个可调整大小的矩形用户界面按钮，在"组件"面板中选择 Button 组件，按住左键不放将其拖放到舞台中即可创建按钮，然后选中舞台中添加的按钮，选择"窗口"→"组件检查器"命令打开其"组件检查器"面板，切换到"参数"选项卡，在其中可以对按钮的参数进行设置，如图 9-2 所示。

图 9-2　Button 组件的"组件检查器"面板

9.2.2　RadioButton 组件

RadioButton 组件也就是单选按钮组件，它是任何表单或 Web 应用程序中的一个基础部分。如果需要让用户从一组选项中做出一个选择，可以使用单选按钮。例如，在表单上询问报名考试的学生的性别时就可以使用单选按钮。使用单选按钮组件可以强制用户只能选择一组选项中的一项。RadioButton 组件必须用于至少有两个 RadioButton 实例的组中，在任何给定的时刻都只有一个组成员被选中。选择组中的一个单选按钮将取消选择组内当前选定的单选按钮，用户可以启用或禁用单选按钮，在禁用状态下，单选按钮不接收鼠标或键盘输入。在"组件检查器"面板中可以设置 RadioButton 组件的参数，如图 9-3 所示。

图 9-3　RadioButton 组件的"组件检查器"面板

下面的示例使用 ActionScript 创建 3 个 RadioButton，分别表示红色、蓝色和绿色，并绘制一个灰色的框。每个 RadioButton 的 value 属性指定与此按钮关联的颜色的十六进制值。当用户单击其中一个 RadioButton 时，clickHandler() 函数将调用 drawBox()，同时传递此 RadioButton 的 value 属性中的颜色值为此框着色。操作步骤如下：

（1）创建一个新的 Flash 文件（ActionScript 3.0），将一个 RadioButton 组件拖到"库"面板中。然后打开"动作"面板，在主时间轴中选择第 1 帧，并输入以下 ActionScript 代码。

```
import fl.controls.RadioButton;
import fl.controls.RadioButtonGroup;
var redRb:RadioButton = new RadioButton();
var blueRb:RadioButton = new RadioButton();
var greenRb:RadioButton = new RadioButton();
var rbGrp:RadioButtonGroup = new RadioButtonGroup("colorGrp");
var aBox:MovieClip = new MovieClip();
drawBox(aBox, 0xCCCCCC);
addChild(redRb);
addChild(blueRb);
addChild(greenRb);
addChild(aBox);
redRb.label = "Red";
redRb.value = 0xFF0000;
blueRb.label = "Blue";
blueRb.value = 0x0000FF;
greenRb.label = "Green";
greenRb.value = 0x00FF00;
redRb.group = blueRb.group = greenRb.group = rbGrp;
redRb.move(100, 260);
blueRb.move(150, 260);
greenRb.move(200, 260);
rbGrp.addEventListener(MouseEvent.CLICK, clickHandler);
```

第9章　Flash组件和数据存储

```
function clickHandler(event:MouseEvent):void {
    drawBox(aBox, event.target.selection.value);
}
function drawBox(box:MovieClip,color:uint):void {
    box.graphics.beginFill(color, 1.0);
    box.graphics.drawRect(125, 150, 100, 100);
    box.graphics.endFill();
}
```

（2）选择"控制"→"测试影片"→"测试"命令运行应用程序,效果如图 9-4 所示。

9.2.3 CheckBox 组件

图 9-4　3 个 RadioButton

CheckBox 组件就是复选框组件,它是任何表单或 Web
应用程序中的一个基础部分。每当需要收集一组非相互排斥
的值时都可以使用复选框。例如,一个收集客户个人信息的
表单可能有一个爱好列表供客户选择,在每个爱好的旁边都
有一个复选框,如图 9-5 所示。复选框组件是一个可以选中
或取消选中的方框,当它被选中后,框中会出现一个复选标记。用户也可以在应用程序中启
用或者禁用复选框(由 enabled 属性决定)。如果复选框已启用,并且用户单击它或者它的
标签,复选框会接收输入焦点并显示为按下状态。如果用户在按下鼠标按钮时将指针移到
复选框或其标签的边界区域之外,则组件的外观会返回到其最初状态,并保持输入焦点。在
组件上释放鼠标之前,复选框的状态不会发生变化。

图 9-5　CheckBox 组件的"组件检查器"面板

9.2.4 ComboBox 组件

ComboBox 组件就是下拉列表框组件,应用于需要从列表中选择一项的表单或应用程
序中。组合框组件由 3 个子组件组成,它们是 Button 组件、TextInput 组件和 List 组件。
组合框组件可以是静态的,也可以是可编辑的。使用静态组合框,用户可以从下拉列表中做
出一项选择。使用可编辑的组合框,用户可以在列表顶部的文本字段中直接输入文本,也可
以从下拉列表中选择一项。如果下拉列表超出了文档底部,该列表将会向上打开,而不是向
下。当在列表中进行选择后,所选内容的标签会被复制到组合框顶部的文本字段中,在进行

选择时既可以使用鼠标也可以使用键盘。在"组件检查器"面板中可以设置 ComboBox 组件的参数,如图 9-6 所示。

图 9-6　ComboBox 组件的"组件检查器"面板

其中,dataProvider 参数提供 ComboBox 组件选项的显示数据及对应的值数据,其设置界面如图 9-7 所示,当然也可以将一个数组赋给 dataProvider 参数。

图 9-7　dataProvider 设置界面及 ComboBox 组件的运行效果

下面的示例通过 ComboBox 组件选择大学网站。在 Array 数组中保存大学网站信息,其中使用 label 属性存储学校名称,使用 data 属性存储每个学校网站的 URL,然后通过设置 ComboBox 的 dataProvider 属性将该 Array 分配给 ComboBox。操作步骤如下:

(1) 创建一个新的 Flash 文件(ActionScript 3.0),将一个 ComboBox 组件从"组件"面板拖到"库"面板中。然后打开"动作"面板,在主时间轴中选择第 1 帧,并输入以下 ActionScript 代码。

```
import fl.controls.ComboBox;
import fl.data.DataProvider;
import flash.net.navigateToURL;
var sfUniversities:Array = new Array(
{label:"郑州大学",data:"http://www.zzu.edu.cn/"},
{label:"中原工学院", data:"http://www.zzti.edu.cn/"},
{label:"河南工业大学", data:" http://www.haut.edu.cn/ "},
{label:"河南大学", data:" http://www.henu.edu.cn/ "}
);
var aCb:ComboBox = new ComboBox();
```

```
aCb.dropdownWidth = 210;
aCb.width = 200;
aCb.move(150, 50);
aCb.prompt = "河南的大学";
aCb.dataProvider = new DataProvider(sfUniversities);
aCb.addEventListener(Event.CHANGE, changeHandler);
addChild(aCb);
function changeHandler(event:Event):void {
    var request:URLRequest = new URLRequest();
    request.url = ComboBox(event.target).selectedItem.data;
    navigateToURL(request);
    aCb.selectedIndex = -1;
}
```

（2）选择"控制"→"测试影片"→"测试"命令运行应用程序，效果如图 9-8 所示。当用户从列表中选择大学时，将触发 Event.CHANGE 事件，并调用 changeHandler()函数，该函数将 data 属性加载到 URL 请求中，以访问学校的网站。

图 9-8　通过 ComboBox 组件选择大学网站

注意：最后一行将 ComboBox 实例的 selectedIndex 属性设置为 −1，以便在列表关闭时重新显示提示，否则将显示所选择的学校名称而不是提示。

9.2.5　Label 组件

Label 组件就是标签组件，一个标签组件就是一行文本，可以指定一个标签采用 HTML 格式，也可以控制标签的对齐和大小。Label 组件没有边框，不能具有焦点，并且不广播任何事件。在应用程序中，经常使用一个 Label 组件为另一个组件创建文本标签作为提示信息。在"属性"面板中可以设置 Label 组件的参数，如图 9-9 所示。

9.2.6　List 组件

List 组件就是列表框组件，它是一个可滚动的单选或多选列表框。在应用程序中，可以建立一个列表，以便用户可以在其中选择一项或多项。例如，选择在报考全国计算机等级考试二级中选择报考的科目，用户在列表中上下滚动，并通过单击选择一项，如图 9-10 所示。

其中，dataProvider 参数提供 List 组件选项的显示数据及对应的值数据，其设置界面同 ComboBox 组件的 dataProvider 设置界面（如图 9-7 所示）。

图 9-9　Label 组件的"组件检查器"面板

图 9-10　List 组件的"组件检查器"面板

下面的示例创建一个由颜色名称组成的 List，当用户选择某种颜色时，它将该颜色应用于影片剪辑。

使用 List 组件控制影片剪辑实例的步骤如下：

（1）创建一个 Flash 文件（ActionScript 3.0），将一个 List 组件从"组件"面板拖到舞台上。

（2）在"属性"面板中为该组件指定相应值，这里输入 aList 作为实例名称，60 作为 H 值，100 作为 X 值，150 作为 Y 值。

（3）打开"动作"面板，在主时间轴中选择第 1 帧，然后输入以下 ActionScript 代码。

```
aList.addItem({label:"Blue", data:0x0000CC});
aList.addItem({label:"Green", data:0x00CC00});
aList.addItem({label:"Yellow", data:0xFFFF00});
aList.addItem({label:"Orange", data:0xFF6600});
aList.addItem({label:"Black", data:0x000000});
var aBox:MovieClip = new MovieClip();
addChild(aBox);
aList.addEventListener(Event.CHANGE, changeHandler);
function changeHandler(event:Event) {
    drawBox(aBox, event.target.selectedItem.data);
};
function drawBox(box:MovieClip,color:uint):void {
    box.graphics.beginFill(color, 1.0);
    box.graphics.drawRect(225, 150, 100, 100);
```

```
    box.graphics.endFill();
}
```

（4）选择"控制"→"测试影片"→"测试"命令运行应用程序，单击此 List 中的颜色，可以
看到颜色会显示在影片剪辑中。

9.3   Flash 处理 XML 文档数据

在 Flash 中使用 XML 接口获取外部数据是最有效的方法之一，通常还有 WebSerivce
接口和 LoadVars 方法。

9.3.1   XML 基础

下面来看一个简单的 XML 文档（timu.xml），这个文档描述的是试题信息。

```
<?xml version = "1.0" encoding = "UTF - 8" standalone = "no"?>
< trivia >
    < item >
        < question >哈雷彗星的平均周期为</question >
        < answers >
            < answer >76 年</answer >
            < answer >54 年</answer >
            < answer >56 年</answer >
            < answer >83 年</answer >
        </answers >
    </item >
    < item >
        < question >在中国历史上是谁发明了"麻药"</question >
        < answers >
            < answer >华佗</answer >
            < answer >孙思邈</answer >
            < answer >张仲景</answer >
            < answer >扁鹊</answer >
        </answers >
    </item >
</trivia >
```

接下来简单介绍一下 XML 文档格式的书写规范。

第 1 行：

这是一个 XML 文档的描述信息，其中定义了该 XML 文档的一些基本属性，包括版本
信息（version）、使用的字符编码（encoding）。

第 2 行：

在 XML 文档中必须有一个根元素节点，这里<trivia>就是一个根元素节点。XML 要
求所有的元素节点必须在文档结束之前被闭合，如果元素中包含内容，则必须写成"<元素
名>内容</元素名>"的格式。如果内容为空，即空元素，则应写成"<元素名> </元素
名>"或"<元素名/>"的格式。XML 文档中的格式通常如下：

```
<元素>
    <子元素 属性 = "属性值">元素值</子元素>
```

```
</元素>
```

例如：

```
<item>
    <question>哈雷彗星的平均周期为</question>
    <answers>
        <answer>76 年</answer>
        <answer>54 年</answer>
        <answer>56 年</answer>
        <answer>83 年</answer>
    </answers>
</item>
```

item 元素有两个子元素，即<question>和<answers>，<question>子元素的内容是试题的题目，<answers>内包含的 4 个子元素是试题的 4 个选项。

我们要做的最终目的就是在 Flash 中获取这些元素的值。

9.3.2 读取 XML 文档数据

在 ActionScript 3.0 的程序中，读取 XML 文件的方法非常简单，需要用到 XML 类以及 XMLNode 类中的一些方法和属性。例如下面的代码用于读取 timu.xml 文件，timu.xml 文件需放在当前项目中。

（1）导入所需的命名空间：

```
import flash.system.System;
import flash.net.URLRequest;
import flash.net.URLLoader;
```

（2）获取外部 timu.xml 文件并转换成 XML 对象：

```
var dataXML:XML;
var xmlURL:URLRequest = new URLRequest("timu.xml");
var xmlLoader:URLLoader = new URLLoader(xmlURL);
xmlLoader.addEventListener(Event.COMPLETE, xmlLoaded);
//加载所有 XML,产生一道题目
function xmlLoaded(event:Event) {
    dataXML = XML(event.target.data);
    askQuestion();
    trace("Data loaded successfully1.");
}
```

当 timu.xml 文件数据被完全读入内存中时，系统会触发 Event.COMPLETE 事件，从而自动调用 xmlLoaded 函数，可以在 xmlLoaded 函数中加载外部 XML 数据到 dataXML 这个 XML 对象。

9.3.3 访问 XML 元素节点数据

（1）简单结构的 XML 访问。

```
<?xml version = "1.0" encoding = "gb2312"?>
```

```
<imageFile>
    <img imgName="第一张图片" path="img\01.jpg">第 1 张</img>
    <img imgName="第二张图片" path="img\02.jpg">第 2 张</img>
    <img imgName="第三张图片" path="img\03.jpg">第 3 张</img>
    <img imgName="第四张图片" path="img\04.jpg">第 4 张</img>
    <img imgName="第五张图片" path="img\05.jpg">第 5 张</img>
    <img imgName="第六张图片" path="img\06.jpg">第 6 张</img>
    <img imgName="第七张图片" path="img\07.jpg">第 7 张</img>
</imageFile>
```

输出各个节点的值：

```
trace(myXML.children()[0]);                    //输出为：第 1 张,my XML 为 XML 对象
trace(myXML.children()[0].@imgName);           //输出为：第一张图片
trace(myXML.children()[0].@path);              //输出为：img\01.jpg
trace(myXML.children()[0].toXMLString());      //输出为<img…>…</img>完整 XML 格式
```

说明：因为<imageFile>为第一级节点，所以通过 myXML.children()后将访问的是<img imgName>这层节点，这时可采用[i]来访问具体的节点。@imgName 用于访问节点的 imgName 属性。如果<img>节点为<img imgName="第一张图片" path="img\01.jpg"/>，那么访问 myXML.children()[0]将为 null 值。

（2）复杂结构的 XML 访问。

对于 timu.xml 文件，获取每道题的题目的代码如下：

```
var question:String = dataXML.item[questionNum].question;
```

questionNum 为 0 获取第 1 道题题目，questionNum 为 1 获取第 2 道题题目，以此类推。XML 节点可以通过元素名[index]访问，类似数组访问。

由于正确答案是<answers>中的第 1 个子元素<answer>，所以获取每题正确答案的代码如下：

```
correctAnswer = dataXML.item[questionNum].answers.answer[0];
```

如果获取每题的所有答案放入一个数组中，代码如下：

```
var allAnswers:Array = new Array();
var all:XMLList = dataXML.item[questionNum].answers;
    for(var i:int = 0;i<all.child("*").length();i++)
        allAnswers.push(all.answer[i]);
trace(allAnswers);
```

当 questionNum 为 0 时，输出"76 年,54 年,56 年,83 年"。

这里由于正确答案存储在第 1 个子元素<answer>中，所以需要从 XML 片段中获取某个题目的所有答案并打乱后放入数组 array。

```
//从 XML 片段中获取某个题目的所有答案并打乱后放入数组 array
public function shuffleAnswers(answers:XMLList) {
    var shuffledAnswers:Array = new Array();
    while (answers.child("*").length()>0) {
        var r:int = Math.floor(Math.random() * answers.child("*").length());
```

```
        shuffledAnswers.push(answers.answer[r]);
        delete answers.answer[r];
    }
    return shuffledAnswers;
}
```

9.4 课堂案例——智力测试

本案例开发智力测试游戏，当用户进入游戏后会自动出现题目和选项（如图 9-11 所示）。用户选择答案后进入对错界面，如图 9-12 所示，用户可以单击"继续测试"按钮进入到下一题目。

图 9-11　游戏界面

图 9-12　对错界面

智力测试游戏是数据驱动的，这种游戏需要存储大量的题目数据，这些数据可以直接存储到数组中处理，但是这样做在想改变题目数据时会不太方便，所以这些题目数据最好存储到外部文件中,在游戏中能动态地导入进来。

Flash 可以读取外部 TXT 文本、XML 文件的数据。对于智力测试游戏,最好的方法是将数据存入 XML 文件,在游戏开始时读取 XML 文件的数据,从而获取题目和答案信息。

游戏中题目的显示使用 Label 组件(标签组件),4 个选项使用 RadioButton 组件(单选按钮组件),当用户单击某个单选按钮后会触发其 MouseEvent. CLICK 事件,在其事件处理函数 clickAnswer 中判断对错,统计正确率,并将非正确答案选项隐藏,如图 9-12 所示。用户单击"继续测试"按钮后,将从 XML 文件中读取下一题目数据,更新 Label 组件和 4 个 RadioButton 组件上显示的题目信息,从而开始新的题目测试。

4 个 RadioButton 组件会导致上一次的选择结果保留到下一道题,解决的方法是多添加一个隐藏的 RadioButton 组件(e_mc)。在进入到下一题时,将此隐藏的 RadioButton 组件(e_mc)选中就可以避免 4 个 RadioButton 组件会选中一个。

9.4.1 创建 Flash 文件

打开 Flash CS6 软件,然后选择"文件"→"新建"命令,系统将打开"新建文档"对话框,在该对话框中选择 ActionScript 3.0 选项,并在"属性"面板中设置文档类为 test。

选择"修改"→"文档"命令,打开"文档设置"对话框,设置场景的尺寸为 550 像素×300 像素,单击"确定"按钮,并在"属性"面板中设置文档类为 test。然后添加一个 Label 组件(timu_lbl),5 个 RadioButton 组件(a_mc、b_mc、c_mc、d_mc、e_mc)和一个动态文本(scoreField)。本游戏不需要影片剪辑元件。

设计第 2 帧如图 9-13 所示,其中一个动态文本(scoreField)显示成绩、一个静态文本显示 Game Over 文字,将帧标签名设置为"gameover",并在第 2 帧中添加以下代码:

```
scoreField.text = "回答题数: " + numQuestionsAsked +
                  "正确率: " + int(numCorrect/numQuestionsAsked * 100) + " % ";
```

在第 1 帧添加以下代码:

```
stop();
```

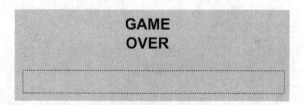

GAME OVER

图 9-13　第 2 帧效果

9.4.2 设计文档类(test. as)

文档类是游戏实例,以下是成员变量的定义,主要包括正确答案和保存 4 个选项的数组。

```
package {
    import flash.display. * ;
    import flash.events. * ;
```

```
import flash.net.URLLoader;
import flash.net.URLRequest;
import flash.text. * ;
import fl.controls.Button;
public class test extends MovieClip {
    private var dataXML:XML;
    private var questionNum:int = 0;                    //被测试题目编号
    private var correctAnswer:String;                   //正确答案字符串
    private var numQuestionsAsked:int = 0;              //已答题目数量
    private var numCorrect:int = 0;                     //答对题目数量
    private var answers:Array;                          //保存题目4个选项的数组
    private var messageField:TextField;                 //对错信息的文本
    private var questionFormat:TextFormat;              //文本格式
    private var gameButton:Button = new Button();       //"继续测试"按钮
```

构造函数加载 timu. xml 文件,获得外部 timu. xml 文件并转换成 XML 对象。由于 URLLoader 是异步的,所以必须在加载完成 Event. COMPLETE 事件中处理题目信息,产生一道题目,而不能在 new URLLoader(xmlURL)后直接处理题目信息。

```
public function test() {
    dataXML = new XML();
    var xmlURL:URLRequest = new URLRequest("timu.xml");
    var xmlLoader:URLLoader = new URLLoader(xmlURL);
    xmlLoader.addEventListener(Event.COMPLETE, xmlLoaded);
    xmlLoader.addEventListener(IOErrorEvent.IO_ERROR,xmlLoadError);
    questionFormat = new TextFormat ( "Arial", 24, 0x330000, true, false, false, null, null,"
center");
}
//加载所有 XML,产生一道题目
function xmlLoaded(event:Event) {
    dataXML = XML(event.target.data);
    askQuestion();
    a_mc.addEventListener(MouseEvent.CLICK,clickAnswer);
    b_mc.addEventListener(MouseEvent.CLICK,clickAnswer);
    c_mc.addEventListener(MouseEvent.CLICK,clickAnswer);
    d_mc.addEventListener(MouseEvent.CLICK,clickAnswer);
    //trace(dataXML.children()[0]);
    trace("数据加载成功!!");
}
```

askQuestion()完成显示一道题目到游戏界面上的功能。通过 XML 对象 dataXML 获取第 questionNum 个测试题目显示到 label 组件上,由于正确答案是<answers>中的第 1 个子元素<answer>,所以 dataXML.item[questionNum].answers.answer[0]可以得到本题的正确答案。这里由于正确答案存储在第 1 个子元素<answer>中,所以需要从 XML 片段中获取某个题目的所有答案并打乱后放入数组 answers,最后将 answers 中的 4 个答案显示在 RadioButton 组件上。

217

```
public function askQuestion() {
    var question:String = dataXML.item[questionNum].question;        //测试题目
    timu_lbl.text = question;        //显示测试题目到 Label 组件上
    //正确答案
    correctAnswer = dataXML.item[questionNum].answers.answer[0];
    //打乱后 4 个答案的数组 array
    answers = shuffleAnswers(dataXML.item[questionNum].answers);
    for(var i:int = 0;i < answers.length;i++) {
        var answer:String = answers[i];
        switch(i)
        {
        case 0:
            a_mc.label = answer;
            break;
        case 1:
            b_mc.label = answer;
            break;
        case 2:
            c_mc.label = answer;
            break;
        case 3:
            d_mc.label = answer;
            break;
        }
    }
}
```

shuffleAnswers(answers:XMLList)从 XML 片段中获取某个题目的所有答案并打乱后放入数组 array。

```
public function shuffleAnswers(answers:XMLList) {
    var shuffledAnswers:Array = new Array();
    while (answers.child(" * ").length()>0) {
        var r:int = Math.floor(Math.random() * answers.child(" * ").length());
        shuffledAnswers.push(answers.answer[r]);
        delete answers.answer[r];
    }
    return shuffledAnswers;
}
```

在显示 4 个答案的 RadioButton 组件的单击事件中,event.currentTarget 获取被单击组件,event.currentTarget.label 获取用户选择的答案字符串。判断用户选择的答案正确后动态地产生一个文本显示对错信息,同时调用 finishQuestion()将非正确答案的单选按钮组件隐藏,并显示分数及"继续测试"按钮。

```
public function clickAnswer(event:MouseEvent) {        //用户选择一个答案
    //获取用户选择答案字符串
    var selectedAnswer = event.currentTarget.label;
    if (selectedAnswer == correctAnswer) {
        numCorrect++;
```

```
            messageField = createText("你答对了!",
                          questionFormat, this, 0, 200, 550);
        } else {
            messageField = createText("错误!", questionFormat, this, 0, 200, 550);
        }
        finishQuestion();
    }
    public function finishQuestion() {
        //将 4 个答案的 RadioButton 组件隐藏
        a_mc.visible = false;
        b_mc.visible = false;
        c_mc.visible = false;
        d_mc.visible = false;
        //将正确答案的 RadioButton 组件显示
        for(var i:int = 0; i < 4; i++) {
            if (answers[i] == correctAnswer) {
            switch(i){
                case 0:
                    a_mc.visible = true; break;
                case 1:
                    b_mc.visible = true; break;
                case 2:
                    c_mc.visible = true; break;
                case 3:
                    d_mc.visible = true; break; }
            }
        }
        questionNum++;       //下一题目序号
        numQuestionsAsked++;
        showGameScore();
        showGameButton("继续测试");
    }
```

showGameScore()更新分数的显示。

```
public function showGameScore() {
    scoreField.text = "回答题数: " + numQuestionsAsked +
        " 正确率: " + int(numCorrect/numQuestionsAsked * 100) + "% ";
}
```

showGameButton(buttonLabel:String)动态生成按钮组件,显示的文字为"继续测试",
并加入到显示列表中。

```
public function showGameButton(buttonLabel:String) {
    gameButton.visible = true;
    gameButton.label = buttonLabel;
    gameButton.x = 220;
    gameButton.y = 250;
    addChild(gameButton);
    gameButton.addEventListener(MouseEvent.CLICK, pressedGameButton);
}
```

219

玩家单击"继续测试"按钮,触发 MouseEvent.CLICK 事件函数 pressedGameButton,判断被测试题目编号,如果未超过总题数,产生下一题目,否则进入到第 2 帧(帧名称为 gameover)游戏结束界面。

```
public function pressedGameButton(event:MouseEvent) {
    this.removeChild(messageField);
    //判断被测试题目编号是否超过总题数
    if (questionNum >= dataXML.child(" * ").length()) {
        gameButton.removeEventListener(
                        MouseEvent.CLICK, pressedGameButton);
        //将"继续测试"按钮删除
        this.removeChild(gameButton);
        gotoAndStop("gameover");
    } else {
        askQuestion();                //产生下一题目
        a_mc.visible = true; a_mc.selected = false;
        b_mc.visible = true; b_mc.selected = false;
        c_mc.visible = true; c_mc.selected = false;
        d_mc.visible = true; d_mc.selected = false;
        e_mc.selected = true;         //第 5 个单选按钮被选中
        gameButton.visible = false;
    }
}
```

createText 创建指定格式和位置坐标的一个文本框。

```
public function createText(text:String, tf:TextFormat,
                    s:MovieClip, x, y: Number, width:Number): TextField {
    var tField:TextField = new TextField();
    tField.x = x; tField.y = y;
    tField.width = width; tField.defaultTextFormat = tf;
    tField.selectable = false; tField.multiline = true;
    tField.wordWrap = true;
    if (tf.align == "left") {
        tField.autoSize = TextFieldAutoSize.LEFT;
    } else {
        tField.autoSize = TextFieldAutoSize.CENTER;
    }
    tField.text = text;
    s.addChild(tField);
    return tField;
}
    function xmlLoadError(event:IOErrorEvent) {
        trace(event.text);
    }
}
```

游戏结束时的界面如图 9-14 所示。

图 9-14　游戏结束时的界面

习题

1. ActionScript 3.0 中的组件可以分为哪两种?
2. 使用 List 组件将 XML 文件存储的学生姓名显示出来。
3. 使用 CheckBox 组件设计一个爱好调查问卷,并显示到标签中。

使用 ActionScript 3.0 的基本绘图命令可以绘制围绕图形边沿的线条以及填充图形。一种新的高级的绘图命令,允许接受 Vector(向量)对象(数组类型)作为绘图参数。如果使用有限数量的坐标快速绘制简单图形,可以使用 flash. display. Graphics 类中的基本绘图命令。如果使用许多坐标点创建一个较为复杂的图形,或者想要通过编程方式快速改变图形的点、颜色填充或打算将成型的图形及其属性应用到其他图形中,那么请使用更高级的图形数据类和命令。

10.1　Graphics 类

ActionScript 3.0 中的绘图是通过 Graphics 类实现的,Graphics 类直接继承 Object 类,它具有很多绘图方法,大致分为两种,一种是定义绘图样式的方法;另一种是用于绘制和清除图形的方法。

Graphics 类有关定义绘图样式的方法包括线条样式和填充样式两类,如表 10-1 所示,用于绘制和清除图形的方法如表 10-2 所示。

表 10-1　Graphics 类的绘图样式方法

方法名	说　　明	方法名	说　　明
lineStyle	定义线条样式	beginGradientFill	定义渐变填充样式
lineGradientStyle	定义渐变线条样式	beginBitmapFill	定义位图填充
beginFill	定义固体填充样式	endFill	结束填充方法

表 10-2　Graphics 类的绘制和清除图形方法

方法名	说　　明	方法名	说　　明
moveTo	定义绘制线条的起点	drawEllipse	绘制椭圆
lineTo	定义绘制线条的终点	drawRect	绘制矩形
curveTo	绘制曲线	drawRoundRect	绘制圆角矩形
drawCircle	绘制圆形	clear	清除绘图

Graphics 类不允许用户创建实例,如果要使用 Graphics 类的方法,需要借助 Shape 类和 Sprite 类的实例,这些实例具有 graphics 属性。graphics 属性是 Graphics 类的实例,通过 graphics 属性可以调用绘图的方法。其语法如下:

显示实例名.graphics.lineStyle()

我们经常使用 Shape 类绘制图形,因为 Shape 类只有 graphics 属性和构造函数,所以使用 Shape 类绘制图形的效率会更高。当需要图形的交互功能时,可以考虑使用 Sprite 类和 MovieClip 类。

在绘制之前,必须先设置 Graphics 对象的线条样式。如果没有设置,默认线条样式为 undefined,而且线条和填充都不能被渲染。lineStyle()方法用于设置 Graphics 对象的线条样式。lineStyle()方法接受多个参数(参数都是可选的),主要的参数如下。

- thickness:定义线条的宽度,默认值为 1,范围为 0~255。
- color:线条的颜色,默认为 0x000000。
- alpha:线条的透明度,范围为 0~1,默认为 1。
- pixelHinting:布尔型,指示线条是否包住整个像素,默认为 false。

绘制填充图形时需用 graphics.beginFill(color)设置填充色,如果填充结束,需要调用 graphics.endFill()方法结束填充。在操作中,除了可以使用纯色填充外,还可以使用渐变填充和位图填充。

10.2　绘制图形

10.2.1　画线

画一条直线是最基本的绘图,Flash 会把笔刷当前的绘画位置作为起点,然后还需要指定一个坐标作为目标位置,使用 Graphics.lineTo()方法可以从当前绘画位置到目标位置创建一条直线。Graphics.lineTo()方法的格式如下:

```
lineTo(x:Number, y:Number):void
```

功能:使用当前线条样式绘制一条从当前绘画位置开始到(x,y)结束的直线,当前绘画位置随后会设置为(x,y)。

例如:

```
var sampleSprite:Sprite = new Sprite();
addChild(sampleSprite);
sampleSprite.graphics.lineStyle(12, 0x000000);    //定义画图的线条样式
sampleSprite.graphics.lineTo(100, 100);           //从当前位置到(100,100)画一条直线
```

运行效果如图 10-1 所示。

当 Grahics.lineTo()方法被调用时,显示对象所关联的 Graphics 对象就会画出相应的图形,例如上面的直线由 sampleSprite 所关联的 Graphics 画出。

lineTo()把笔刷的当前位置作为起点,类似的方法还有 curveTo()、moveTo()。默认笔刷的起始坐标为(0,0)。moveTo()方法不会画出东西,它直接把笔刷移动到目标位置。

图 10-1　画一条直线

以下代码用于实现绘制线段的功能：

```
var canvas: MovieClip = new MovieClip();        //canvas 是一个影片剪辑对象
addChild(canvas);
drawLine();
function drawLine():void
{
    canvas.graphics.lineStyle(12, 0x000000);    //lineStyle()用于定义画图的线条样式
    canvas.graphics.moveTo(0, 0);               //设置(0, 0)为当前绘画点
    canvas.graphics.lineTo(100, 100);           //以当前绘画点为起点画一条直线到目标点
}
```

10.2.2　画曲线

在设置好线条样式以后，就可以使用 curveTo() 方法画曲线了。使用 curveTo() 方法画出的曲线接近于贝塞尔曲线，它需要 3 个点，即开始点、控制点和目标点。开始点一般是笔刷的当前位置；控制点决定曲线的形状，它是根据起始点和目标点的切线计算出来的；目标点指定曲线的目标终点。如果不指定控制点画出的就是直线。

curveTo 方法的格式如下：

```
curveTo(controlX:Number, controlY:Number, anchorX:Number, anchorY:Number):void
```

curveTo() 方法带有 4 个参数，即 controlX、controlY、anchorX、anchorY。其中，controlX 和 controlY 是控制点的坐标，anchorX 和 anchorY 是终点坐标，起点坐标可由 moveTo 方法指定。使用 curveTo() 方法的关键是控制点的确定，控制点相当于曲线起始点和终点切线的交点。

下面的例子画出了控制点为(0, 100)和目标点为(100, 100)的曲线：

```
var canvas:MovieClip = new MovieClip();        //canvas 是一个影片剪辑对象
addChild(canvas);
drawCurve();
function drawCurve():void
{
    canvas.graphics.lineStyle(1, 0x000000);
    canvas.graphics.moveTo(100, 0);
    canvas.graphics.curveTo(100, 100, 200, 200);
}
```

图 10-2　绘制曲线

其运行效果如图 10-2 所示。

10.2.3　画矩形

对于简单的矩形，也可以使用 lineTo() 方法画出其 4 条线段：

```
var sampleSprite:Sprite = new Sprite();
addChild(sampleSprite);
sampleSprite.graphics.lineStyle(1, 0, 100);     //指定 1 像素、实心的黑线
sampleSprite.graphics.lineTo(100, 0);           //画出 4 条线段
```

```
sampleSprite.graphics.lineTo(100, 50);
sampleSprite.graphics.lineTo(0, 50);
sampleSprite.graphics.lineTo(0, 0);
```

使用这种方法需要调用 4 次 lineTo()，而且很难画出圆角矩形，其运行效果如图 10-3 所示。

绘制直角矩形可以使用 drawRect()方法，绘制圆角矩形使用 drawRoundRect()方法。

```
drawRect(x:Number, y:Number, width:Number, height:Number):void
```

该方法需要 4 个参数，即左上角的 x、y 坐标和直角矩形宽度 width、高度 height。

```
drawRoundRect(x:Number, y:Number, width:Number, height:Number, ellipseWidth:Number, ellipseHeight:
Number = NaN):void
```

该方法前 4 个参数的作用同上，ellipseWidth 用于绘制圆角的椭圆的宽度（以像素为单位）；ellipseHeight 用于绘制圆角的椭圆的高度（以像素为单位），如果未指定值，则默认值与为 ellipseWidth 参数提供的值相匹配。

下面的代码画了一个 100 像素×50 像素的矩形，左上角坐标为(0,0)，并且填充绿色：

```
var sampleSprite:Sprite = new Sprite();
addChild(sampleSprite);
sampleSprite.graphics.lineStyle(5, 0xFF0000);
sampleSprite.graphics.beginFill(0x00FF00);        //定义填充色为绿色
sampleSprite.graphics.drawRect(0, 0, 100, 50);    //画矩形
sampleSprite.graphics.endFill();
```

运行效果如图 10-4 所示。

图 10-3　通过画出 4 条线段绘制矩形　　　　　　图 10-4　运行效果

10.2.4　课堂案例——动态绘制矩形

使用 ActionScript 3.0 实时动态地绘制矩形，运行界面如图 10-5 所示。

在这个案例中用到 3 个鼠标事件，分别是 MouseEvent. MOUSE_DOWN、MouseEvent . MOUSE_UP 和 MouseEvent. MOUSE_MOVE。侦听 MOUSE_DOWN 事件用来记录鼠标按下位置的 x 坐标和 y 坐标，这也是矩形绘制的起点；侦听 MOUSE_MOVE 事件用来绘制矩形，通过鼠标移动的距离可以确定矩形的长和宽；侦听 MOUSE_UP 事件结束了所有

的绘制动作。

绘制矩形需要用到 drawRect() 方法,该方法需要传递 4 个参数,即 x 坐标、y 坐标、矩形的长度和宽度。前两个参数在 MOUSE_DOWN 事件处理函数中已经获得,用户能够通过计算鼠标移动后的位置和原始位置的差值计算出矩形的长和宽:

图 10-5　动态绘制矩形

```
mysprite.graphics.drawRect(dx,dy,mouseX－dx,mouseY－dy);
```

制作步骤如下:

(1) 打开 Flash CS6 软件,然后选择"文件"→"新建"命令,系统将打开"新建文档"对话框,在该对话框中选择"ActionScript 3.0"选项。

(2) 选中主时间轴中的第 1 帧,然后选择菜单栏中的"窗口"→"动作"命令,打开"动作"面板,输入以下代码。

```
import flash.events.MouseEvent;
var dx:Number;
var dy:Number;
var vx:Number;
var mysprite:Sprite = new Sprite();
addChild(mysprite);
stage.addEventListener(MouseEvent.MOUSE_DOWN,ondown);
stage.addEventListener(MouseEvent.MOUSE_UP,onup);
function ondown(e:MouseEvent):void {          //记录鼠标按下位置的 x 坐标和 y 坐标
    dx = mouseX;
    dy = mouseY;
    stage.addEventListener(MouseEvent.MOUSE_MOVE,onmove);
}
function onmove(e:MouseEvent):void {          //绘制矩形
    mysprite.graphics.clear();
    mysprite.graphics.lineStyle(2,0xff0000);
    mysprite.graphics.drawRect(dx,dy,mouseX－dx,mouseY－dy);
}
function onup(e:MouseEvent):void {          //结束矩形的绘制
    stage.removeEventListener(MouseEvent.MOUSE_MOVE,onmove);
}
```

10.2.5　画圆和椭圆

1. 画圆

Graphics 类提供的 drawCircle() 方法可以简单地画圆,drawCircle() 方法的格式如下:

```
drawCircle(x:Number, y:Number, radius:Number):void
```

其参数的作用如下。

- x:圆中心的 x 坐标。
- y:圆中心的 y 坐标。

- radius：圆半径。

下面画出了圆中心点在(100,100)、半径为 50 的圆,同时绘制一个圆中心点在(300,30)、半径为 50 的填充圆,运行效果如图 10-6 所示。

```
var sampleSprite:Sprite = new Sprite();
addChild(sampleSprite);
sampleSprite. graphics. lineStyle(2,0xff0000);
sampleSprite.graphics.drawCircle(100, 100, 50);
drawCircle();
function drawCircle():void                    //画圆
{
    sampleSprite.graphics.lineStyle(1, 0x000000);
    //beginFill()用于单色填充之后绘制的图形,直到调用 endFill()为止
    //两个参数分别为填充的颜色值和不透明度
    sampleSprite.graphics.beginFill(0xFF0000, 0.5);
    //drawCircle()用于绘制圆形
    //3 个参数分别为圆心的 x 坐标、圆心的 y 坐标、圆形的半径
    sampleSprite.graphics.drawCircle(300, 30, 30);
    //endFill()用于呈现 beginFill()和 endFill()之间绘制的图形的填充效果
    sampleSprite.graphics.endFill();
}
```

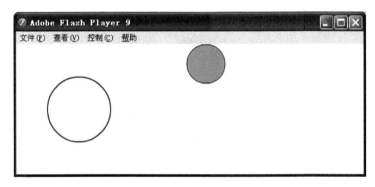

图 10-6　动态绘制矩形

2. 画椭圆

用户可以通过 drawEllipse()方法绘制椭圆,drawEllipse()方法的格式如下:

```
drawEllipse(x:Number, y:Number, width:Number, height:Number):void
```

其参数的作用如下。

- x：椭圆中心的 x 坐标。
- y：椭圆中心的 y 坐标。
- width 为椭圆在 x 方向上的半径。
- height 为椭圆在 y 方向上的半径。

下面的代码定义了 Pen 对象并画出一个椭圆:

```
var pen:Pen = new Pen(sampleSprite.graphics);
pen.drawEllipse(100, 100, 100, 50);
```

227

而下面的代码画出一个填充的椭圆：

```
canvas.graphics.lineStyle(1,0x000000);
canvas.graphics.beginFill(0xFF0000);
//drawEllipse()用于绘制椭圆
//前两个参数：椭圆左侧顶点的 x 坐标和 y 坐标
//后两个参数：椭圆的宽和高
canvas.graphics.drawEllipse(0, 200, 100, 50);
canvas.graphics.endFill();
```

10.2.6 课堂案例——贪吃蛇游戏

贪吃蛇曾经是十分流行的游戏，现在成了 Flash 经典教材的典型实例。在该游戏中，玩家操纵一条贪吃的蛇在长方形场地里行走，贪吃蛇按玩家所按的方向键折行，蛇头吃到豆后，蛇身会变长，如果贪吃蛇碰上墙壁或者自身，游戏就结束了。游戏的运行界面如图 10-7 所示。

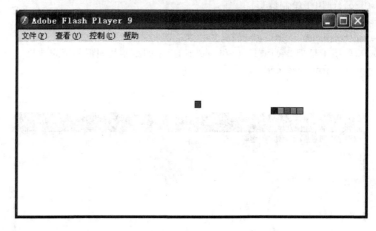

图 10-7　贪吃蛇

制作步骤如下：

（1）创建贪吃蛇的身体关节。

这里使用了继承 Shape 的 Snake 类。此类中使用 graphics.drawRect()方法绘制一个随机颜色的小方块，此类中还提供了公开的属性 vx、vy 和 radius，这些属性用来自定义方块的运动速度和大小。

选择"文件"→"新建"命令，系统将打开"新建文档"对话框，在该对话框中选择"ActionScript 3.0 类"选项，在 Flash 中新建一个 ActionScript 文件，将其保存为 Snake.as。Snake 类的具体代码如下：

```
package {
    import flash.display.Shape;
    public class Snake extends Shape{
        public var vx:int;                    //方块的运动速度
        public var vy:int;
        public var radius:int;                //方块的大小
        public function Snake(radius:uint,color:int) {
            this.graphics.lineStyle(1, 0x000000);
```

```
                    this.graphics.beginFill(color);          //以 color 颜色填充
                    //使用 graphics.drawRect()方法绘制一个 color 颜色的小方块
                    this.graphics.drawRect(0, 0, radius, radius);
                    this.width = radius;
                    this.graphics.endFill();
                }
        }
}
```

（2）创建"贪吃蛇"。

这里使用 for 循环创建 Snake 实例，并将每一个实例添加到数组中，再使用 for 循环将这些实例排成一条直线。第二个实例的 x 坐标等于第一个实例的 x 坐标减去实例本身的宽度。参照此方法将小方块排成一条直线。

```
nodes = new Array();
for (var i:uint = 0; i < ballOriginCount; i++) {
    var b:Snake = new Snake(radius, Math.random() * 0xffffff);
    nodes.push(b);
    b.x = 10 * radius;
    b.y = 10 * radius;
    b.vx = b.width;
    addChild(b);
}
for (i = 1; i < ballOriginCount; i++) {
    nodes[i].x = nodes[i-1].x - nodes[i].width;
}
```

（3）移动"贪吃蛇"。

贪吃蛇移动的前提在于后面的关节追随前一个关节的步伐移动，这就要求后面的关节要"记住"前面关节的位置。

```
//蛇尾追蛇头,for 循环用来传递上一关节的位置坐标(x,y)到本关节
for (var i = nodes.length - 1; i > 0; i-- ) {
    nodes[i].x = nodes[i-1].x;
    nodes[i].y = nodes[i-1].y;
}
```

在头关节的 X 轴上加上 vx 属性值、在 Y 轴上加上 vy 属性值来实现头关节的移动，

```
nodes[0].x = nodes[0].x + nodes[0].vx;            //设置蛇头关节的新位置
nodes[0].y = nodes[0].y + nodes[0].vy;
```

这样最终实现了贪吃蛇的移动。在循环之前加入检测代码，判断贪吃蛇是否碰壁，如果碰壁则停止运动。

（4）控制贪吃蛇的运动方法。

给舞台上添加 KeyboardEvent.KEY_DOWN 事件，侦听键盘按键，这样只要控制贪吃蛇的头关节就可以了，后面的关节会依据上面的方法做跟随运动。当按向下键的时候，将头关节的 vy 值加上关节的宽度值，而将 vx 的值设为 0，这样保证了贪吃蛇会朝下运动。对于按其他方向键的情况请读者自己分析。

第 10 章　ActionScript 的绘图功能

（5）在此游戏中首先会在场地的特定位置出现一个豆，豆要不断被蛇吃掉，当豆被吃掉后，原豆消失，又在新的位置出现新的豆。为了设计的简单，这些豆也是由 Snake 类创建的对象，因为豆也是一个小方块。出现一个豆的代码如下：

```
target = new Snake(radius,Math.random() * 0xffffff);
target.x = int(Math.random() * 20) * radius;
target.y = int(Math.random() * 15) * radius;
addChild(target);
```

选中主时间轴中的第 1 帧，选择菜单栏中的"窗口"→"动作"命令，打开"动作"面板，输入以下完整的代码：

```
var radius:uint = 15;                                  //贪吃蛇身体关节的大小为 15 像素
var ballOriginCount:uint = 5;                          //贪吃蛇身体初始为 5 节
var sW:Number = stage.stageWidth;
var sH:Number = stage.stageHeight;
var nodes:Array;
var target:Snake;                                      //食物对象
init();
stage.addEventListener(KeyboardEvent.KEY_DOWN,keyDowmHandler);
stage.addEventListener(Event.ENTER_FRAME,moveSnake);
function init():void {
    nodes = new Array();
    for (var i:uint = 0; i < ballOriginCount; i++) {
        var b:Snake = new Snake(radius,Math.random() * 0xffffff);
        nodes.push(b);
        b.x = 10 * radius;
        b.y = 10 * radius;
        b.vx = b.width;
        addChild(b);
    }
    for (i = 1; i < ballOriginCount; i++) {
        nodes[i].x = nodes[i-1].x - nodes[i].width;
    }
    target = new Snake(radius,Math.random() * 0xffffff);
    setFoodPosition();                                  //设置食物的位置
    addChild(target);
}
function setFoodPosition():void {                       //设置食物的位置
    //不让食物产生在蛇身上
    var isHitSnake = true;
    while (isHitSnake) {
        target.x = int(Math.random() * 20) * radius;
        target.y = int(Math.random() * 15) * radius;
        for (var i = 0; i < nodes.length; i++) {
            if (target.x == nodes[i].x && target.y == nodes[i].y) {
                isHitSnake = true;
```

```
                break;
            }
            isHitSnake = false;
        }
    }
}
function keyDowmHandler(e:KeyboardEvent):void {          //改变方向
    var b:Snake = nodes [0];                             //贪吃蛇的头关节
    if (e.keyCode == Keyboard.DOWN && b.vx!= 0) {        //向下
        b.vy = b.width;
        b.vx = 0;
    } else if (e.keyCode == Keyboard.UP && b.vx!= 0) {   //向上
        b.vy = - b.width;
        b.vx = 0;
    } else if (e.keyCode == Keyboard.LEFT && b.vy!= 0) { //向左
        b.vx = - b.width;
        b.vy = 0;
    } else if (e.keyCode == Keyboard.RIGHT && b.vy!= 0) { //向右
        b.vx = b.width;
        b.vy = 0;
    }
}
function moveSnake(event:Event):void {
    var b:Snake = nodes[0];                              //贪吃蛇的头关节
    //检测是否碰壁
    if (b.x < b.radius || b.x > sW - 2 * b.radius || b.y < b.radius || b.y > sH - 2 * b.radius) {
        stage.removeEventListener(Event.ENTER_FRAME,moveSnake);
    }
    //蛇尾追蛇头
    for (var i = nodes.length - 1; i > 0; i-- ) {
        nodes[i].x = nodes[i - 1].x;
        nodes[i].y = nodes[i - 1].y;
    }
    //设置蛇头关节的新位置
    nodes[0].x = nodes[0].x + nodes[0].vx;
    nodes[0].y = nodes[0].y + nodes[0].vy;
    //如果碰到自己的身体,结束移动
    for (var i:int = nodes.length - 1; i > 0; i-- ) {
        if (nodes[0].x == nodes[i].x && nodes[0].y == nodes[i].y) {
            trace("11111");
            stage.removeEventListener(Event.ENTER_FRAME,moveSnake);
        }
    }
    isMeetFood();                                        //是否吃到食物
}
//增加节点
function addNode() {
    var n1:Snake = new Snake(radius,Math.random() * 0xffffff);
```

```
        n1.x = nodes[length - 1].x;
        n1.y = nodes[length - 1].y;
        addChild(n1);
        nodes.push(n1);
    }
//是否吃到食物
function isMeetFood() {
    if (nodes[0].x == target.x && nodes[0].y == target.y) {
        //重新设置食物的位置
        //target.x = int(Math.random() * 20) * radius;
        //target.y = int(Math.random() * 15) * radius;
        setFoodPosition();                    //设置食物的位置
        addNode();
    }
}
```

本实例实现贪吃蛇的主要功能,实现贪吃蛇吃"食物"的功能,读者可进一步完善,让游戏具有可以积分、计时等功能。

10.3   位图处理

在影片中使用数字图像时会遇到两种不同类型的图形,即位图和矢量图。Graphics 类中提供了绘制矢量图的方法,对于位图,可以使用 Loader 类从外部导入,也可以使用 ActionScript 3.0 提供的位图相关类创建。Bitmap 类和 BitmapData 类就是 ActionScript 3.0 中用于处理位图的两个重要的类。

10.3.1   Bitmap 类和 BitmapData 类

位图图像有几个重要的指标,包括图像的宽度和高度(像素为单位)以及每个像素颜色的位数。在使用 RGB 颜色模型的位图图像中,像素由 3 个字节组成,即红、绿和蓝。每个字节包含一个 0~255 之间的值,3 个字节共计 24 位。

位图图像的品质由图像分辨率和颜色深度位值共同确定。分辨率与图像中包含的像素数有关,像素数越大,分辨率越高,图像也就越精确。颜色深度与每个像素可包含的信息量有关。例如,颜色深度值为每像素 48 位的图像与 16 位图像相比,其阴影具有更高的平滑度。

由于位图图像跟分辨率有关,因此不能很好地进行缩放。当放大位图图像时,这一特性显得尤为突出,通常放大位图有损其细节和品质。

Flash 支持 gif、jpeg 和 png 3 种格式的位图,对于使用 gif 或 png 格式的位图图像还可以为每个像素增加一个额外的字节——Alpha 通道,表示像素的透明度值。

1. Bitmap 类和 BitmapData 类简介

这两个类是 ActionScript 3.0 处理位图的主要工具,它们的继承关系如下:
Bitmap→DisplayObject→EventDispatcher→ObjectBitmapData→Object
由此可以看出,Bitmap 类面向显示,而 BitmapData 类面向数据,它是位图的内部表示。用 Bitmap 类显示的位图可以是使用 flash.display.Loader 类加载的图像,也可以是使用

Bitmap()构造函数创建的图像。如果要使用这个构造函数创建位图,需要提供一个 BitmapData 类对象作为参数。

BitmapData 类实现了位图呈现操作与 Flash 播放器的内部表示及更新分隔开来, BitmapData 类可以处理 Bitmap 对象中的数据(像素),处理以后的位图数据会立即显示在对应的 Bitmap 对象中。

用户可以使用 BitmapData 类提供的方法创建任意大小的透明或不透明的位图图像,并在运行时采用多种方式操作这些图像。对于使用 flash. display. Loader 类加载的位图图像,也可以访问到它对应的 BitmapData 对象。

BitmapData 对象包含像素数据的数组,数组中的每个元素都是一个 32 位的整数,它描绘了位图中单个像素的属性。这 32 位整数都是 4 个 8 位通道值(0~255)的组合,这些值描述像素的 Alpha 透明度以及红色、绿色、蓝色(ARGB)值。

2. 属性和方法

Bitmap 类的属性和方法比较少,其中最常用的是 bitmapData 属性,它指定了被引用的 BitmapData 对象。例如:

```
var myPic:Bitmap = new Bitmap();      //Bitmap 对象
//使用 Bitmap 对象的 bitmapData 属性得到 BitmapData 对象的引用
var myBitmap:BitmapData = myPic.bitmapData;
```

在实际针对位图的操作中,都是以 BitmapData 类为主的,这个类包括 4 个只读属性,如表 10-3 所示。

表 10-3　BitmapData 类的属性

属　　性	含　　义
height	位图图像的高度,以像素为单位
rect	定义位图图像大小和位置的矩形
transparent	定义位图图像是否支持每个像素具有不同的透明度
width	位图图像的宽度,以像素为单位

BitmapData 类提供了一系列方法用于操作位图图像,这些方法涉及创建与绘制位图、处理图像像素、复制位图等行为,表 10-4 列出了几个常用的方法。

表 10-4　BitmapData 类的方法举例

方　　法	含　　义
BitmapData()	创建一个具有指定宽度和高度的 BitmapData 对象
colorTransform()	使用 ColorTransform 对象调整位图图像的指定区域中的颜色值
draw(source)	使用矢量渲染器在位图图像上绘制 source 显示对象
getPixel(x:int, y:int)	返回 BitmapData 对象中特定点处的 RGB 像素值
getPixels(rect:Rectangle)	从像素数据的矩形区域生成一个字节数组
copyPixels(source:BitmapData, sourceRect: Rectangle, destPoint:Point)	将源位图 source 上某个区域 sourceRect 的像素复制到目标区域的某个坐标点 destPoint 处
setPixel(x:int, y:int, color:uint)	设置 BitmapData 对象的单个像素

方　　法	含　　义
setPixels(rect: Rectangle, inputByteArray: ByteArray)	将字节数组转换为像素数据的矩形区域
hitTest()	在一个位图图像与一个指定对象之间执行像素级的单击检测
noise()	使用表示随机杂点的像素填充图像
scroll(x:int, y:int)	按某一(x, y)像素量滚动图像
threshold()	根据指定的阈值测试像素,将通过测试的像素设置为新的颜色值

这些方法操作的位图图像可以是导入的位图(loader. content)或者是用户自己创建的位图。创建新位图需要使用构造函数 BitmapData(),它的声明如下:

```
public function BitmapData(width:int, height:int, transparent:Boolean = true,
                fillColor:uint = 0xFFFFFFFF)
```

前两个参数表示新建位图的宽和高;参数 transparent 表示位图是否支持每个像素包含不同的透明度,默认支持;fillColor 参数表示用于填充位图图像区域的 32 位 ARGB 颜色值,如果参数 transparent 被传递了 false 值,则只使用 32 位中的 24 位表示不透明的图像。

下面的代码用这个构造函数创建了一个宽、高均为 150 像素,具有 50% 透明度的蓝色 BitmapData 对象:

```
var myBitmap:BitmapData = new BitmapData(150, 150, true, 0x800000FF);
```

如果要显示这个位图图像,需要以 myBitmap 对象为参数创建一个 Bitmap 类的对象:

```
var myPic:Bitmap = new Bitmap(myBitmap);
addChild(myPic);
```

这 3 行代码会在舞台的左上角显示一个 myBitmap 对象中包含 150 像素×150 像素大小的矩形位图,如图 10-8 所示。

图 10-8　显示创建的位图

对于使用 Loader 类对象导入的位图,可以使用下面的代码获得对其中像素数据的引用:

```
var myLoader:Loader = new Loader();
myLoader.contentLoaderInfo.addEventListener(Event.COMPLETE,completeHd);
myLoader.load(new URLRequest("image.GIF"));
function completeHd(e:Event){
    var myPic:Bitmap = Bitmap(e.target.content);        //先转换为 Bitmap 对象
    //使用 Bitmap 对象的 bitmapData 属性得到 BitmapData 对象的引用
    var myBitmap:BitmapData = myPic.bitmapData;
}
```

10.3.2　复制位图里的部分像素

图 10-9 所示为一个方向(一般都是 4 个方向)的跑步动作序列图。假如想获取一个姿态的位图,可利用 BitmapData. copyPixels(sourceBitmapData,sourceRect,destPoint)将源位图上某个区域的像素复制到目标区域的某个坐标点处。

图 10-9　跑步动作序列 Snap1.jpg

下面利用 BitmapData. copyPixels 实现从跑步动作序列文件 Snap1. jpg 中截取第 1、3 个动作的操作,步骤如下:

(1)选择"文件"→"新建"命令,在打开的"新建文档"对话框中选择 ActionScript 3.0 选项。然后选择"窗口"→"属性"命令打开"属性"面板,在"属性"面板中设置文档类为 Sample0310。

(2)选择"文件"→"新建"命令,系统将打开"新建文档"对话框,在该对话框中选择 "ActionScript 3.0 类"选项,这样在 Flash 中新建了一个 ActionScript 文件,将其保存为 Sample0310. as。Sample0310 类的具体代码如下:

```
package {
    import flash.display.Bitmap;
    import flash.display.BitmapData;
    import flash.display.Loader;
    import flash.display.Sprite;
    import flash.events.Event;
    import flash.geom.Point;
    import flash.geom.Rectangle;
    import flash.net.URLRequest;
    public class Sample0310 extends Sprite
    {
        private var loader:Loader;
        private var imageContainer:Bitmap;
        public function Sample0310()
        {
            imageContainer = new Bitmap();
            //新建位图宽 120、高 80
            imageContainer.bitmapData = new BitmapData(120,80,false,0x00FFFF);
```

```
        this.addChild(imageContainer);
        loader = new Loader();
        loader.load(new URLRequest("Snap1.jpg"));
        loader.contentLoaderInfo.addEventListener(
                Event.COMPLETE,onLoadComplete);
    }
    private function onLoadComplete(target:Event):void
    {
        var image:Bitmap = loader.content as Bitmap;
        //复制Snap1.jpg图中Rectangle(0,0,60,80)矩形区域的内容
        imageContainer.bitmapData.copyPixels(image.bitmapData,
                new Rectangle(0,0,60,80),new Point(0,0));
        //复制Snap1.jpg图中Rectangle(120,0,60,80)矩形区域的内容
        imageContainer.bitmapData.copyPixels(image.bitmapData,
                new Rectangle(120,0,60,80),new Point(60,0));
    }
  }
}
```

（3）按 Ctrl＋Enter 组合键测试并预览动画效果，如图 10-10 所示。

图 10-10　截取的第 1、3 个动作

10.3.3　使用 BitmapData 类滚动位图

使用 BitmapData 类的 scroll(x,y)方法可以将图像按一定量的(x,y)像素进行滚动，滚动区域之外的边缘区域保持不变。

下面使用 BitmapData 类实现位图的滚动。

（1）选择"文件"→"新建"命令，在打开的"新建文档"对话框中选择 ActionScript 3.0 选项。然后选择"窗口"→"属性"命令打开"属性"面板，在"属性"面板中设置文档类为 Sample0310。

（2）选择"文件"→"新建"命令，在打开的"新建文档"对话框中选择"ActionScript 3.0 类"选项，这样在 Flash 中新建了一个 ActionScript 类文件，将其保存为 Sample0320.as。Sample0320 类的具体代码如下：

```
package {
    import flash.display.Bitmap;
    import flash.display.BitmapData;
    import flash.display.LoaderInfo;
    import flash.display.Shape;
    import flash.display.Sprite;
    import flash.events.Event;
    public class Sample0320 extends Sprite
    {
        private var image:Bitmap;
        public function Sample0320()                //滚动自绘的圆形位图
        {
            var circle:Shape = new Shape();
```

```
        circle.graphics.beginFill(0xFF0000);    //设置填充色为红色
        //在 circle 形状上绘制 10 个圆
        for(var i:int = 20; i <= 200; i = i + 20)
            circle.graphics.drawCircle(i, i, 10);
        circle.graphics.endFill();
        image = new Bitmap();
        image.bitmapData = new BitmapData(stage.stageWidth,
                    stage.stageHeight, false, 0x000000);
        image.bitmapData.draw(circle);            //在位图上绘制可视化对象 circle
        this.addChild(image);                     //将位图加入到舞台
        //帧频事件
        this.addEventListener(Event.ENTER_FRAME, onEnterFrame);
    }
    private function onEnterFrame(event:Event):void
    {
        if(image!= null)
        {   //向左上角以 45°移动,移动一次(x,y)坐标减一个像素
            image.bitmapData.scroll(-1, -1);
        }
    }
}
```

上例在 circle 形状中绘制了 10 个红色的圆形,然后将 circle 形状对象画到位图 image 上。帧频事件不停地移动位图,从而滚动位图 image,如图 10-11 所示。

图 10-11 滚动自绘的圆形

当然,用户也可以加载现成的图片来滚动,将构造函数的代码修改如下:

```
public function Sample0320()                     //滚动现成的图片
{
    var myLoader:Loader = new Loader();
    myLoader.contentLoaderInfo.addEventListener(
                    Event.COMPLETE, completeHd);
    myLoader.load(new URLRequest("Snap1.jpg"));
}
    function completeHd(e:Event){
        image = Bitmap(e.target.content);        //先转换为 Bitmap 对象
```

```
        this.addChild(image);                          //将位图加入到舞台
        //帧频事件
    this.addEventListener(Event.ENTER_FRAME,onEnterFrame);
}
```

按 Ctrl＋Enter 组合键测试并预览动画效果，这时可以看到 Snap1.jpg 图片沿着向左上角 45°移动的路径移动，如图 10-12 所示。

图 10-12 滚动现成的图片

习题

1. Graphics 类用于绘制和清除图形的方法有哪些？

2. ActionScript 3.0 提供的位图相关类创建位图，什么类是 ActionScript 3.0 中用于处理位图的两个重要的类？

3. 使用 Graphics 类中绘制图形的方法绘制俄罗斯方块的 7 种方块图案。

11.1 拼图游戏介绍

拼图游戏是计算机中常见的游戏之一,用户通过移动切分后的图形方块最终拼出指定的图形,从而完成游戏。本例中制作的是一个3×3的拼图,即由9个切分的小图块(其中有一块不显示图形)构成一幅完整的画面。

为方便叙述,这里将不显示图形的方块称为空图块,将其他图形方块称为图块。按键盘方向键移动空块的相邻图块(上、下、左、右4个方向),且只能移动这些相邻图块中的一块到空块的位置。如图11-1所示,其中(a)是游戏刚启动时的效果,(b)是移动了最上排中间图块后的效果。

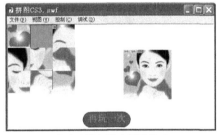

(a) 游戏刚启动   (b) 移动了最上排中间图块后

图 11-1 拼图游戏

在游戏过程中,按空格键或单击"再玩一次"按钮可以重置游戏,即随机地重新排列各个图块的位置。在所有图块的位置都排列正确后,画面上将显示"恭喜成功"几个字。

11.2 拼图游戏的设计思路

11.2.1 制作3×3图块

(1)首先需要选择一幅合适的图片,这里选择"文件"→"导入"→"导入到舞台"命令,从外部导入一幅人物的图片到影片中。

(2)单击工具箱中的"选择工具"按钮 ,选中图片后选择"修改"→"分离"命令(快捷键为Ctrl+B),将导入的图片打散,再选择"视图"→"标尺"命令,用辅助线将照片按田字形划分为9个正方块,如图11-2所示。

(3)使用"线条工具"在打散后的图形上横向绘制两条直线、纵向绘制两条直线,将图形分成 3×3＝9 块。

（4）因为游戏中需要使用鼠标拖动小的图块，所以分别选择每一块被分割的图案，将其转换成影片元件。用"选择工具" ![箭头] 框选图片左上角的 1/9 块，选择"修改"→"转换为元件"命令，将其转换为影片剪辑，并命名为"Picture1"，如图 11-3 所示。

图 11-2　把照片划分为 9 块 图 11-3　转换为元件

（5）使用同样的方法转换其他部分，得到元件 Picture 2～Picture 9，这时"库"面板中有 9 个元件。注意，左上角的那块图形在转换为元件前内容要删掉，这样可作为空白块。

（6）在"属性"面板中分别为这 9 个元件添加"实例"名称，依次为 T1、T2、T3、…、T9，如图 11-4 所示。

图 11-4　设置实例名

11.2.2　随机排列图块

实现图块的随机排列时，可以先将 9 个图块实例保存到某一数组中，然后在重置游戏时随机交换各图块实例在数组中的索引，最后根据各实例在数组中的索引号重新设置实例在场景中的位置。具体的实现代码如下：

```
public function Reset():void          //重置游戏时可调用此函数
{
    T_FinishText.visible = false;     //不显示"恭喜成功"文本
    m_Array = null;
    m_Array = new Array();
    //push函数可将影片实例放入数组的最末位，将T1～T9都压入数组
```

```
        m_Array.push(T1);m_Array.push(T2);
        m_Array.push(T3);m_Array.push(T4);
        m_Array.push(T5);m_Array.push(T6);
        m_Array.push(T7);m_Array.push(T8);
        m_Array.push(T9);
        m_nRow = 0; m_nCol = 0;
        var temp:MovieClip;
        var m, n:int;
        for(var i:int = 0; i < 5; i ++)                 //5 次随机交换图块
        {
            //取得 1～8 的随机数，0 号图块不改变
            m = int(Math.random() * 8 + 1);
            n = int(Math.random() * 8 + 1);
            temp = m_Array[m];
            m_Array[m] = m_Array[n];
            m_Array[n] = temp;
        }
        setPos();                                       //重新设置各图块的位置
    }
    public function setPos():void                       //根据索引号设置数组元素的场景位置
    {
        var row, col:int;
        for(row = 0; row < 3; row ++)
        {
            for(col = 0;col < 3; col ++)
            {
                m_Array[row * 3 + col].x = col * 100;
                m_Array[row * 3 + col].y = row * 100;
            }
        }
    }
```

11.2.3　键盘输入信息的获取

第 6 章曾讲过，在 ActionScript 语言中调用 addEventListener 函数可以实现对键盘或鼠标等事件的监听。当键盘事件发生时，系统会自动调用自定义的响应函数，并将按键信息传递给 KeyboardEvent 类型的参数。所以，在自定义的响应函数中可以通过类似下面的代码获取按键信息。

```
public function onKeyboardUp(e:KeyboardEvent):void
{
    switch(e.keyCode)                //判断用户输入的键盘值
    {
    case Keyboard.UP:                //向上键
        …                            //进行按键处理
        break;
```

```
    case Keyboard.DOWN:              //向下键
        …                           //进行按键处理
        break;
    case Keyboard.LEFT:              //向左键
        …                           //进行按键处理
        break;
    case Keyboard.RIGHT:             //向右键
        …                           //进行按键处理
        break;
    case Keyboard.SPACE:             //空格键
        …                           //进行按键处理
        break;
    }
}
```

11.2.4 移动图块的方法

移动图块实际上就是交换图块的索引号,同时重新设置各图块在场景中的位置。Exchange(row, col)将空图块移动到指定目标位置,参数 row、col 分别用于指定位置的行号与列号,空图块原来所在的位置是(m_nRow,m_nCol)。具体代码如下:

```
public function Exchange(row:int, col:int):void
{
    if(T_FinishText.visible == true)         //如果完成游戏则不能移动图块
        return;
    if(row < 0 || row >= 3 || col < 0 || col >= 3)
        return;
    var temp:MovieClip;
    var newIndex:int = row * 3 + col;        //目标位置所对应数组索引号
    var oldIndex:int = m_nRow * 3 + m_nCol;  //空块原位置所对应数组索引号
    temp = m_Array[newIndex];
    m_Array[newIndex] = m_Array[oldIndex];
    m_Array[oldIndex] = temp;
    m_nRow = row;                            //记录空块位置
    m_nCol = col;
    setPos();                                //重新设置各图块的位置
}
```

11.2.5 判断拼图是否完成的方法

若拼图完成,在 m_Array 数组中各实例的索引顺序一定是{T1,T2,…,T9},所以只需要判断 m_Array 数组中的实例元素是否是此顺序即可。具体代码如下:

```
public function checkFinish():void
{
    if(m_Array[0] == T1 && m_Array[1] == T2 && m_Array[2] == T3 &&m_Array[3] == T4 && m_Array[4]
```

```
== T5 && m_Array[5] == T6 &&m_Array[6] == T7 && m_Array[7] == T8 && m_Array[8] == T9)
    {
        T_FinishText.visible = true;        //"恭喜成功"文本框可见
    }
}
```

11.3 拼图游戏的实现步骤

11.3.1 创建 Flash 文件

打开 Flash CS6 软件,然后选择"文件"→"新建"命令,系统将打开"新建文档"对话框,在该对话框中选择 ActionScript 3.0 选项创建 Flash 文件。

1. 设置文档属性

选择"修改"→"文档"命令,打开"文档设置"对话框,设置场景的尺寸为 300 像素×450 像素,然后单击"确定"按钮。接着导入人物图像到舞台的右侧,在"属性"面板中设置文档类为 PuzzleGame。

在工具箱中选择"文本工具",在场景舞台的中间区域写上"恭喜成功",然后在"属性"面板中将文本设置为动态文本,并将实例命名为 T_FinishText。

2. 制作"再玩一次"按钮

选择"插入"→"新建元件"命令,新增一个按钮元件,命名为"再玩一次"。单击工具箱中的"矩形工具"按钮 ▢,在打开的"矩形工具"的"属性"面板中设置边角半径为 30 点,画出按钮的图形,并新建一个"图层 2",单击工具箱中的"文本工具"按钮 **T**,输入静态文本"再玩一次",字体为"华文新魏"、大小为 23,然后在两个图层的"点击"帧中分别按 F5 键插入相同帧,效果如图 11-5 所示。

图 11-5 制作"再玩一次"按钮

243

单击图 11-5 中的"场景 1"回到场景中,然后将"库"面板中的"再玩一次"按钮添加到舞台上,并在"属性"面板中设置实例名为"Reset_btn"。

11.3.2 设计文档类 PuzzleGame

选择"文件"→"新建"命令,系统将打开"新建文档"对话框,在该对话框中选择"ActionScript 文件"选项,在 Flash 中新建一个 ActionScript 类文件,将其命名为 PuzzleGame.as,并保存到刚刚创建的 Flash 文件所在的文件夹中。PuzzleGame 类的具体代码如下:

```actionscript
package{
    import flash.display.MovieClip;
    import flash.events.KeyboardEvent;
    import flash.ui.Keyboard;
    public class PuzzleGame extends MovieClip
    {
        public var m_Array:Array;
        public var m_nRow, m_nCol:int;
        public function PuzzleGame()                //构造函数
        {
            Reset();
            this.stage.addEventListener(KeyboardEvent.KEY_UP,onKeyboardUp);
            //注册"再玩一次"按钮事件监听,否则鼠标单击无反应
            Reset_btn.addEventListener(MouseEvent.CLICK,Reset);
        }
        public function Reset():void                //重置游戏时可调用此函数
        {
            T_FinishText.visible = false;           //不显示"恭喜成功"文本
            m_Array = null;
            m_Array = new Array();
            //push 函数可将影片实例放入数组的最末位,将 T1~T9 都压入数组
            m_Array.push(T1);m_Array.push(T2);
            m_Array.push(T3);m_Array.push(T4);
            m_Array.push(T5);m_Array.push(T6);
            m_Array.push(T7);m_Array.push(T8);
            m_Array.push(T9);
            m_nRow = 0; m_nCol = 0;
            var temp:MovieClip;
            var m, n:int;
            for(var i:int = 0; i < 5; i ++)          //5 次随机交换图块
            {
                //取得 1~8 的随机数,0 号图块不改变
                m = int(Math.random() * 8 + 1);
                n = int(Math.random() * 8 + 1);
                temp = m_Array[m];
                m_Array[m] = m_Array[n];
                m_Array[n] = temp;
            }
            setPos();                                //重新设置各图块的位置
        }
        public function setPos():void                //根据索引号设置数组元素的场景位置
        {
```

```
        var row, col:int;
        for(row = 0; row < 3; row ++)
        {
            for(col = 0;col < 3; col ++)
            {
                m_Array[row * 3 + col].x = col * 100;
                m_Array[row * 3 + col].y = row * 100;
            }
        }
    }
    public function onKeyboardUp(e:KeyboardEvent):void
    {
        switch(e.keyCode)
        {
        case Keyboard.UP:
            Exchange(m_nRow + 1, m_nCol);
            break;
        case Keyboard.DOWN:
            Exchange(m_nRow - 1, m_nCol);
            break;
        case Keyboard.LEFT:
            Exchange(m_nRow, m_nCol + 1);
            break;
        case Keyboard.RIGHT:
            Exchange(m_nRow, m_nCol - 1);
            break;
        case Keyboard.SPACE:
            Reset();
            break;
        }
        checkFinish();
    }
    public function Exchange(row:int, col:int):void
    {
        …//见前文
    }
    public function checkFinish():void
    {
        …//见前文
    }
}
```

至此完成了拼图游戏的开发,运行程序,效果如图 11-1 所示。

11.4 拼图游戏的改进

前面开发的拼图游戏功能单一,仅仅能够实现 3×3 的拼块游戏,如果改进成任意行列大小的拼图游戏则能够具有挑战性。对于任意行列大小的拼块游戏,需要动态生成玩家指定的行列数的拼块,而不能事先制作每一个拼块影片剪辑。

为控制行列数,在 Flash 文件中添加两个文本,并在"属性"面板中将文本设置为输入文本且嵌入字体(否则输入内容不可见),然后将实例命名为 row_num 和 col_num。

11.4.1 动态制作 row_Count×col_Count 个图块

首先加载 myphoto.jpg 图片,在图片加载完成时调用 onImageLoad()函数完成生成 row_Count×col_Count 个图块的功能,每个图块是一个 Sprite,在 Sprite 中通过用图片填充的形式绘制矩形来生成每个图块,其中通过 matrix 矩阵位移 myphoto.jpg 图片控制填充每个图块的图案。

```
private function loadpic() {                              //读取图片
    _loader = new Loader();
    _loader.load(new URLRequest("myphoto.jpg"));
    //图片加载完成时生成 row_Count×col_Count 个图块
    _loader.contentLoaderInfo.addEventListener(Event.COMPLETE, onImageLoad);
}
//生成 row_Count×col_Count 个图块
private function onImageLoad(event:Event):void {
    var bitmap:BitmapData = new BitmapData(_loader.width,_loader.height);
    //每个拼块的大小(x_num,y_num)
    x_num = 240/col_Count;                               //宽度
    y_num = 180/row_Count;                               //高度
    bitmap.draw(_loader);
    pic_box = new Sprite();                              //包含拼块的容器
    pic_box.x = 10;
    pic_box.y = 10;
    addChild(pic_box);
    m_Array = new Array();                               //变化顺序的拼图数组
    d_Array = new Array();                               //将拼图块存入不变数组
    for (var j:int = 0; j < row_Count; j++) {
        for (var i:int = 0; i < col_Count; i++) {
            var matrix:Matrix = new Matrix();
            matrix.translate(- x_num * i, - y_num * j);
            //产生一个拼图块 Sprite
            var block:Sprite = new Sprite();
            block.x = x_num * i;
            block.y = y_num * j;
            m_Array.push(block);                         //将拼图块存入数组
            d_Array.push(block);                         //将拼图块存入不变数组
            //当鼠标滑过其 buttonMode 属性设置为 true 的 Sprite 时显示手形光标
            block.buttonMode = true;
            block.graphics.lineStyle();
            if(i == 0 &&j == 0){                         //空白拼块
                block.graphics.lineStyle(5);
                block.graphics.drawRect(0,0,x_num - 1, y_num - 1);
            }
            else{                                        //图形拼块
                block.graphics.beginBitmapFill(bitmap,matrix);   //myphoto.jpg 图片位移 matrix
                //通过背景图填充的方式分割图片
                block.graphics.drawRect(0,0,x_num - 1, y_num - 1);
```

```
            block.graphics.endFill();
        }
        pic_box.addChild(block);                   //为容器添加拼图块
    }
  }
}
```

11.4.2 判断拼图是否完成的方法

若拼图完成,m_Array 数组中的实例一定和保存原始顺序的 d_Array 数组中的实例一致,所以只需要判断 m_Array 数组中的实例元素是否是 d_Array 数组中的实例顺序,如果不一致则返回假。

```
public function checkFinish():void
{
    var row, col:int;
    var flag:Boolean = true;
    for(row = 0; row < row_Count; row ++){
        for(col = 0;col < col_Count; col ++){
            //如果 m_Array 中的实例元素与 d_Array 数组中的实例顺序不一致则返回假
            if(m_Array[row * col_Count + col]!= d_Array[row * col_Count + col]){
                flag = false;
                return;
            }
        }
    }
    if(flag == true)
      T_FinishText.visible = true;       //"恭喜成功"可见
}
```

11.4.3 行列数改变事件方法

当玩家在 row_num 和 col_num 文本实例中输入行列数时触发 Event.CHANGE 事件,其事件处理函数 con_change(e:Event) 获取行列数,移除原来的拼图,并重新加载图片生成未打乱的拼块。

```
private function con_change(e:Event) {      //行列数改变事件
    row_Count = int(row_num.text);
    col_Count = int(col_num.text);
    removeChild(pic_box);
    loadpic();
}
```

11.4.4 重新设计文档类 PuzzleGame

重新设计文档类 PuzzleGame 类,具体代码如下:

```
package
{
```

```
import flash.display.*;
import flash.events.*;
import flash.ui.Keyboard;
import flash.events.MouseEvent;
import flash.text.TextField;
//添加的新的
import flash.display.Loader;
import flash.net.URLRequest;
import flash.geom.Matrix;
public class PuzzleGame extends MovieClip
{
    public var m_Array:Array;                        //变化顺序的拼图数组
    //每行块数 row_Count,每列块数 col_Count
    public var row_Count,col_Count;
    public var m_nRow, m_nCol:int;                   //空白块的位置
    public var pic_box,small_box:Sprite;
    public var _loader:Loader;
    //每个拼块的大小(x_num,y_num)
    var x_num:int;
    var y_num:int;
    var d_Array:Array;                               //储存未打乱顺序的拼图数组
    public function PuzzleGame()
    {
        row_Count = 3;
        col_Count = 3;
        loadpic();                                   //读取图片
        row_num.addEventListener(Event.CHANGE,con_change);
        col_num.addEventListener(Event.CHANGE,con_change);
        this.stage.addEventListener(KeyboardEvent.KEY_UP,onKeyboardUp);
        //注册"开始游戏"按钮事件监听,否则鼠标单击无反应
        Reset_btn.addEventListener(MouseEvent.CLICK,reset);
        T_FinishText.visible = false;                //"恭喜成功"不可见
    }
    public function reset(e:MouseEvent):void {
        //如果用户单击"开始游戏"按钮,进行重置游戏的操作
        Reset();
    }
    //行列数改变事件
    private function con_change(e:Event) {
        row_Count = int(row_num.text);
        col_Count = int(col_num.text);
        removeChild(pic_box);
        removeChild(small_box);
        loadpic();
    }
    //读取图片
    private function loadpic() {
        _loader = new Loader();
        _loader.load(new URLRequest("myphoto.jpg"));
        //图片加载完成
        _loader.contentLoaderInfo.addEventListener(Event.COMPLETE, onImageLoad);
```

```
        }
        private function onImageLoad(event:Event):void {
            … //见前文
            //显示整个图片的缩略图
            small_box = new Sprite();
            small_box.x = 290;
            small_box.y = 10;
            addChild(small_box);
            small_box.addChild(_loader);
            //控制缩略图的大小
            small_box.width = 120;
            small_box.height = 120;
        }
        public function Reset():void
        {
            T_FinishText.visible = false;
            m_nRow = 0; m_nCol = 0;
            var temp:Sprite;
            var m, n:int;
            for(var i:int = 0; i < 5; i ++)
            {
                m = int(Math.random() * (row_Count * col_Count − 1) + 1);
                n = int(Math.random() * (row_Count * col_Count − 1) + 1);
                temp = m_Array[m];
                m_Array[m] = m_Array[n];
                m_Array[n] = temp;
            }
            setPos();
        }
        public function setPos():void
        {
            var row, col:int;
            for(row = 0; row < row_Count; row ++)
            {
                for(col = 0;col < col_Count; col ++)
                {
                    m_Array[row * col_Count + col].x = col * x_num;
                    m_Array[row * col_Count + col].y = row * y_num;
                }
            }
        }
        public function onKeyboardUp(e:KeyboardEvent):void
        {
            … //同前例
        }
        public function Exchange(row:int, col:int):void
        {
            if(T_FinishText.visible == true)
                return;
            if(row < 0 ‖ row >= row_Count ‖ col < 0 ‖ col >= col_Count)
                return;
```

```
            var temp:Sprite;
            var newIndex:int = row * col_Count + col;
            var oldIndex:int = m_nRow * col_Count + m_nCol;
            temp = m_Array[newIndex];
            m_Array[newIndex] = m_Array[oldIndex];
            m_Array[oldIndex] = temp;
            m_nRow = row;
            m_nCol = col;
            setPos();
        }
        public function checkFinish():void
        {
            …//见前文
        }
    }
}
```

改进后的游戏设计效果如图 11-6 所示。本章用 Flash ActionScript 3.0 实现经典拼图游戏的基本功能,并且通过改进实现任意行列的拼图游戏,使得游戏更具有挑战性,从而更吸引玩家。

图 11-6   任意行列的拼图游戏

第12章 五子棋游戏

12.1 五子棋游戏介绍

五子棋是一种家喻户晓的棋类游戏,与围棋大致相同,棋子分为黑、白两色,棋盘为15×15,棋子放置于棋盘线的交叉点上。两人对局各执一色,轮流下一子,先将横、竖或斜线上的 5 个或 5 个以上的同色棋子连成不间断的一排者为胜。本章开发五子棋游戏程序,该游戏具有显示执棋方棋子颜色并可以判断胜负的功能,游戏的运行界面如图 12-1 所示。

图 12-1　五子棋游戏的运行界面

12.2　五子棋游戏的设计思路

12.2.1　棋子和棋盘

开发游戏时,需要事先准备黑、白两色棋子(如图 12-2 所示)和棋盘图片(如图 12-3 所示),这里设计棋子影片剪辑使用图 12-2 中的两张图,黑、白两色棋子各一帧。游戏最初显示时,棋盘下方显示执棋方棋子影片剪辑,游戏过程中根据需要落子产生一个棋子影片剪辑播放不同帧。棋盘在设计时直接放在 FLA 文件的舞台上。

BlackStone.png　WhiteStone.png

图 12-2　黑、白两色棋子　　　　　　　　　　图 12-3　棋盘

这里为便于处理,使用 qizi 二维数组用来存储棋盘上的棋子信息。

12.2.2　判断胜负功能

qizi[][]二维数组保存棋盘上的棋子信息,其中元素保存 1,表示此处为黑子;元素保存 2,表示此处为白子;元素保存 0,表示此处无棋子。对于五子棋游戏来说,规则非常简单,就是先在棋盘上横向、竖向、斜向形成连续的相同色的 5 个棋子的一方为胜。这里通过对 qizi 数组中的下棋方同色相连的数量进行统计,判断出输赢。

对于算法的具体实现大致分为以下几个部分:

- 判断 X=Y 轴上是否形成五子连珠;
- 判断 X=−Y 轴上是否形成五子连珠;
- 判断 X 轴上是否形成五子连珠;
- 判断 Y 轴上是否形成五子连珠。

以上 4 种情况只要任何一种成立,就可以判断输赢。

本程序中的 win_lose()函数扫描整个棋盘,判断是否连成五子,返回 true 或 false。这种方法由于需要扫描整个棋盘,所以效率较低。

```
//判断输赢信息
public function isWin():Boolean
{
```

```
var i,j,a:int;
var found:Boolean;
a = curQizi;
found = false;
//判断 X = Y 轴上是否形成五子连珠
for (i = 0; i < 11 && found == false; i++){
    for (j = 0; j < 11 && found == false; j++){
        if (qizi[i][j] == a && qizi[i + 1][j + 1] == a && qizi[i + 2][j + 2]
            == a && qizi[i + 3][j + 3] == a && qizi[i + 4][j + 4] == a){
            found = true;
        }
    }
}
//判断 X = - Y 轴上是否形成五子连珠
for (i = 4; i < 15 && found == false; i++){
    for (j = 0; j < 11 && found == false; j++){
        if (qizi[i][j] == a && qizi[i - 1][j + 1] == a && qizi[i - 2][j + 2]
        == a && qizi[i - 3][j + 3] == a && qizi[i - 4][j + 4] == a){
            found = true;
        }
    }
}
//判断 Y 轴上是否形成五子连珠
for (i = 0; i < 15 && found == false; i++) {
    for (j = 4; j < 15 && found == false; j++) {
        if (qizi[i][j] == a && qizi[i][j - 1] == a && qizi[i][j - 2] == a
                && qizi[i][j - 3] == a && qizi[i][j - 4] == a){
            found = true;
        }
    }
}
//判断 X 轴上是否形成五子连珠
for (i = 0; i < 11 && found == false; i++){
    for (j = 0; j < 15 && found == false; j++){
        if (qizi[i][j] == a && qizi[i + 1][j] == a && qizi[i + 2][j] == a
                &&qizi[i + 3][j] == a && qizi[i + 4][j] == a){
            found = true;
        }
    }
}
return found;
}
```

如果能得到刚下棋子的位置，就不用扫描整个棋盘，而仅仅在此棋子附近判断即可，程序中使用 checkWin()判断这个棋子是否和其他的棋子连成五子，即判断输赢。checkWin()是以刚下棋子的位置(px,py)为中心横向、纵向、斜向的判断来统计同色棋子的个数实现。

```
//checkWin()判断这个棋子是否和其他的棋子连成五子,即判断输赢
public function checkWin(px:int,py:int):Boolean
{
    var flag:Boolean = false;
    var i,i2,i3,i4,color,count,count2,count3,count4:int;
    count = 1;        //保存共有多少相同颜色的棋子相连
    color = qizi[px][py];
    //通过循环来做棋子相连的判断
    //横向的判断
    //判断横向是否有 5 个棋子相连,特点是纵坐标相同,即 qizi[px][py]中的 py 值相同
    i = 1;
    while (InBoard(px + i, py) && color == qizi[px + i][py + 0]){
        count++;
        i++;
    }
    i = 1;
    while (InBoard(px - i, py) && color == qizi[px - i][py - 0]){
        count++;
        i++;
    }
    if (count >= 5)     {
        flag = true; return flag;
    }
    //纵向的判断
    i2 = 1;
    count2 = 1;
    while (InBoard(px, py + i2) && color == qizi[px + 0][py + i2]){
        count2++;
        i2++;
    }
    i2 = 1;
    while (InBoard(px, py - i2) && color == qizi[px - 0][py - i2]){
        count2++;
        i2++;
    }
    if (count2 >= 5)      {
        flag = true; return flag;
    }
    //斜方向的判断(右上 + 左下)
    i3 = 1;
    count3 = 1;
    while (InBoard(px + i3, py - i3) && color == qizi[px + i3][py - i3]){
        count3++;
        i3++;
    }
    i3 = 1;
    while (InBoard(px - i3, py + i3) && color == qizi[px - i3][py + i3]){
        count3++;
        i3++;
    }
    if (count3 >= 5)      {
```

```
        flag = true; return flag;
    }
    //斜方向的判断(右下 + 左上)
    i4 = 1;
    count4 = 1;
    while (InBoard(px + i4, py + i4) && color == qizi[px + i4][py + i4]){
        count4++;
        i4++;
    }
    i4 = 1;
    while (InBoard(px - i4, py - i4) && color == qizi[px - i4][py - i4]){
        count4++;
        i4++;
    }
    if (count4 >= 5)    {
        flag = true; return flag;
    }
    return flag;
}
```

InBoard()判断(x,y)是否在棋盘界内,如果在界内返回真,否则返回假。

```
private function InBoard(x, y : int) : Boolean {
    if (x >= 0 && x <= 14 && y >= 0 && y <= 14) {
        return true;
    } else {
        return false;
    }
}
```

12.3　五子棋游戏的实现步骤

12.3.1　创建 Flash 文件

打开 Flash CS6 软件,然后选择“文件”→“新建”命令,系统将打开“新建文档”对话框,在该对话框中选择 ActionScript 3.0 选项。

1. 设置文档属性

选择“修改”→“文档”命令,打开“文档设置”对话框,设置场景的尺寸为 530 像素×550像素、背景颜色为白色,然后单击“确定”按钮,并在“属性”面板中设置文档类为 Main。选择“文件”→“导入”→“导入到舞台”命令,导入素材文件棋盘图片到舞台,同时从“库”中拖动“棋子”影片剪辑元件到舞台中添加棋子实例,实例名为 player。

在工具箱中选择“文本工具”,然后在场景舞台上的中间区域写“五子棋”文字,并在“属性”面板中将文本设置为动态文本,将实例命名为 message_txt。

2. 设计“棋子”影片剪辑元件

选择“插入”→“新建元件”命令,在打开的“创建新元件”对话框中将元件名称设置为“棋子”、将元件类型设置为“影片剪辑”,单击“确定”按钮,Flash 界面将变为“棋子”元件的编辑区。导入如图12-2所示的两幅图,注意每幅图的大小为35×35,然后将链接类设置为Qi。

12.3.2 设计游戏文档类 Main.as

选择"文件"→"新建"命令,系统将打开"新建文档"对话框,在该对话框中选择"ActionScript 文件"选项,这样在 Flash 中会新建一个 ActionScript 类文件,将其命名为Main.as,导入包和相关类:

```
package {
    import flash.display. * ;
    import flash.events. * ;
    import flash.text. * ;
    import flash.utils.Timer;
```

类成员变量定义如下:

```
public class Main extends MovieClip
{
    //常量
    private static const BLACK:int = 1;
    private static const WHITE:int = 2;
    private static const KONG:int = 0;
    private var qizi:Array = new Array();    //构造一个 qizi[][]二维数组用来存储棋子的状态
    private var curQizi:int = BLACK;         //当前走棋方
```

构造函数对保存棋盘上的棋子信息的 qizi 数组初始化,将每个元素初始化为 KONG(即整数 0)。同时添加棋盘上单击事件的侦听,将其单击事件响应函数设置为 clickQi()。

```
public function Main():void                         //构造函数
{
    var i,j:int;
    for (i = 0; i < = 15; i++)  {
        qizi[i] = new Array();
        for (j = 0; j < = 15; j++)  {
            qizi[i][j] = KONG;
        }
    }
    stage.addEventListener(MouseEvent.CLICK,clickQi);//棋盘上单击事件的侦听
    message_txt.text = "该黑棋走子";
    //指示黑棋走子
    player.gotoAndStop(1);
}
```

如果是走棋方单击棋盘,则此位置像素信息(event.stageX,event.stageY)可以转换成棋盘坐标$(x1,y1)$,然后判断当前位置$(x1,y1)$是否可以放棋子(没有落过棋子),如果可以则产生新的棋子影片对象 qi,调用 gotoAndStop(curQizi)显示自己的棋子图形。最后checkWin$(x1,y1)$判断是否连成五子,如果赢了,则移出棋盘侦听,显示输赢信息,结束游戏。如果未赢,则显示该对方走棋信息。

```
public function clickQi(event:MouseEvent)
```

```
{
    var x1:int,y1:int,n:int;
    x1 = (event.stageX - 4)/35;
    y1 = (event.stageY - 4)/35;
    trace(event.stageX);trace(x1);
    trace(event.stageY);trace(y1);
    if (qizi[x1][y1] == KONG)
    {
        var qi:Qi = new Qi();                       //棋子实例
        qi.y = 35 * y1 + 4;                         //确定位置
        qi.x = 35 * x1 + 4;
        if (curQizi == WHITE)    {
            qi.gotoAndStop(2);                      //显示白棋图形
        }
        if (curQizi == BLACK)    {
            qi.gotoAndStop(1);                      //显示黑棋图形
        }
        qizi[x1][y1] = curQizi;
        addChild(qi);                               //加到显示列表
        //判断输赢
        if (checkWin(x1,y1) == true)                //if (isWin() == true)
        {
            if (curQizi == WHITE)    {
                message_txt.text = "白棋胜利";
            }
            else    {
                message_txt.text = "黑棋胜利";
            }
            stage.removeEventListener(MouseEvent.CLICK,clickQi);      //结束游戏
            return;
        }
        //该对方走棋信息
        if (curQizi == WHITE){
            curQizi = BLACK;
            player.gotoAndStop(1);                  //指示黑棋走子
            message_txt.text = "该黑棋走子";
        }
        else    {
            curQizi = WHITE;
            player.gotoAndStop(2);                  //指示白棋走子
            message_txt.text = "该白棋走子";
        }
    }
    else {
        message_txt.text = "不能落子!";
    }
    return;
}
```

至此完成了五子棋游戏的设计。前面开发的五子棋游戏仅仅能够实现两个人轮流下棋,如果改成人机五子棋对弈则更具有挑战性。人机五子棋对弈需要人工智能技术,棋类游

戏实现人工智能的算法通常有以下 3 种。

1. 遍历式算法

这种算法的原理是按照游戏规则遍历当前棋盘布局中所有可以下棋的位置,然后假设在第一个位置下棋,得到新的棋盘布局,再进一步遍历新的棋盘布局。如果遍历到最后也不能战胜对手,则退回到最初的棋盘布局,重新假设在第二个位置下棋,继续新的棋盘布局,这样反复遍历,直到找到能最终战胜对手的位置。这种算法使计算机的棋艺非常高,每一步都能找出最关键的位置。然而这种算法的计算量非常大,对 CPU 的要求很高。

2. 思考式算法

这种算法的原理是事先设计一系列判断条件,根据这些判断条件遍历棋盘,选择最佳的下棋位置。这种算法的程序往往比较复杂,而且只有本身棋艺很高的程序员才能制作出"高智商的计算机"。

3. 棋谱式算法

这种算法的原理是事先将常见的棋盘局部布局存储成棋谱,然后在走棋之前对棋盘进行一次遍历,依照棋谱选择关键的位置。这种算法的程序思路清晰,计算量相对较小,而且只要棋谱足够多,也可以使计算机的棋艺达到一定的水平。

建议读者采用棋谱式算法实现人机五子棋对弈。

13.1　飞机射击游戏介绍

　　飞机射击游戏因为操作简单、节奏明快被作为纵轴射击的经典之作,其中"雷电"系列受到了广大玩家的欢迎,可以说是老少皆宜的游戏。

　　本章开发模拟"雷电"的飞机射击游戏,下方是玩家的飞机,用户按空格键能不断地发射子弹,上方是随机出现的敌方飞机。玩家可以通过键盘的方向键控制自己的飞机的移动,当玩家飞机的子弹碰到敌方飞机时,敌方飞机会出现爆炸效果,运行效果如图 13-1所示。

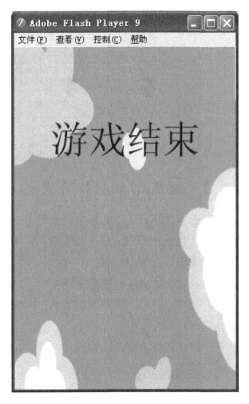

图 13-1　飞机射击游戏的运行界面

13.2 飞机射击游戏的设计思路

13.2.1 游戏素材

游戏程序中用到了敌方飞机、我方飞机、子弹、敌机被击中的爆炸图片等,如图13-2所示。

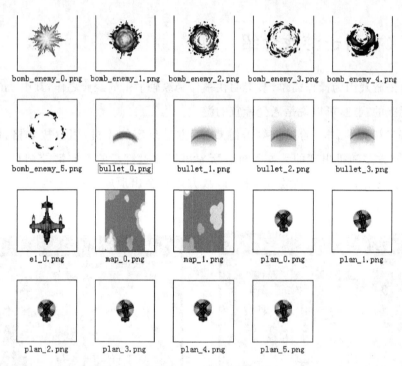

图 13-2　相关图片

13.2.2 地图滚动原理的实现

举个简单的例子,大家都坐过火车,坐火车的时候都遇到过自己的火车明明是停止的,但是旁边铁轨的火车在向后行驶,会有一种错觉感觉自己的火车是在向前行驶。飞行射击类游戏的地图原理和这个完全一样。玩家在控制飞机在屏幕中飞行的位置,背景图片一直向后滚动,从而给玩家一种错觉感觉自己控制的飞机在向前飞行。如图13-3所示,两张地图图片(存储在 p1、p2 影片剪辑元件中)在屏幕背后交替滚动,这样就会给玩家产生向前移动的错觉。

地图滚动的相关代码如下:

```
function updateBg() {
    /＊＊ 更新游戏背景图片实现向下滚动的效果 ＊＊/
    p1.y += 5;                        //第一张地图 map_0.png 的纵坐标下移 5 个像素
    p2.y += 5;                        //第二张地图 map_1.png 的纵坐标下移 5 个像素
    if (p1.y >= mScreenHeight) {      //超过游戏屏幕的底边
```

```
        p1.y = - mScreenHeight;                        //回到屏幕上方
        //重新设置游戏背景图片在场景中的编号
        this.setChildIndex(p2,0);
    }
    if (p2.y > = mScreenHeight) {                       //超过游戏屏幕的底边
        p2.y = - mScreenHeight;                         //回到屏幕上方
        //重新设置游戏背景图片在场景中的编号
        this.setChildIndex(p1,0);
    }
}
```

游戏开始后地图A向下移动

地图A与地图B同时向下平滑移动，当超过底边Y坐标后重置当前坐标为之前地图A的Y坐标

游戏开始后地图B向下移动

黑色区域为屏幕区域 地图A和地图B同时向下滚动，在屏幕中将产生主角飞机向前移动的假象

地图B向下平滑移动，当Y坐标超过屏幕底边时将重置当前Y坐标等于之前地图A的Y坐标

图 13-3　地图滚动的原理

13.2.3　飞机和子弹的实现

　　游戏中用到的飞机、子弹均采用对应的影片剪辑实现。因为子弹的数量会很多，敌机的数量也会很多，所以每一颗子弹需要用一个对象来记录当前子弹在屏幕中的 X、Y 坐标。每一架敌机也是一个对象，也记录着它在屏幕中的 X、Y 坐标。这样在处理碰撞的时候通过遍历子弹对象与敌机对象就可以计算出碰撞的结果，从而获取碰撞的敌机对象播放死亡爆炸动画。

　　游戏过程中每隔 3000 毫秒添加一架敌机，玩家按空格键发射子弹并初始化其位置坐标在玩家飞机的前方。在帧频事件中不断更新游戏背景图片的位置，下移 5 个像素，实现向下

滚动的效果,同时更新每发子弹的位置(每次上移 5 个像素)、更新敌机的位置(每次 3 个像素),最后检测子弹与敌机的碰撞。

13.2.4　主角飞机子弹与敌机的碰撞检测

将所有子弹对象和敌机对象逐一检测,如果重叠则说明子弹与敌机碰撞。在 DisplayObject 类中有 hitTestObject()方法和 hitTestPoint()方法。

hitTestObject(obj)方法用于计算显示对象,以确定它是否与 obj 显示对象重叠或相交,它里面就有一个参数(要测试的显示对象)。

以下代码创建 3 个 Shape 对象,并显示调用 hitTestObject()方法的结果:

```
import flash.display.Shape;
var circle1:Shape = new Shape();
circle1.graphics.beginFill(0x0000FF);
circle1.graphics.drawCircle(40, 40, 40);
addChild(circle1);
var circle2:Shape = new Shape();
circle2.graphics.beginFill(0x00FF00);
circle2.graphics.drawCircle(40, 40, 40);
circle2.x = 50;
addChild(circle2);
var circle3:Shape = new Shape();
circle3.graphics.beginFill(0xFF0000);
circle3.graphics.drawCircle(40, 40, 40);
circle3.x = 100;
circle3.y = 67;
addChild(circle3);
trace(circle1.hitTestObject(circle2)); //true
trace(circle1.hitTestObject(circle3)); //true
trace(circle2.hitTestObject(circle3)); //true
```

hitTestPoint (x, y, shapeFlag)方法用于计算显示对象,以确定它是否与 x 和 y 参数指定的点重叠或相交,x 和 y 参数指定舞台的坐标空间中的点,而不是包含显示对象的显示对象容器中的点(除非显示对象容器是舞台),它里面有 3 个参数(要测试的此对象的 x 坐标,要测试的此对象的 y 坐标,以及一个布尔值,true 为要测试对象的实际像素,false 为要测试矩形区域像素)。

最基本的形式如下:

```
sprite.hitTestPoint(100, 100);        //(100,100)代表点的 x、y 坐标
```

shapeFlag 是 hitTestPoint 方法的第 3 个参数,它是可选的。其值是 Boolean 类型的,因此只有 true 和 false 两个选择。将 shapeFlag 设置为 true,意味着碰撞检测时判断 Sprite 中可见的图形,而不是矩形边界。注意,shapeFlag 只能用在检测点与 Sprite 的碰撞中,如果是两个 Sprite 的碰撞就不能用这个参数了。

13.3 飞机射击游戏的实现步骤

13.3.1 创建 Flash 文件

打开 Flash CS6 软件,然后选择"文件"→"新建"命令,系统将打开"新建文档"对话框,在该对话框中选择 ActionScript 3.0 选项。

1. 设置文档属性

选择"修改"→"文档"命令,打开"文档设置"对话框,设置场景的尺寸为 320 像素×480 像素,单击"确定"按钮。然后导入飞行背景图 map_0.jpg 和 map_1.jpg 到舞台上,并从工具箱中选择"文本工具",添加动态文本 answer_txt 显示按键信息和分数。

2. 设计玩家飞机影片剪辑

选择"插入"→"新建元件"命令,在打开的"创建新元件"对话框中将元件名称设置为"feiji"、将元件类型设置为"影片剪辑",单击"确定"按钮,Flash 界面将转换为元件的编辑区。

选择"文件"→"导入"→"导入到舞台"命令,导入素材文件"飞机图片\plan_0.png",然后单击"是"按钮,即可将序列中的全部图片(6 个与飞机相关的动画图片)导入到元件的编辑区,每一张图片会自动生成一个关键帧,并存放到"库"面板中。

将飞机影片剪辑从"库"面板中拖入舞台,在"属性"面板中设置实例名为 cat_mc。

3. 设计敌机、爆炸和子弹影片剪辑

用和玩家飞机影片剪辑类似的方法设计敌机、爆炸和子弹影片剪辑。敌机影片剪辑的导出链接类为 enemy_plane,子弹影片剪辑的导出链接类为 bullet,爆炸影片剪辑的导出链接类为 bomb_enemy。

4. 将飞行背景图转为影片剪辑

在舞台上选中飞行背景图 map_0.jpg,右击选择"转换为元件"命令,在对话框中设置元件名为 P1、导出链接类为 P1。然后选中飞行背景图 map_1.jpg,右击选择"转换为元件"命令,在对话框中设置元件名为 P2、导出链接类为 P2。这样可以通过更新 P1、P2 实例位置实现游戏背景图向下滚动的效果。

5. 结束画面

在主时间轴上选中 30 帧,添加静态文本显示"游戏结束"信息,并加入脚本"stop();"。

13.3.2 添加动作脚本

在第 1 帧按 F9 键打开"动作"面板,添加以下脚本:

```
stop();
var zidan:Array = new Array();                    //子弹数组
var enemy:Array = new Array();                    //敌机数组
var score:int = 0;                                //得分
const mScreenHeight:int = 480;
var enemyPlaneTimer:Timer = new Timer(3000);      //计时器,每 3 秒定时产生敌机
```

```
enemyPlaneTimer.start();
//注册定时事件
enemyPlaneTimer.addEventListener(TimerEvent.TIMER, newEnemyPlane);
this.setChildIndex(p1,0);
this.setChildIndex(p2,1);
//注册键盘按键事件
stage.addEventListener(KeyboardEvent.KEY_DOWN, movecat);
//注册帧频事件
stage.addEventListener(Event.ENTER_FRAME, movezidan);
```

在键盘按键事件处理函数 movecat()中，首先在动态文本 answer_txt 中显示用户按键信息，并根据按的方向键移动自己的飞机实例 cat_mc 的位置。如果判断用户的按键是空格键，则在飞机位置处创建子弹对象实例，并加入到子弹数组 zidan 中。

```
function movecat(event:KeyboardEvent) {
    answer_txt.text = "你按下;" + String.fromCharCode(event.charCode);
    if (event.keyCode == Keyboard.DOWN) {
        answer_txt.text = "你按下;向下键";                    //文本框名称 answer_txt
        cat_mc.y += 10;
    }
    if (event.keyCode == Keyboard.UP) {
        answer_txt.text = "你按下:向上键";
        cat_mc.y -= 10;
    }
    if (event.keyCode == Keyboard.LEFT) {
        answer_txt.text = "你按下:向左键";
        cat_mc.x -= 10;
    }
    if (event.keyCode == Keyboard.RIGHT) {
        answer_txt.text = "你按下:向右键";
        cat_mc.x += 10;
    }
    if (cat_mc.x > 400) {
        gotoAndPlay(30);
    }
    if (event.keyCode == Keyboard.SPACE) {
        answer_txt.text = "你按下;空格键";
        var b1:bullet = new bullet();                    //创建子弹对象实例
        b1.y = cat_mc.y;
        b1.x = cat_mc.x;
        b1.visible = true;
        zidan.push(b1);                                  //加入到子弹数组 zidan 中
        addChild(b1);                                    //加入到显示列表
    }
}
```

在计时器定时事件的处理函数 newEnemyPlane()中，在随机位置处创建敌机对象实例,并加入到敌机数组 enemy 中。

```
function newEnemyPlane(event:Event) {
    var e1:enemy_plane = new enemy_plane();
    e1.y = Math.floor(Math.random() * 200);      //生成用于放置敌机的 y 坐标
    e1.x = Math.floor(Math.random() * 300);      //生成用于放置敌机的 x 坐标
    e1.visible = true;
    enemy.push(e1);                              //加入到敌机数组 enemy
    addChild(e1);                               //加入到显示列表
}
```

在注册帧频事件的处理函数 movezidan(event:Event)中不停地滚动地图背景,同时判断玩家发射的子弹是否击中(即碰撞到)敌机以及敌机碰到玩家自己的飞机。

如果子弹碰撞到敌机,则播放爆炸效果,从敌机数组 enemy 中删除该敌机,从子弹数组 zidan 中删除碰撞的子弹。如果没有击中敌机,再判断子弹是否飞出屏幕上方,若飞出屏幕上方则从数组 zidan 中删除碰撞的子弹。

```
function movezidan(event:Event) {
    var i,j:int;
    var e1:enemy_plane;
    updateBg();                                 //地图滚动
    for (j = 0; j < enemy.length; j++) {
        enemy[j].y += 3;                        //敌机下移
    }
    //判断玩家发射的子弹是否击中(即碰撞到)敌机
    for (i = 0; i < zidan.length; i++) {        //遍历玩家的子弹
        var b1:bullet = zidan[i];
        if (b1.visible == true && b1.y > 0) {
            b1.y -= 5;
            for (j = 0; j < enemy.length; j++) {
                e1 = enemy[j];
                if (b1.hitTestObject(e1))        //子弹碰撞到敌机 e1
                {
                    //播放爆炸效果
                    var bo:bomb_enemy = new bomb_enemy();
                    bo.x = e1.x;
                    bo.y = e1.y;
                    this.addChild(bo);           //加入显示列表
                    enemy.splice(j,1);           //从数组 enemy 中删除被击中敌机
                    this.removeChild(e1);        //移除显示列表
                    zidan.splice(i,1);           //从数组 zidan 中删除碰撞的子弹
                    this.removeChild(b1);        //移除显示列表
                    score += 10;
                    answer_txt.text = String(score);
                }
            }
```

265

```
        } else if (b1.visible == true && b1.y<0) {        //子弹飞出屏幕上方
            b1.visible = false;
            zidan.splice(i,1);                            //从数组 zidan 中删除碰撞的子弹
            this.removeChild(b1);                         //移除显示列表
        }
    }
    //判断敌机碰到玩家自己的飞机
    for (i = 0; i < enemy.length; i++) {                   //遍历所有的敌机
        e1 = enemy[i];                                    //敌机 e1
    if (e1!= null && cat_mc!= null && cat_mc.hitTestObject(e1)){
        enemyPlaneTimer.stop();
        enemyPlaneTimer.removeEventListener(
                    TimerEvent.TIMER, newEnemyPlane);
        for (j = enemy.length – 1; j >= 0; j-- ) {          //从数组 enemy 中删除敌机
            e1 = enemy[j];
            enemy.splice(j,1);
            this.removeChild(e1);                         //移除显示列表
        }
        answer_txt.text = "敌机碰到玩家自己的飞机,游戏结束"
        gotoAndPlay(30);                                 //跳到结束画面
    }
    }
}
```

与地图滚动相关的代码如下:

```
function updateBg() {
    /* * 更新游戏背景图片实现向下滚动效果 * */
    p1.y += 5;                              //第一张地图 map_0.png 的纵坐标下移 5 个像素
    p2.y += 5;                              //第二张地图 map_1.png 的纵坐标下移 5 个像素
    if (p1.y >= mScreenHeight) {       //超过游戏屏幕的底边
        p1.y = – mScreenHeight;        //回到屏幕上方
        //重新设置游戏背景图片在场景中的编号
        this.setChildIndex(p2,0);
    }
    if (p2.y >= mScreenHeight) {       //超过游戏屏幕的底边
        p2.y = – mScreenHeight;        //回到屏幕上方
        //重新设置游戏背景图片在场景中的编号
        this.setChildIndex(p1,0);
    }
}
```

在主时间轴上选中第 30 帧,绘制结束画面并加入以下脚本:

```
stop();
```

至此完成了雷电飞机射击游戏的开发,程序运行效果如图 13-4 所示。

图 13-4　雷电飞机射击游戏的最终效果

第14章 推箱子游戏

14.1 推箱子游戏介绍

经典的推箱子是一个来自日本的古老游戏,目的是训练玩家的逻辑思考能力。在一个狭小的仓库中,要求把木箱放到指定的位置,一不小心就会出现箱子无法移动或者通道被堵住的情况,所以需要巧妙地利用有限的空间和通道合理地安排移动的次序和位置,这样才能顺利地完成任务。

推箱子游戏的功能如下:

游戏运行载入相应的地图,屏幕中出现一个推箱子的工人,其周围是围墙 、人可以走的通道 、几个可以移动的箱子 和箱子放置的目的地 。让玩家通过按上、下、左、右键控制工人 推箱子,当箱子都推到了目的地后出现过关信息,并显示下一关。推错了的玩家使用右键撤销上一次的移动,还可以按空格键重新玩这一关,直到过完全部关卡。

本章开发推箱子游戏,推箱子游戏效果如图 14-1 所示。

图 14-1　推箱子游戏界面

14.2　推箱子游戏的设计思路

首先确定一下开发难点。对工人的操作很简单,就是在 4 个方向移动,工人移动,箱子也移动,所以对按键的处理比较简单。当箱子到达目的地时,就会产生游戏过关事件,此时需要一个逻辑判断。我们仔细想一下,这些所有的事件都发生在一张地图中。这张地图包括了箱子的初始化位置、箱子最终放置的位置和围墙的障碍等。每一关地图都要更换,这些位置也要变。所以发现每关的地图数据是最关键的,它决定了每关的不同场景和物体位置。下面重点分析一下地图。

我们把地图想象成一个网格,每个格子就是工人每次移动的步长,也是箱子移动的距离,这样问题就简化多了。首先设计一个 8×8 的二维数组 myArray,按照这样的框架来思考。对于格子的 X、Y 两个屏幕像素坐标,可以由二维数组下标换算。

每个格子的状态值分别用枚举类型值,Wall 代表墙、Worker 代表人、Box 代表箱子、Passageway 代表路、Destination 代表目的地、WorkerInDest 代表人在目的地、RedBox 代表放到目的地的箱子。文件中存储的原始地图中的格子状态值采用相应的整数形式存放。

在玩家通过键盘控制工人推箱子的过程中,需要按游戏规则判断是否响应该按键指示。下面分析一下工人将会遇到什么情况,以便归纳出所有的规则和对应算法。为了描述方便,可以假设工人移动趋势方向向右,其他方向的原理是一致的。P1、P2 分别代表工人移动趋势方向的前两个方格。

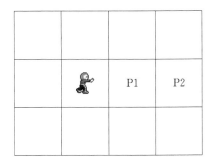

1. 前方 P1 是通道

如果工人前方是通道
{
　　工人可以进到 P1 方格,修改相关位置格子的状态值。
}

2. 前方 P1 是围墙或出界

如果工人前方是围墙或出界(即阻挡工人的路线)
{
　　退出规则判断,布局不做任何改变。
}

3. 前方 P1 是目的地

如果工人前方是目的地
{
　　工人可以进到 P1 方格,修改相关位置格子的状态值。
}

4. 前方 P1 是箱子

在前面 3 种情况中,只要根据前方 P1 处的物体就可以判断出工人是否可以移动,而在第 4 种情况中,需要判断箱子前方 P2 处的物体才能判断出工人是否可以移动。此时有以下可能:

(1) P1 处为箱子、P2 处为墙或出界。

如果工人前方 P1 处为箱子、P2 处为墙或出界,退出规则判断,布局不做任何改变。

(2) P1 处为箱子、P2 处为通道。

如果工人前方 P1 处为箱子、P2 处为通道,工人可以进到 P1 方格,P2 方格状态为箱子,修改相关位置格子的状态值。

(3) P1 处为箱子、P2 处为目的地。

如果工人前方 P1 处为箱子、P2 处为目的地,工人可以进到 P1 方格;P2 方格状态为放置好的箱子,修改相关位置格子的状态值。

(4) P1 处为放到目的地的箱子、P2 处为通道。

如果工人前方 P1 处为放到目的地的箱子、P2 处为通道,工人可以进到 P1 方格;P2 方格状态为箱子,修改相关位置格子的状态值。

(5) P1 处为放到目的地的箱子、P2 处为目的地。

如果工人前方 P1 处为放到目的地的箱子、P2 处为目的地,工人可以进到 P1 方格;P2 方格状态为放置好的箱子,修改相关位置格子的状态值。

综合前面的分析,可以设计出整个游戏的实现流程。

14.3　推箱子游戏的实现步骤

14.3.1　创建 Flash 文件并设计元件

1. 创建 Flash 文件

打开 Flash CS6 软件,然后选择“文件”→“新建”命令,系统将打开“新建文档”对话框,在该对话框中选择 ActionScript 3.0 选项,并在“属性”面板中设置文档类为 Box。

2. 设计地图块影片剪辑元件

选择“插入”→“新建元件”命令,在打开的“创建新元件”对话框中将元件名称设置为“地图块”、将元件类型设置为“影片剪辑”,并设置其对应的链接类为 MapCell,单击“确定”按钮后,Flash 界面将转换为“地图块”元件的编辑区。

选择“文件”→“导入”→“导入到舞台”命令,将以下素材文件导入到“地图块”元件的编辑界面。其中,第 1 帧为 0.gif(空地)、第 2 帧为 1.gif(墙)、第 3 帧为 2.gif(通道)、第 4 帧为 3.gif(在目的地上的箱子)、第 5 帧为 4.gif(目的地)、第 6 帧为 5.gif(箱子)。

0.gif	1.gif	2.gif	3.gif	4.gif	5.gif

3. 设计人物影片剪辑元件

同理创建人物块影片剪辑元件,选择"插入"→"新建元件"命令,在打开的"创建新元件"对话框中将元件名称设置为"人物"、将元件类型设置为"影片剪辑",并设置其对应的链接类为 Man,单击"确定"按钮后,Flash 界面将转换为"人物"元件的编辑区。

选择"文件"→"导入"→"导入到舞台"命令,将以下素材文件导入到"人物"元件的编辑界面。其中,第 1 帧为 6.gif(向左的人)、第 2 帧为 7.gif(向右的人)、第 3 帧为 8.gif(向上的人)、第 4 帧为 9.gif(向下的人)。

6.gif	7.gif	8.gif	9.gif

14.3.2 设计地图单元类(MapCell.as)

地图单元类主要实现根据显示类型代号 type 设置播放对应的帧。例如,地图数组中类型代号 0 代表空地则播放第 1 帧,类型代号 1 代表墙则播放第 2 帧,类型代号 2 代表墙则播放第 3 帧,…,类型代号 5 代表箱子则播放第 6 帧,所以 gotoAndStop(type+1)。

```
package
{
    import flash.display.MovieClip;      //导入影片剪辑支持类
    public class MapCell extends MovieClip{
        public function MapCell(){
            this.stop();
        }
        public function setType(type:int):void{
            gotoAndStop(type+1);
        }
    }
}
```

14.3.3 设计地图管理类(MyMap.as)

地图管理类中根据地图数组 MAP_CELL 中每个方格的类型代号添加相应地图块影片剪辑元件和人物影片剪辑元件实例。如果类型代号是 9 则是工人,则此方格位置添加人物影片剪辑元件。如果类型代号不是 9 则创建相应地图块影片剪辑元件实例。

```
package {
    import flash.display.MovieClip;
```

```
public class MyMap extends MovieClip {
    private var MAP_CELL:Array =
        [0, 1, 1, 1, 1, 0, 0, 0,
         0, 1, 9, 2, 1, 1, 1, 0,
         0, 1, 2, 5, 2, 2, 1, 0,
         1, 1, 1, 2, 1, 2, 1, 1,
         1, 4, 1, 2, 1, 2, 2, 1,
         1, 4, 5, 2, 2, 1, 2, 1,
         1, 4, 2, 2, 2, 5, 2, 1,
         1, 1, 1, 1, 1, 1, 1, 1];
    private var m_nColCount:int = 8;
    private var m_nRowCount:int = 8;
    private var m_aCells:Array;
    private var manRow,manCol:int;
    private var man:Man;                                    //人物影片实例对象
    private static const Passageway:uint = 2;               //通道
    private static const Destination:uint = 4;              //目的地
    private static const Wall:uint = 1;                     //墙
    private static const Box:uint = 5;                      //箱子
    private static const RedBox:uint = 3;                   //在目的地上的箱子
    private static const Worker:uint = 9;                   //工人
    public function MyMap() {
        m_aCells = new Array();
        for (var row:int = 0; row < m_nRowCount; row ++) {
            m_aCells[row] = new Array();
            for (var col:int = 0; col < m_nColCount; col ++) {
                if (MAP_CELL[row * m_nColCount + col] == 9) {
                    man = new Man();                        //创建人物元件对象
                    man.x = 31 * col;
                    man.y = 31 * row;
                    man.gotoAndStop(1);
                    MAP_CELL[row * m_nColCount + col] = 2;   //保存为通道
                    //同时在此处创建草地通道对象
                    m_aCells[row][col] = new MapCell();
                    m_aCells[row][col].gotoAndStop(3);
                    manRow = row;
                    manCol = col;
                    m_aCells[row][col].x = 31 * col;
                    m_aCells[row][col].y = 31 * row;
                    this.addChild(m_aCells[row][col]);       //加入到显示列表中
                } else {
                    //创建相应地图块影片剪辑元件实例
                    m_aCells[row][col] = new MapCell();
                    var type:int = MAP_CELL[row * m_nColCount + col];
                    m_aCells[row][col].setType(type);
                    m_aCells[row][col].x = 31 * col;
                    m_aCells[row][col].y = 31 * row;
                    this.addChild(m_aCells[row][col]);       //加入到显示列表中
                }
            }
        }
```

```
    this.addChild(man);                              //任务最后加入显示列表
}
```

movePer(dir:String)根据移动方向计算出工人移动趋势方向前两个方格的位置坐标，即$(x1，y1)$、$(x2，y2)$，将这两个位置作为参数调用 MoveTo 判断是否符合游戏规则并进行地图更新。

```
public function movePer(dir:String):void {
    trace(dir);
    var x1, y1, x2, y2:int;
    //工人当前位置(manCol,manRow)
    switch (dir) {
        case "上":          //向上
            x1 = manCol;        y1 = manRow - 1;
            x2 = manCol;        y2 = manRow - 2;
            man.gotoAndStop(3);
            //将所有位置输入以判断并进行地图更新
            MoveTo(x1, y1, x2, y2);
            break;
        case "下":          //向下
            x1 = manCol;        y1 = manRow + 1;
            x2 = manCol;        y2 = manRow + 2;
            man.gotoAndStop(4);
            MoveTo(x1, y1, x2, y2);
            break;
        case "左":          //向左
            x1 = manCol - 1;        y1 = manRow;
            x2 = manCol - 2;        y2 = manRow;
            man.gotoAndStop(1);
            MoveTo(x1, y1, x2, y2);
            break;
        case "右":          //向右
            x1 = manCol + 1;        y1 = manRow;
            x2 = manCol + 2;        y2 = manRow;
            man.gotoAndStop(2);
            MoveTo(x1, y1, x2, y2);
            break;
    }
}
```

MoveTo 方法是最复杂的部分，用于实现前面所分析的所有规则和对应算法。

```
public function MoveTo(x1:int, y1:int, x2:int, y2:int):void {
    var P1:int = MAP_CELL[y1 * m_nColCount + x1];
    var P2:int = MAP_CELL[y2 * m_nColCount + x2];
    if (P1 == Passageway) {                          //P1 处为通道
        MoveMan(x1,y1);
    }
    if (P1 == Destination) {                          //P1 处为目的地
        MoveMan(x1, y1);
    }
```

```
if (P1 == Wall ‖ !IsInGameArea(x1, y1)) {  //P1 处为墙或出界
    return;
}
//以下 P1 处为箱子
if (P1 == Box &&(P2 == Wall ‖!IsInGameArea(x2, y2) ‖ P2 == Box)) {
    //P1 处为箱子,P2 处为墙或出界
    return;
}
//P1 处为箱子,P2 处为通道
if (P1 == Box && P2 == Passageway) {
    MoveMan(x1, y1);
    MAP_CELL[y2 * m_nColCount + x2] = Box;
    MAP_CELL[y1 * m_nColCount + x1] = Passageway;

    //改变位置为(x1,y1)、(x2,y2)的图像
    m_aCells[y1][x1].gotoAndStop(Passageway + 1);
    m_aCells[y2][x2].gotoAndStop(Box + 1);
}
if (P1 == Box && P2 == Destination) {
    MoveMan(x1, y1);
    MAP_CELL[y2 * m_nColCount + x2] = RedBox;
    MAP_CELL[y1 * m_nColCount + x1] = Passageway;
    //改变位置为(x1,y1)、(x2,y2)的图像
    m_aCells[y1][x1].gotoAndStop(Passageway + 1);
    m_aCells[y2][x2].gotoAndStop(RedBox + 1);
}
//P1 处为放到目的地的箱子,P2 处为通道
if (P1 == RedBox && P2 == Passageway) {
    MoveMan(x1, y1);
    MAP_CELL[y2 * m_nColCount + x2] = Box;
    MAP_CELL[y1 * m_nColCount + x1] = Destination;

    //改变位置为(x1,y1)、(x2,y2)的图像
    m_aCells[y1][x1].gotoAndStop(Destination + 1);
    m_aCells[y2][x2].gotoAndStop(Box + 1);
}
//P1 处为放到目的地的箱子,P2 处为目的地
if (P1 == RedBox && P2 == Destination) {
    MoveMan(x1, y1);
    MAP_CELL[y2 * m_nColCount + x2] = RedBox;
    MAP_CELL[y1 * m_nColCount + x1] = Destination;
    //改变位置为(x1,y1)、(x2,y2)的图像
    m_aCells[y1][x1].gotoAndStop(Destination + 1);
    m_aCells[y2][x2].gotoAndStop(RedBox + 1);
}
//这里要验证是否过关
if (IsFinish()) {
    trace("恭喜你顺利过关","提示");
    //跳到过关结束画面,注意一定要加上 MovieClip()
    MovieClip(root).gotoAndStop(2);
    return;
```

```
            }
        }
        //判断是否在游戏区域
        public function IsInGameArea(col:int, row:int):Boolean {
            return (row >= 0 && row < m_nRowCount &&
                                        col >= 0 && col < m_nColCount);
        }
        public function MoveMan(x1:int, y1:int) {
            man.x = 31 * x1;
            man.y = 31 * y1;
            manRow = y1;
            manCol = x1;
        }
```

判断 MAP_CELL 地图数据中是否还有目的地的类型值 Destination，如果有则说明有
箱子没推到目的地。

```
    public function IsFinish():Boolean {
        //验证是否过关
        var bFinish:Boolean = true;
        for (var i:int = 0; i < m_nRowCount; i++) {
            for (var j:int = 0; j < m_nColCount; j++) {
                if (MAP_CELL[i * m_nColCount + j] == Destination) {
                    bFinish = false;
                }
            }
        }
        return bFinish;
    }
    public function getWidth():int {
        return m_nColCount * 31;
    }
    public function getHeight():int {
        return m_nRowCount * 31;
    }
```

14.3.4 设计游戏文档类（Box.as）

在舞台的 KeyDown 按键事件中根据用户的按键消息判断出工人移动方向 dir。最后
地图管理类的 movePer(dir)根据移动方向调用 MoveTo 判断是否符合游戏规则并进行地
图更新。

```
    package {
        import flash.display.MovieClip;
        import flash.ui.Keyboard;
        import flash.events.KeyboardEvent;
        public class Box extends MovieClip {
            private var m_Map:MyMap;
            public function Box() {
                m_Map = new MyMap();
```

```
            this.addChild(m_Map);
            stage.addEventListener(KeyboardEvent.KEY_DOWN, moveman);
        }
        function moveman(event:KeyboardEvent){
            var dir:String;
            if (event.keyCode == Keyboard.DOWN) {
                dir = "下";
            }
            if (event.keyCode == Keyboard.UP) {      //"你按下向上键"
                dir = "上";
            }
            if (event.keyCode == Keyboard.LEFT) {
                dir = "左";
            }
            if (event.keyCode == Keyboard.RIGHT) {
                dir = "右";
            }
            //根据移动方向调用 MoveTo 判断是否符合游戏规则并进行地图更新
            m_Map.movePer(dir);
        }
    }
}
```

在主时间轴上选中第 2 帧，绘制游戏成功结束画面并添加以下脚本：

```
stop();
```

至此完成了推箱子游戏的开发，程序运行效果如图 14-1 所示。

第15章 百变方块游戏

15.1 百变方块游戏介绍

百变方块游戏在 6×6 格子的棋盘中进行,可排出 55 种不同的组合图案,主要开发人的抽象思维能力、空间想象能力、动手能力、几何构建能力。该游戏运行时的功能如下:

(1)实现用鼠标拖动拼块,拼块在任意位置摆放。

(2)绕拼块的中心点旋转(旋转由空格键操作实现)。

(3)拼块水平翻转(由方向键操作实现,左、右键实现水平翻转,上、下键实现垂直翻转)。

百变方块游戏的效果如图 15-1 所示。用户拖动棋盘周围的 8 种拼块到棋盘中,直到棋盘中的所有空白方块格子被填满(紫色不能被填充),则此关游戏胜利。单击"下一关"按钮则进入下一关游戏,如果每关 300 秒没完成则失败,游戏结束。

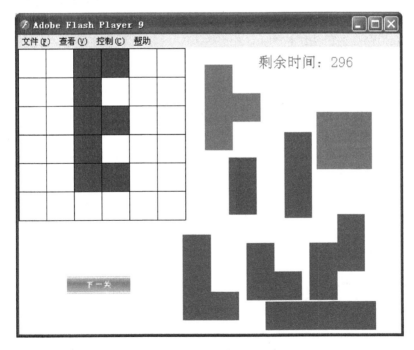

图 15-1 游戏界面

15.2　百变方块游戏的设计思路

15.2.1　地图信息

地图信息采用字符串数组存储,目标图案按列存放,每关是一行字符串。0 代表固定不变的紫色填充方格,1 代表白色需要填充的方格(即需要用户的 8 种拼块填充的方格)。地图信息如下:

```
1,1,1,1,1,1,1,1,1,1,1,1,0,0,0,0,0,1,0,1,0,1,0,1,1,1,1,1,1,1,1,1,1,1,1,1,
1,1,1,1,1,1,1,0,1,0,1,1,0,0,0,0,1,1,1,0,1,0,1,1,1,1,1,1,1,1,1,1,1,1,1,1,
1,1,1,1,1,1,1,0,1,1,1,1,1,0,0,0,1,1,1,0,0,0,1,1,1,0,1,1,1,1,1,1,1,1,1,1,
…
```

例如第一关的图案是"E",对应的字符串如下:

```
1,1,1,1,1,1,1,1,1,1,1,1,0,0,0,0,0,1,0,1,0,1,0,1,1,1,1,1,1,1,1,1,1,1,1,1,
```

游戏在 6×6 格子的棋盘中进行,每关开始时从数组 all_map 中读取相应关对应行的字符串,分割后将数据按列将目标图案存储到二维数组 Map[6,6],其中,1 代表白色格子,0 代表紫色固定格子,根据 Map 数组信息使用 graphics 绘制两种颜色的棋盘格子。

15.2.2　拼块拖动的实现

拼块影片剪辑对象的拖动主要使用 startDrag()命令和 stopDrag()命令实现。

1. startDrag()

startDrag()命令的语法结构为:

影片剪辑对象.startDrag(锁定中心,拖曳区域)

startDrag 方法可以让用户拖曳指定的影片剪辑对象,直到 stopDrag()被调用,或是其他影片剪辑对象可以拖曳为止,注意一次只能有一个影片剪辑对象为可拖曳状态。锁定中心为布尔值,指定可拖曳的影片剪辑对象要锁定于鼠标指针的中央(true)或是锁定在用户第一次按下影片剪辑对象的位置(false),拖曳区域为矩形区域,指定影片剪辑对象拖曳的限制矩形区域。

例如:

```
my_mc.startDrag();
```

将影片剪辑对象"my_mc"进行拖曳动作。

```
this.startDrag(true);
```

将当前影片剪辑对象锁定中心点,并开始拖曳。

2. stopDrag()

startDrag()命令无参数,它可结束 startDrag 方法的调用,让用户拖曳的指定影片剪辑对象停止拖曳状态。例如停止影片剪辑对象"my_mc"的拖曳动作:

```
my_mc. startDrag();
```

在本游戏的开发中,在鼠标的按下事件中,startDrag方法可以让用户拖曳指定的拼块影片剪辑对象;在鼠标的抬起事件中,让用户拖曳的指定拼块影片剪辑对象停止拖曳状态,所以在加载时需要注册鼠标事件:

```
stage.addEventListener(MouseEvent.MOUSE_DOWN,onMOUSEDown);   //侦听鼠标事件
stage.addEventListener(MouseEvent.MOUSE_UP,onMOUSEUp);       //侦听鼠标事件
```

定义处理鼠标按下的事件:

```
function onMOUSEDown(e:Event) {          //开始拖动
    d = e.target as MovieClip;
    trace("MOUSEDown");
    if (d! = null) {
        d. startDrag();
    }
}
```

定义处理鼠标抬起的事件:

```
function onMOUSEUp(e:Event) {            //结束拖动
    d = e.target as MovieClip;
    trace("MOUSEUp");
    if (d == null) {
        return;
    }
    d. stopDrag();                       //对用户移动的拼块进行位置校正
    Verity(d);
    if (Win()) {                         //输赢判断
        time_txt.text = "成功完成此关";   //判断是否成功
        timer.stop();                    //不再更新
    }
}
```

15.2.3 游戏成功的判断

用户移动拼块后,判断是否过关是通过hitTestPoint(x,y,true)方法确定的,在显示对象DisplayObject类中有hitTestPoint(x,y, shapeFlag)方法。

hitTestPoint()方法用于确定显示对象是否与x和y参数指定的点重叠或相交,x和y参数指定舞台的坐标空间中的点,而不是包含显示对象的显示对象容器中的点(除非显示对象容器是舞台)。

其最基本的形式如下:

```
sprite.hitTestPoint(100, 100);          //(100,100)代表点的 x,y 坐标
```

shapeFlag是hitTestPoint方法的第3个参数,是可选的。其值是Boolean类型,因此只有true和false两种选择。将shapeFlag设置为true意味着碰撞检测时判断Sprite中可见的图形,而不是矩形边界。注意,shapeFlag只能用在检测点与Sprite的碰撞中,如果是两个Sprite的碰撞就不能用这个参数了。

该游戏中通过判断每个格子的中心点是否与8个拼块碰撞,从而知道此格子是否被填

充。Win()判断棋盘中如果紫色格子有拼块,白色格子(需要填充)没有拼块则没有成功,否则成功。Win()的具体代码如下:

```
private function Win():Boolean {           //判断是否成功
    var i:int;
    var b:MovieClip;
    for (var x:int = 0; x<6; x++) {
        for (var y:int = 0; y<6; y++) {
            //如果是紫色格子且有拼块则不成功
            if (Map[x][y] == 0) {          //0 代表紫色格子
                //遍历 8 个拼块
                for (i = 0; i<all_Block.length; i++) {
                    b = (MovieClip)(all_Block[i]);
                    //紫色格子的中心点是否碰到拼块
                    //true 开启像素检测
                    if (b.hitTestPoint(x * 40 + 20,y * 40 + 20,true)) {
                        return false;
                    }
                }
            }
            //如果是白色格子(需要填充)且没有拼块则不成功
            if (Map[x][y] == 1) {
                //1 代表白色格子
                //遍历 8 个拼块
                var flag:Boolean = false;
                for (i = 0; i<all_Block.length; i++) {
                    b = (MovieClip)(all_Block[i]);
                    //格子的中心点是否碰到拼块
                    if (b.hitTestPoint(x * 40 + 20,y * 40 + 20,true)) {
                        trace(x," ", y);
                        flag = true;
                        break;
                    }
                }
                //如果是白色格子(需要填充)且没有拼块
                if (flag == false) {
                    return false;
                }
            }
        }
    }
    return true;
}
```

掌握以上设计思想就可以轻松地开发游戏了。

15.3　百变方块游戏的实现步骤

15.3.1　创建 Flash 文件

打开 Flash CS6 软件,然后选择"文件"→"新建"命令,系统将打开"新建文档"对话框,在该对话框中选择 ActionScript 3.0 选项。

1. 设置文档属性

在文档"属性"面板中设置文档类为 Main,然后在工具箱中选择"文本工具",在场景舞台的右上方区域写上"剩余时间:300"文字,并在"属性"面板中将文本设置为动态文本,将实例命名为 time_txt,接着从公用库中拖入一个按钮实例到舞台,命名为 next_btn。

2. 设计 8 个拼块影片剪辑元件

选择"插入"→"新建元件"命令,在打开的"创建新元件"对话框中将元件名称设置为 Block1(其他为 Block2~Block8),将元件类型设置为"影片剪辑",单击"确定"按钮后,Flash 界面将转换为 Block1(Block2~Block8)元件的编辑区,使用"矩形工具"设计如图 15-2 所示的拼块。

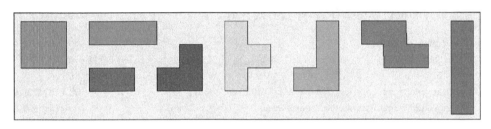

图 15-2　8 个拼块

15.3.2　设计游戏文档类(Main.as)

选择"文件"→"新建"命令,系统将打开"新建文档"对话框,在该对话框中选择 "ActionScript 文件"选项,这样在 Flash 中新建了一个 ActionScript 类文件,将其命名为 Main.as,并导入包和相关类:

```
package {
import flash.display. * ;
import flash.utils.Timer;
import flash.geom.Point;
import flash.events.TimerEvent;
import flash.events.Event;
import flash.events.KeyboardEvent;
import flash.ui.Keyboard;
import flash.text.TextField;
import flash.events.MouseEvent;
import flash.geom.Rectangle;
//百变方块游戏 V1.0
public class Main extends MovieClip {
    var all_map:Array = [
    "1,1,1,1,1,1,1,1,1,1,1,1,0,0,0,0,0,1,0,1,0,1,0,1,1,1,1,1,1,1,1,1,1,1,1,",
    "1,1,1,1,1,1,1,1,0,1,0,1,1,0,0,0,0,1,1,1,0,1,0,1,1,1,1,1,1,1,1,1,1,1,1,",
    "1,1,1,1,1,1,1,0,1,1,1,1,1,0,0,0,1,1,0,0,0,1,1,0,1,1,1,1,1,1,1,1,1,1,1,",
    "1,1,1,1,1,1,1,1,0,0,0,1,1,1,1,0,1,1,1,1,0,1,1,1,0,0,0,1,1,1,1,1,1,1,1,",
    "1,1,1,1,1,1,1,1,1,1,1,1,1,0,0,0,0,1,1,0,0,0,0,1,1,1,1,1,1,1,1,1,1,1,1,",
    "1,1,1,1,1,1,1,1,0,1,1,1,0,0,0,0,0,1,1,1,0,1,0,1,1,1,1,1,1,1,1,1,1,1,1,",
    "1,1,1,1,1,1,1,1,0,0,0,1,1,1,1,1,0,1,1,1,1,0,0,0,1,1,1,0,1,1,1,1,1,1,1,",
```

```
"1,1,1,1,1,1,1,1,1,0,1,1,0,0,0,0,1,1,1,0,1,0,1,1,1,1,0,1,1,1,1,1,1,",
"1,1,1,1,1,1,1,1,0,1,1,1,0,1,0,0,1,1,0,1,0,1,1,1,1,1,0,0,1,1,1,1,1,1,",
"1,1,1,1,1,1,1,1,0,1,1,1,1,0,0,0,0,1,1,1,1,0,1,1,1,1,1,0,0,1,1,1,1,1,1,"];
private var total_Time:int = 300;          //总时间
private var eCount:int = 0;                 //已用时间
private var timer:Timer = new Timer(1000);  //计时器
public var Map:Array = new Array();         //目标图案地图
public var d:MovieClip;
private var level:int = 1;                   //关卡号
var all_Block:Array = [];
```

Main()构造函数调用 initMap(level)读出第 level 关目标图案的地图信息到 Map 二维数组中,在舞台上显示绘制白色格子或紫色格子的棋盘。注册侦听相关鼠标事件、键盘事件、定时器事件和按钮单击事件后,开始游戏计时。

```
public function Main() {
    initMap(level);                    //初始化地图,在舞台上显示绘制白色格子或紫色格子的棋盘
    d = b1;
    timer.addEventListener(TimerEvent.TIMER, onTimer);                      //定时器事件
    stage.addEventListener(KeyboardEvent.KEY_DOWN, onDown);                 //侦听键盘事件
    stage.addEventListener(MouseEvent.MOUSE_DOWN, onMOUSEDown);             //侦听鼠标事件
    stage.addEventListener(MouseEvent.MOUSE_UP, onMOUSEUp);                 //侦听鼠标事件
    stage.addEventListener(MouseEvent.DOUBLE_CLICK, onMOUSEDoubleDown);     //侦听鼠标事件
    //"下一关"按钮单击事件侦听器
    next_btn.addEventListener(MouseEvent.CLICK, onClick);
    timer.start();                                                          //开始游戏计时
    //8 个拼块形成数组 all_Block
    all_Block.push(b1);
    all_Block.push(b2);
    all_Block.push(b3);
    all_Block.push(b4);
    all_Block.push(b5);
    all_Block.push(b6);
    all_Block.push(b7);
    all_Block.push(b8);
}
```

initMap(level:int)初始化地图,在舞台上显示绘制白色格子或紫色格子的棋盘。

```
function initMap(level:int):void {
    var color:uint;
    //var w:Wall; var w2:Wall2;
    var s:String;
    s = all_map[level - 1];
    trace("s = " + s);
    for (var x:int = 0; x < 6; x++) {
        Map[x] = new Array();
        for (var y:int = 0; y < 6; y++) {
            //字符串的 charAt(i)方法可以提取字符串中的第 i 个字符
            //获取索引指定处的字符,索引从 0 开始
            if (s.charAt(x * 12 + y * 2) == "1") {
```

```
                Map[x][y] = 1;
            } else {
                Map[x][y] = 0;
            }
            if (Map[x][y] == 1) {                    //1 代表白色格子
                color = 0xffffff;
                this.graphics.beginFill(color);
                this.graphics.lineStyle(1);
                this.graphics.drawRect(x * 40,y * 40,40,40);    //通过背景色填充的方式
                this.graphics.endFill();
            }
            if (Map[x][y] == 0) {                    //1 代表紫色格子
                color = 0xAA00AA;
                this.graphics.beginFill(color);
                this.graphics.lineStyle(1);
                this.graphics.drawRect(x * 40,y * 40,40,40);    //通过背景色填充的方式
                this.graphics.endFill();
            }
        }
    }
    //8 个拼块的初始位置
    b1.x = 322;b1.y = 193;
    b2.x = 469;b2.y = 130;
    b3.x = 402;b3.y = 178;
    b4.x = 434;b4.y = 375;
    b5.x = 308;b5.y = 83;
    b6.x = 367;b6.y = 313;
    b7.x = 276;b7.y = 321;
    b8.x = 458;b8.y = 293;
}
```

"下一关"按钮单击事件判断是否是第 10 关,如果不是则显示下一关棋盘同时计时清零。

```
function onClick(evt:MouseEvent):void {
    trace(evt.target.name);            //输出实例名
    if (level < 10) {
        level++;
        initMap(level);
        eCount = 0;                    //计时清零
    } else {
        time_txt.text = "成功通关!!";    //成功通关
        next_btn.removeEventListener(MouseEvent.CLICK,onClick);
    }
    evt.stopPropagation();
}
```

键盘事件处理用户的按键,左、右键实现拼块水平翻转,上、下键实现拼块垂直翻转,旋转由空格键操作实现。

影片剪辑对象的 scaleX、scaleY 实现翻转。scaleX 属性用于设置对象的水平缩放比例,

其默认值为1,表示按100%缩放。scaleY属性用于设置对象的垂直缩放比例,其默认值为1,表示按100%缩放。例如要将动画中的mc影片剪辑的垂直缩放比例缩小为原来的1/2,只需在关键帧中添加语句"mc. scaleY=0.5;"即可。

影片剪辑对象的rotation属性用于实现旋转。rotation用于设置对象的旋转角度,其取值以度为单位。例如要将mc影片剪辑顺时针旋转60°,只需在关键帧中添加语句"mc. rotation=60;"即可。

```
private function onDown(e:KeyboardEvent):void {        //键盘事件
    switch (e.keyCode) {
        case Keyboard.LEFT:
            if (!timer.running) {
                return;
            }
            left();                                    //向左
            break;
        case Keyboard.UP:
            if (!timer.running) {
                return;
            }
            up();                                      //向上
            break;
        case Keyboard.RIGHT:
            if (!timer.running) {
                return;
            }
            right();                                   //向右
            break;
        case Keyboard.DOWN:
            if (!timer.running) {
                return;
            }
            down();                                    //向下
            break;
        case Keyboard.SPACE:                           //空格键
            toggleKeyPause();                          //旋转
            break;
    }
}
private function up():void {                           //垂直翻转
    d.scaleY = -1;
}
private function down():void {                         //垂直翻转
    d.scaleY = 1;
}
private function left():void {                         //水平翻转
    d.scaleX = -1;
}
private function right():void {                        //水平翻转
    d.scaleX = 1;
}
```

```
private function toggleKeyPause():void {          //旋转90°
    d.rotation += 90;
}
```

鼠标拖动拼块的事件是 onMOUSEDown 和 onMOUSEUp,在结束拖动时判断游戏是否成功。

```
function onMOUSEDown(e:Event) {                   //开始拖动
    d = e.target as MovieClip;
    trace("MOUSEDown");
    if (d != null) {
        d.startDrag();
    }
}
function onMOUSEUp(e:Event) {                      //结束拖动
    d = e.target as MovieClip;
    trace("MOUSEUp");
    if (d == null) {
        return;
    }
    d.stopDrag();
    Verity(d);
    if (Win()) {                                  //输赢判断
        time_txt.text = "成功完成此关";            //判断是否成功
        timer.stop();                             //不再更新
    }
}
```

Verity(Mc:MovieClip)用于对用户移动的 Mc 拼块进行位置校正,以保证其移动到适当的方格位置处。

```
public function Verity(Mc:MovieClip) {
    var x_offset:int = 0, y_offset:int = 0;
    var d:int, xx:int, yy:int;
    //获取拼块元件的矩形区域
    var rect:Rectangle = Mc.getRect(this);
    //左顶点坐标
    xx = rect.left;
    yy = rect.top;
    d = xx % 40;
    if (d != 0) {
        x_offset -= (d < 40/2 ? d : d - 40);
    }
    d = yy % 40;
    if (d != 0) {
        y_offset -= (d < 40/2 ? d : d - 40);
    }
    Mc.x += x_offset;
    Mc.y += y_offset;
}
function onMOUSEDoubleDown(e:Event) {
```

```
        d = e. target as MovieClip;
        trace("双击");
        d. y += 50;
    }
```

定时器事件不断更新文本框中的剩余时间,如果超过 300 秒则停止计时,删除侦听,禁止拖动拼块。

```
private function onTimer(e:Event):void {              //定时更新剩余时间
    if (eCount < total_Time) {
        eCount++;
        time_txt.text = "剩余时间: " + String(total_Time - eCount);
    } else {
        time_txt.text = "你失败了!";
        timer.stop();                                //不再更新
        //删除侦听,禁止拖动拼块
        timer.removeEventListener(TimerEvent. TIMER, onTimer);
        stage.removeEventListener(KeyboardEvent. KEY_DOWN, onDown);        //移除键盘事件
        stage.removeEventListener(MouseEvent. MOUSE_DOWN, onMOUSEDown); //移除鼠标事件
        stage.removeEventListener(MouseEvent. MOUSE_UP, onMOUSEUp);        //移除鼠标事件
        stage.removeEventListener(MouseEvent. DOUBLE_CLICK, onMOUSEDoubleDown);
    }
  }
 }
}
```

这里采用 graphics 对象绘制棋盘格子,使用鼠标拖动移动拼块,并且能够显示游戏的剩余时间信息。该游戏的设计难点在于游戏成功的判断,采用像素点碰撞检测来实现,这种技巧需要读者自己去理解。

16.1　中国象棋游戏介绍

1．棋盘

棋子活动的场所称为"棋盘"，在长方形的平面上绘有 9 条平行的竖线和 10 条平行的横线相交组成，共 90 个交叉点，棋子就摆在这些交叉点上。中间第 5、第 6 两横线之间未画竖线的空白地带称为"河界"，整个棋盘以"河界"分为相等的两部分；两方将帅坐镇、画有"米"字方格的地方称为"九宫"。

2．棋子

象棋的棋子共 32 个，分为红、黑两组，各 16 个，由对弈双方各执一组，每组兵种是一样的，各分为 7 种。

- 红方：帅、仕、相、车、马、炮、兵。
- 黑方：将、士、象、车、马、炮、卒。

其中，帅与将、仕与士、相与象、兵与卒的作用完全相同，仅仅是为了区分红棋和黑棋。

3．各棋子的走法说明

1）帅或将

移动范围：它只能在王宫内移动。

移动规则：它每一步只可以水平或垂直移动一点。

2）仕或士

移动范围：它只能在王宫内移动。

移动规则：它每一步只可以沿对角线方向移动一点。

3）相或象

移动范围：河界的一侧。

移动规则：它每一步只可以沿对角线方向移动两点，另外，在移动的过程中不能够穿越障碍。

4）马

移动范围：任何位置。

移动规则：每一步只可以水平或垂直移动一点，再按对角线方向向左或者向右移动。另外，在移动的过程中不能够穿越障碍。

5）车

移动范围：任何位置。

移动规则：可以水平或垂直方向移动任意个无阻碍的点。

6）炮

移动范围：任何位置。

移动规则：移动起来和车很相似，但它必须跳过一个棋子吃掉对方的一个棋子。

7）兵或卒

移动范围：任何位置。

移动规则：每步只能向前移动一点。过河以后，它便增加了向左、右移动的能力，兵不允许向后移动。

4. 关于胜负、和

对局中己方的帅（将）被对方棋子吃掉，本方算输。

16.2　中国象棋游戏的设计思路

16.2.1　棋盘的表示

棋盘表示就是使用一种数据结构来描述棋盘及棋盘上的棋子，我们使用一个二维数组Map。一个典型的中国象棋棋盘使用 9×10 的二维数组表示，每一个元素代表棋盘上的一个交点，一个没有棋子的交点所对应的元素是 -1。一个二维数组 Map 保存了当前棋盘的布局。当 $\text{Map}[x][y] = i$ 时说明此处是棋子 i，否则为 -1，表示此处为空。程序中下棋的棋盘界面使用如图 16-1 所示的图片资源。

中国象棋是由 10 条横线、9 条竖线构成的，中间被一条"楚河·汉界"隔开，这些线交错成 90 个点，棋子就在点上行走。象棋棋谱上的竖线对于黑方来说，从右边数起第一条线称为"1"，第二条线称为"2"，以此类推，直到"9"；红方也从右向左数起，用中文数字一～九来表示红方的每条竖线，如图 16-2 所示。

图 16-1　棋盘图片资源

图 16-2　中国象棋棋谱界面

16.2.2　棋子的表示

棋子设计相应的类,每种棋子的图案使用对应的图片资源,如图 16-3 所示。

图 16-3　棋子图片资源

为设计程序方便,将 32 个棋子对象赋给了数组 chess。chess[i]中下标 i 的含义是,如果 i 小于 16,说明它是黑方的棋子,否则是红方的棋子,这样就可以得到我们所需要的全部象棋棋子。黑方对应的是 0～15,红方则用 16～31。

具体下标的含义如下:

0 将　1 士　2 士　3 象　4 象　5 马　6 马　7 车　8 车　9 炮　10 炮　11～15 卒

16 帅　17 仕　18 仕　19 相　20 相　21 马　22 马　23 车　24 车　25 炮　26 炮

27～31 兵

16.2.3　走棋规则

对于象棋来说,有马走日、象走田等一系列复杂的规则。走法的产生是博弈程序中一个相当复杂而且耗费运算时间的方面,不过使用良好的数据结构可以显著地提高生成的速度。

判断是否能走棋的算法如下:

根据棋子名称的不同按相应的规则判断。

A. 如果为“车”,检查是否走直线以及中间是否有棋子。

B. 如果为“马”,检查是否走“日”字,是否蹩脚。

C. 如果为“炮”,检查是否走直线,判断是否吃子,如果是吃子,则检查中间是否只有一个棋子,如果不吃,则检查中间是否有棋子。

D. 如果为“兵”,检查是否走直线,走一步及向前走,根据是否过河检查是否横走。

E. 如果为“将”,检查是否走直线,走一步及是否超过范围。

F. 如果为“士”,检查是否走斜线,走一步及是否超出范围。

G. 如果为“象”,检查是否走“田”字,是否蹩脚及是否超出范围。

如何分辨棋子? 程序中采用了棋子对象的 typeName 属性获取。

程序中的 IsAbleToPut(firstchess, x, y)函数实现判断是否能走棋并返回逻辑值,其代码最复杂。其参数的含义如下:

firstchess 代表走的棋子对象,参数 x、y 代表走棋的目标位置。走动棋子原始位置(oldx,oldy)可以通过 firstchess.pos.x 获取原 x 坐标 oldx,通过 firstchess.pos.y 获取原 y 坐标 oldy。

IsAbleToPut(idx,x,y)函数实现走棋规则判断：

例如"将"或"帅"走棋规则，只能走一格，所以原x坐标与新位置x坐标之差不能大于1，GetChessY(idx)获取的原y坐标与新位置y坐标之差不能大于1。

```
if (Math.Abs(x - oldx)> 1 || Math.Abs(y - oldy)> 1)
    return false;
```

由于不能走出九宫，所以x坐标为4、5、6且$1\leqslant y\leqslant3$或$8\leqslant y\leqslant10$（实际上仅需判断是否$8\leqslant y\leqslant10$即可，因为走棋时自己的"将"或"帅"只能在下方的九宫中），否则此步违规，将返回 False。

```
if (x < 4 || x > 6 || (y > 3 && y < 8)) return false;
```

"士"或"仕"走棋规则，只能走斜线一格，所以原x坐标与新位置x坐标之差为1，且原y坐标与新位置y坐标之差同时为1。

```
if ((x - oldx) * (y - oldy) == 0) return false;
if (Math.Abs(x - oldx)> 1 || Math.Abs(y - oldy)> 1) return false;
```

由于不能走出九宫，所以x坐标为4、5、6且$1\leqslant y\leqslant3$或$8\leqslant y\leqslant10$，否则此步违规，将返回 False。

```
if (x < 4 || x > 6 || (y > 3 && y < 8)) return false;
```

"炮"走棋规则，只能走直线，所以x、y不能同时改变，即$(x-oldx)*(y-oldy)=0$保证走直线。然后判断如果x坐标改变了，原位置 oldx 到目标位置之间是否有棋子，如果有子则累加其间棋子个数c，通过c是否为1且目标处非己方棋子能够判断是否可以走棋。

"兵"或"卒"走棋规则，只能向前走一步，根据是否过河检查是否横走。所以x与原坐标 oldx 改变的值不能大于1，同时y与原坐标 oldy 改变的值也不能大于1。如果过河，即是$y<6$。

```
if ((x - oldx) * (y - oldy) != 0)
    return false;
if (Math.Abs(x - oldx)> 1 || Math.Abs(y - oldy)> 1)
    return false;
if (y > = 6 && (x - oldx) != 0)
    return false;
if (y - oldy > 0)
    return false;
return true;
```

其余的棋子判断方法类似，这里不再一一介绍。

16.2.4　坐标转换

在走棋过程中，需要将鼠标像素坐标(this.mouseX,this.mouseY)转换成棋盘坐标，解析出棋盘坐标(tempx,tempy)，如果超出棋盘范围则返回。

```
tempx = int(Math.floor(this.mouseX / 40));
tempy = int(Math.floor(this.mouseY / 40));
```

```
//防止超出范围
if (tempx > 9 ‖ tempy > 10 ‖ tempx < 1 ‖ tempy < 1)
{
    message_txt.text = "超出棋盘范围";
    return;
}
```

掌握以上关键技术,就可以开发中国象棋游戏了。

16.3　中国象棋游戏的实现步骤

16.3.1　设计棋子类(Chess.as)

在棋子类代码中首先定义棋子所属的玩家、坐标位置、棋子图案、棋子种类成员变量。

```
package {
import flash.display.Sprite;              //精灵图像支持类
import flash.net.URLRequest;              //URL 地址支持类
import flash.display.Loader;              //文件读取支持类
import flash.geom.Point;
public class Chess extends Sprite{        //Sprite 类可以管理图像
    public const REDPLAYER:int = 1;
    public const BLACKPLAYER:int = 0;
    public var player:int;                //红子为 REDPLAYER,黑子为 BLACKPLAYER
    public var chessName:String;          //帅、士…
    public var pos:Point;                 //棋盘位置
```

棋子类构造函数的 3 个参数分别代表哪方、棋子名称、棋子所在棋盘的位置。该构造函数中的多分支 if 语句段根据棋子种类设置相应棋子的图案。

```
//构造函数,参数 player 指定棋手角色的类型,参数 chessName 指定棋子的类型
//参数 chesspos 指定棋子的位置
public function Chess(player:int, chessName:String, chesspos:Point) {
    this.player = player;
    this.chessName = chessName;
    this.pos = chesspos;
    this.x = pos.x * 40;
    this.y = pos.y * 40;
    //初始化棋子图案
    if (player == REDPLAYER) {                        //红方棋子
        if (chessName == "帅")
            showPic("res/帅.png");
        else if (chessName == "仕")
            showPic("res/仕 1.png");
        else if (chessName == "相")
            showPic("res/相.png");
        else if (chessName == "马")
            showPic("res/马.png");
        else if (chessName == "车")
```

```
                    showPic("res/车.png");
              else if (chessName == "炮")
                    showPic("res/炮.png");
              else if (chessName == "兵")
                    showPic("res/兵.png");
          }
          else{                                    //黑方棋子
              if (chessName == "将")
                    showPic("res/将 1.png");
              else if(chessName == "士")
                    showPic("res/士 1.png");
              else if (chessName == "象")
                    showPic("res/象 1.png");
              else if (chessName == "马")
                    showPic("res/马 1.png");
              else if (chessName == "车")
                    showPic("res/车 1.png");
              else if (chessName == "炮")
                    showPic("res/炮 1.png");
              else if (chessName == "卒")
                    showPic("res/卒 1.png");
          }
      }
      public function showPic(FrontURL:String):void{    //显示指定图片
          var FrontReq:URLRequest = new URLRequest(FrontURL);
          var Ldr:Loader = new Loader();
          Ldr.load(FrontReq);                            //读取文件数据
          this.addChild(Ldr);
          setScale(0.55);
      }
```

SetPos(int x,inty)用于设置棋子所在棋盘的位置。

```
    public function SetPos(x:int, y:int)       //设置棋子位置
    {
        pos.x = x;
        pos.y = y;
        this.x = pos.x * 40;
        this.y = pos.y * 40;
    }
```

棋子类中提供了一个 drawSelectedChess()方法,它将在选中棋子的周围画示意边框线,这里是直接画在 graphics 上。

```
    public function drawSelectedChess() {
        this.graphics.lineStyle(3,0xFF);
        this.graphics.drawRect(0, 0, 40, 40);        //画选中棋子的示意边框线
    }
```

16.3.2 创建 Flash 文件

打开 Flash CS6 软件,选择"文件"→"新建"命令,系统将打开"新建文档"对话框,在该

对话框中选择 ActionScript 3.0 选项。

选择"修改"→"文档"命令,打开"文档设置"对话框,设置场景的尺寸为 384 像素×450 像素,单击"确定"按钮。然后导入棋盘背景图 jipan.jpg 到舞台上,在"属性"面板中设置文档类为 ChessGame。接着添加"帅"和"将"位图到舞台上并转换成影片剪辑实例 shuai、jiang,再添加自己制作的"重新开始"按钮 start_btn。

16.3.3 设计文档类(ChessGame.as)

文档类是游戏实例,首先定义数组 chess 存储双方的 32 个棋子对象。二维数组 Map 保存了当前棋盘的棋子布局,当 Map[x][y]=i 时说明此处是棋子 i,否则为−1,表示此处为空。以下是成员变量的定义:

```
package {
import flash.display.MovieClip;          //影片剪辑支持类
import flash.events.Event;               //事件支持类
import flash.events.MouseEvent;          //鼠标事件支持类
import flash.display.SimpleButton;
import flash.text.TextField;
import flash.geom.Point;
public class ChessGame extends MovieClip {
    public const REDPLAYER:int = 1;
    public const BLACKPLAYER:int = 0;
    public var chess:Array = new Array();      //所有棋子的数组
    public var Map:Array = new Array();        //棋盘的棋子布局数组
    public var m_LastCard:Chess;               //用户上次选定的棋子
    public var localPlayer:int = REDPLAYER;    //记录自己是红方还是黑方
```

当前棋盘的棋子布局的二维数组 Map 初始化,由于棋子索引从 0 开始到 31,所以此处初始化为−1。

```
private void cls_map() {
    int i, j;
    for (i = 1; i <= 9; i++) {
        for (j = 1; j <= 10; j++) {
            Map[i][j] = -1;
        }
    }
}
```

构造函数较简单,主要初始化保存了当前棋盘的棋子布局的二维数组 Map。构造函数调用 initChess()加载 32 个棋子 Sprite,初始化棋子布局,并添加"重置"按钮、stage 舞台的鼠标事件监听,stage 舞台的鼠标单击事件处理用户移动走棋的过程。

```
public function ChessGame() {
    //创建棋子布局数组 Map[9+1][10+1],为计算方便不使用下标 0 元素
    Map = new Array();
    var x,y:int;
```

```
for (x = 0; x <= 9; x++) {
    var temp:Array = new Array();
    for (y = 0; y <= 10; y++) {
        temp.push( - 1);
    }
    Map.push(temp);
}
initChess();                          //加载 32 个棋子 Sprite,初始化棋子布局
shuai.visible = true;                 //红帅显示,表示红方走
jiang.visible = false;                //黑将不显示
//监听自定义重置按钮事件
start_btn.addEventListener(MouseEvent.CLICK, resetGame);
stage.addEventListener(MouseEvent.CLICK, stageClick);
}
```

initChess()初始棋子布局,布局时按黑方棋子在上、红方棋子在下设计。如果玩家的角色是黑方,则在右侧显示"黑将"。如果玩家的角色是红方,则在右侧显示"红帅"。为便于玩家看棋,将所有棋子对调,即黑方棋子在下,红方棋子在上。布局后将所有棋子添加到数组chess 中并在场景中显示。

```
//布置棋子,黑上,红下
private function initChess():void {              //创建 32 个棋子
    //布置黑方棋子 chess[0]~chess[15]
    var c:Chess;
    c = new Chess(BLACKPLAYER, "将", new Point(5, 1));
    chess.push(c);                               //将黑将棋子 Sprite 添加到数组
    Map[5][1] = 0;
    c = new Chess(BLACKPLAYER, "士", new Point(4, 1));
    chess.push(c);                               //将黑士棋子 Sprite 添加到数组
    Map[4][1] = 1;
    c = new Chess(BLACKPLAYER, "士", new Point(6, 1));
    chess.push(c);
    Map[6][1] = 2;
    c = new Chess(BLACKPLAYER, "象", new Point(3, 1));
    chess.push(c);
    Map[3][1] = 3;
    c = new Chess(BLACKPLAYER, "象", new Point(7, 1));
    chess.push(c);
    Map[7][1] = 4;
    c = new Chess(BLACKPLAYER, "马", new Point(2, 1));
    chess.push(c);
    Map[2][1] = 5;
    c = new Chess(BLACKPLAYER, "马", new Point(8, 1));
    chess.push(c);
    Map[8][1] = 6;

    c = new Chess(BLACKPLAYER, "车", new Point(1, 1));
    chess.push(c);
```

```
Map[1][1] = 7;
c = new Chess(BLACKPLAYER, "车", new Point(9, 1));
chess.push(c);
Map[9][1] = 8;

c = new Chess(BLACKPLAYER, "炮", new Point(2, 3));
chess.push(c);
Map[2][3] = 9;
c = new Chess(BLACKPLAYER, "炮", new Point(8, 3));
chess.push(c);
Map[8][3] = 10;

var i:int;
for (i = 0; i <= 4; i++) {
    c = new Chess(BLACKPLAYER, "卒", new Point(1 + i * 2, 4));
    chess.push(c);
    Map[1 + i * 2][4] = 11 + i;
}

//布置红方棋子 chess[16]～chess[31]
c = new Chess(REDPLAYER, "帅", new Point(5, 10));
chess.push(c);                          //将红帅棋子 Sprite 添加到数组
Map[5][10] = 16;
c = new Chess(REDPLAYER, "仕", new Point(4, 10));
chess.push(c);                          //将红仕棋子 Sprite 添加到数组
Map[4][10] = 17;
c = new Chess(REDPLAYER, "仕", new Point(6, 10));
chess.push(c);
Map[6][10] = 18;
c = new Chess(REDPLAYER, "相", new Point(3, 10));
chess.push(c);
Map[3][10] = 19;
c = new Chess(REDPLAYER, "相", new Point(7, 10));
chess.push(c);
Map[7][10] = 20;
c = new Chess(REDPLAYER, "马", new Point(2, 10));
chess.push(c);
Map[2][10] = 21;
c = new Chess(REDPLAYER, "马", new Point(8, 10));
chess.push(c);
Map[8][10] = 22;

c = new Chess(REDPLAYER, "车", new Point(1, 10));
chess.push(c);
Map[1][10] = 23;
c = new Chess(REDPLAYER, "车", new Point(9, 10));
chess.push(c);
```

```
Map[9][10] = 24;

c = new Chess(REDPLAYER, "炮", new Point(2, 8));
chess.push(c);
Map[2][8] = 25;
c = new Chess(REDPLAYER, "炮", new Point(8, 8));
chess.push(c);
Map[8][8] = 26;

for (i = 0; i <= 4; i++) {
    c = new Chess(REDPLAYER, "兵", new Point(1 + i * 2, 7));
    chess.push(c);
    Map[1 + i * 2][7] = 27 + i;
}
for (i = 0; i < 32; i++) {
    chess[i].addEventListener(MouseEvent.CLICK, chessClicked);
    this.addChild(chess[i]);                            //将棋子添加到场景
}
}
```

用户走棋时,首先要选中自己的棋子(第1次选择棋子),所以有必要判断是否单击了对方棋子。如果是自己的棋子,则 m_LastCard 记录用户选择的棋子,同时棋子被放大示意被选中。

当用户选过己方棋子后,单击对方棋子,则是吃子,调用 IsAbleToPut(CurSelect, x, y) 判断是否能走棋,如果符合走棋规则,被吃掉的棋子不显示,第1次被选中的棋子移到目标处。如果对方的将或帅被吃掉,则游戏结束。

当然,第2次选择棋子有可能是用户改变主意,选择自己的另一个棋子,则 m_LastCard 重新记录用户选择的己方棋子。

```
public function chessClicked(event:MouseEvent):void{    //在棋子上单击
    message_txt.text = "";
    var c:Chess = (Chess)(event.currentTarget);         //获取用户选择的棋子对象
    if(m_LastCard == null && !isMyChess(c)) {           //判断是否单击了对方棋子
        message_txt.text = "请选择自己的棋子";
        event.stopPropagation();                        //阻止后续的侦听行为
        return;
    }
    if(m_LastCard == null)
    {//如果之前没有选择任何棋子
        m_LastCard = c;                                 //选中棋子
        m_LastCard.setScale(0.65);                      //对选中的棋子进行缩放
    }
    else if(c == m_LastCard)
    {//如果此次选中的棋子与之前选中的棋子是同一个棋子
        m_LastCard.setScale(0.55);                      //取消该棋子的选中状态
        m_LastCard = null;
```

```
    }
    else if(!isMyChess(c) && IsAbleToPut(m_LastCard, c.pos.x, c.pos.y))
    {
        var idx, idx2:int;        //保存第1次和第2次被单击棋子的索引号
        var x1, y1:int;           //第1次被单击棋子在棋盘上的原坐标
        x1 = m_LastCard.pos.x; y1 = m_LastCard.pos.y;
        var x2, y2:int;                           //第2次被单击棋子在棋盘上的坐标
        x2 = c.pos.x; y2 = c.pos.y;
        c.visible = false;                        //被吃掉的棋子不显示
        idx = Map[x1][y1];
        idx2 = Map[x2][y2];
        Map[x1][y1] = -1;
        Map[x2][y2] = idx;
        chess[idx].SetPos(x2, y2);                //第1次被选中的棋子移到目标处
        m_LastCard.setScale(0.55);                //取消该棋子的选中状态
        m_LastCard = null;

        //判断被吃的是不是对方的将
        if (idx2 == 0)                            //0表示将
            message_txt.text = "红方赢了";
        if (idx2 == 16)                           //16表示帅
            message_txt.text = "黑方赢了";
        reversePlayer();                          //改变玩家角色
    }else {
        //错误走棋
        message_txt.text = "不符合走棋规则111";
        //否则选中新的棋子,继续监听用户操作
        m_LastCard.setScale(0.55);                //取消该棋子的选中状态
        m_LastCard = c;
        m_LastCard.setScale(0.65);        //当前选中的棋子作为之前选中的棋子
    }
    event.stopPropagation();                      //阻止后续的侦听行为
}
```

IsAbleToPut(firstchess，x，y)用于判断是否能走棋并返回逻辑值,其代码最复杂。

```
public function IsAbleToPut(firstchess:Chess, x:int, y:int):Boolean {
    var i, j, c,t:int;
    var oldx, oldy:int;                  //在棋盘原坐标
    oldx = firstchess.pos.x;
    oldy = firstchess.pos.y;
    var qi_name:String = firstchess.chessName;
    if (qi_name == ("将") || qi_name == ("帅")) {
        if ((x - oldx) * (y - oldy) != 0) {
            return false;
        }
        if (Math.abs(x - oldx)>1 || Math.abs(y - oldy)>1) {
            return false;
```

```actionscript
        }
        if (x < 4 || x > 6 || (y > 3 && y < 8)) {
            return false;
        }
        return true;
    }
    if (qi_name == ("士") || qi_name == ("仕")) {
        if ((x - oldx) * (y - oldy) == 0) {
            return false;
        }
        if (Math.abs(x - oldx) > 1 || Math.abs(y - oldy) > 1) {
            return false;
        }
        if (x < 4 || x > 6 || (y > 3 && y < 8)) {
            return false;
        }
        return true;
    }
    //其余棋子的判断略
    if (qi_name == ("卒") || qi_name == ("兵")) {
        if ((x - oldx) * (y - oldy) != 0) {
            return false;
        }
        if (Math.abs(x - oldx) > 1 || Math.abs(y - oldy) > 1) {
            return false;
        }
        if (qi_name == ("兵")) {
            if (y >= 6 && (x - oldx) != 0) {        //没过河且横走
                return false;
            }
            if (y - oldy > 0) {                     //后退
                return false;
            }
        }
        if (qi_name == ("卒")) {
            if (y <= 5 && (x - oldx) != 0) {        //没过河且横走
                return false;
            }
            if (y - oldy < 0) {                     //后退
                return false;
            }
        }
        return true;
    }
    return false;
}
```

当用户选过己方棋子后,若单击的位置无棋子,则处理没有吃对方棋子的走棋过程。通过注册 stage 舞台的鼠标单击事件处理用户没有吃对方棋子的移动棋子的过程。

```
private function stageClick(event:MouseEvent):void {    //在棋盘上单击
    //目标处没有棋子,移动棋子
    var tempx,tempy:int;
    tempx = int(Math.floor(this.mouseX / 40));
    tempy = int(Math.floor(this.mouseY / 40));
    trace(tempx);
    trace(tempy);
    message_txt.text = "";
    //防止超出范围
    if (tempx > 9 ‖ tempy > 10 ‖ tempx < 1 ‖ tempy < 1)
    {
        //message_txt.text = "超出棋盘范围";
        return;
    }
    if(m_LastCard == null)                              //如果之前没有选择任何棋子
    {
        return;
    }else if(IsAbleToPut(m_LastCard, tempx, tempy))
    {
        //移动棋子
        var idx, idx2:int;                             //保存第1次和第2次被单击棋子的索引号
        var x1, y1:int;                                //第1次被单击棋子在棋盘上的原坐标
        x1 = m_LastCard.pos.x;y1 = m_LastCard.pos.y;
        var x2, y2:int;                                //第2次被单击棋子在棋盘上的坐标
        x2 = tempx;y2 = tempy;
        idx = Map[x1][y1];
        Map[x1][y1] = -1;
        Map[x2][y2] = idx;
        chess[idx].SetPos(x2, y2);
        m_LastCard.setScale(0.55);                     //取消该棋子的选中状态
        m_LastCard = null;
        reversePlayer();                               //改变玩家角色
    }else {
        //错误走棋
        message_txt.text = "不符合走棋规则 222";
    }
}
```

象棋运行界面中该黑方走棋时的效果如图 16-4 所示,右侧显示红帅表示红方走棋,显示黑将表示黑方走棋。

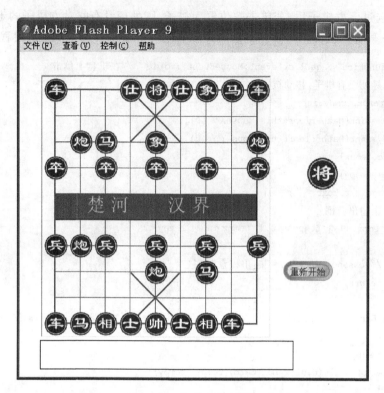

图 16-4　象棋运行界面

第17章 俄罗斯方块游戏

17.1 俄罗斯方块游戏介绍

俄罗斯方块是一款风靡全球的电视游戏机和掌上游戏机游戏,它看似简单却变化无穷,其游戏过程仅需要玩家将不断下落的各种形状的方块移动、翻转,如果某一行被方块充满了,那么就将此行消掉,而当窗口中无法再容纳下落的方块时宣告游戏结束。本章开发的俄罗斯方块游戏界面如图 17-1 所示,在屏幕右侧玩家可以看到游戏的积分和下一方块的形状。通过方向键控制移动,其中键盘上方向键控制方块旋转,键盘左方向键控制方块向左移动,键盘右方向键控制方块向右移动,键盘下方向键控制方块向下移动。空格键可暂停或继续游戏。当游戏输掉时,用鼠标单击屏幕可重新开始。

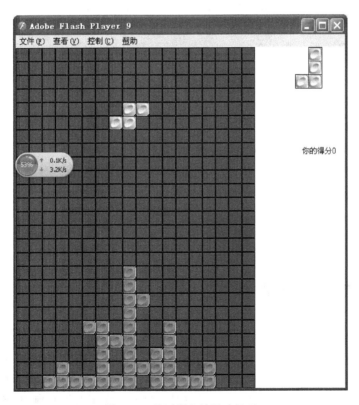

图 17-1 俄罗斯方块游戏界面

17.2　俄罗斯方块的形状设计

游戏中下落的方块有着各种不同的形状,要在游戏中绘制不同形状的方块(例如"横条"、"方块"、"T形"等),就需要使用合理的数据表示方式。目前常见的俄罗斯方块拥有 7 种基本形状以及它们旋转后的变形体,具体的形状如图 17-2 所示。

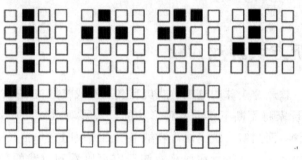

图 17-2　俄罗斯方块的形状

每种形状都是由不同的黑色小方格组成的,在屏幕上只需要显示必要的黑色小方格(本游戏为美观采用图形 ▇ 填充)就可以表现出各种形状,它们的数据逻辑可以使用一个二维数组表示,数组的存储值为 0 或者 1,如果值为 1 则表示需要显示一个黑色方块,如果值为 0 则表示不显示。

例如用长条形方块的数组存储。

[[0,0,0,0],[1,1,1,1],[0,0,0,0],[0,0,0,0]]

所有形状的存储使用 type 数组。

```
private var type:Array = [];                                //各种方块类型
type.push([[0,0,1],[1,1,1],[0,0,0]]);                      //钩子
type.push([[0,0,0],[1,1,1],[0,0,1]]);                      //倒钩
type.push([[1,1],[1,1]]);                                   //小方块
type.push([[0,0,0,0],[1,1,1,1],[0,0,0,0],[0,0,0,0]]);      //长条
type.push([[0,1,0],[1,1,0],[0,1,0]]);                      //星形
type.push([[1,0,0],[1,1,0],[0,1,0]]);                      //Z 字形
type.push([[0,1,0],[1,1,0],[1,0,0]]);                      //反 Z 字形
```

17.3　俄罗斯方块游戏的设计思路

游戏的面板是由一定的行数和列数的单元格组成的,游戏面板屏幕可以看成由 25 行 18 列的网格组成,为了存储游戏画面中的已固定方块采用二维数组 rongqi,当相应的数组元素值为 1 时绘制一个图形 ▇ 填充小网格。下一个方块使用一个 Sprite(nextSp),下落的当前方块使用一个 Sprite(usingSp)并都添加到舞台上。在定时器控制下,不停地下移当前方块 Sprite(usingSp)从而看到动态游戏效果。当触底或满行时修改二维数组 rongqi,据此数组来刷新游戏面板屏幕形成固定方块,同时将下一个方块 nextSp 作为当前方块 usingSp,

并再次产生新的 nextSp。

17.4 俄罗斯方块游戏的实现步骤

17.4.1 创建 Flash 文件

打开 Flash CS6 软件,然后选择"文件"→"新建"命令,系统将打开"新建文档"对话框,在该对话框中选择 ActionScript 3.0 选项。

1. 设置文档属性

选择"修改"→"文档"命令,打开"文档设置"对话框,设置场景的尺寸为 520 像素×525 像素、背景颜色为浅绿色,然后单击"确定"按钮,并在"属性"面板中设置文档类为 grid。

2. 设计棋子影片剪辑元件

选择"文件"→"导入"→"导入到库"命令,导入以下两个方块图案:

block0.gif   block1.gif

在"库"面板中将链接类设置为 Block0 和 Block1,注意基类为 flash. display. BitmapData,并且选中在第 1 帧导出类,可以采用类似代码使用库中的图片资源:

```
//myBitmapData 是资源库中的图片链接类名
//创建一个名为 myBitmapDataObject 的新的 myBitmapData 对象实例
var myBitmapDataObject:myBitmapData = new myBitmapData(100, 100);
//创建一个名为 myImage 的位图对象实例来包含位图数据
var myImage:Bitmap = new Bitmap(myBitmapDataObject);
//将 myImage 添加到当前时间轴的显示列表中
addChild(myImage);
```

注意:Flash Professional 资源库中的图片是 BitmapData 对象,BitmapData 对象不能被添加到显示列表中,Bitmap 对象可以被添加到显示列表中,并且可以引用 BitmapData 对象的信息,用户可以创建一个 Bitmap 对象包含来自于 BitmapData 实例的数据,把 Bitmap 对象添加到显示列表中。

17.4.2 设计游戏文档类(grid. as)

选择"文件"→"新建"命令,系统将打开"新建文档"对话框,在该对话框中选择"ActionScript 文件"选项,这样在 Flash 中会新建一个 ActionScript 类文件,将其命名为 grid. as,并导入包和相关类:

```
package {
    import flash.display. * ;
    import flash.utils.Timer;
    import flash.geom.Point;
    import flash.events.TimerEvent;
    import flash.events.Event;
```

```
import flash.events.KeyboardEvent;
import flash.ui.Keyboard;
import flash.text.TextField;
import flash.events.MouseEvent;
//Flash AS3 播放音乐
import flash.media.Sound;
import flash.net.URLRequest;
```

类成员变量定义：

```
public class grid extends MovieClip {
    private var a:uint = 21;                                //方块的边长
    private var kuan:uint = 18;                             //地图的宽
    private var gao:uint = 25;                              //地图的高
    private var type:Array = [];                            //各种方块类型
    private var nextGrid:Array;                             //下一个方块形状数组
    private var nextSp:Sprite;                              //下一个方块 Sprite
    private var usingGrid:Array;                            //当前方块形状数组
    private var usingSp:Sprite;                             //当前方块 Sprite
    private var usingPosition:Point;                        //当前方块位置
    private var rongqi:Array = [];
    private var timer:Timer = new Timer(1000);
    private var txt:TextField;                              //用于显示分数的文本框
    private var score:uint = 0;                             //分数(通关行数)
    private var levelUp:uint = 10;                          //每通关多少行升级
    private var bitmap1:BitmapData,bitmap2:BitmapData;      //位图
```

grid()构造方法首先创建位图数据对象 bitmap1、bitmap2，以便使用资源库中的图片文件填充格子，调用 init()开始游戏。游戏开始后 initMap()初始化地图，将存储游戏画面中已固定方块的二维数组 rongqi 的元素全部初始化为 0(即没有固定方块)，产生一个新的下落方块，同时启动定时器。定时器每隔 1 秒触发一次，定时器触发事件完成当前方块是否可以下落的判断。如果不可以下落则固定当前方块，并消去可能的满行，同时把下一个方块 nextSp 作为新的当前方块 usingSp，产生新的下一个方块 nextSp。

```
public function grid() {
    //Block1 是资源库中的 Block1.gif 的类名
    //创建一个名为 bitmap1 的新的 Block1 对象实例
    bitmap1 = new Block1(21,21);
    //创建一个名为 bitmap2 的新的 Block0 对象实例
    bitmap2 = new Block0(21,21);
    _sound = new Sound();
    //要想加载声音文件到刚刚建立的 Sound 对象中，
    //还要先创建一个 URLRequest 对象(在此还必须导入
    //相关的类 import flash.net.URLRequest)，通过字符串表示 MP3 文件的路径
    var soundFile:URLRequest = new URLRequest("sounds/music.mp3");
    _sound.load(soundFile);
    _sound.play();                //播放背景音乐
    init();
}
private function init() {         //开始游戏
```

```
    initMap();                        //初始化地图
    reDraw();                         //绘制地图
    getType();                        //创建所有方块类型
    createGrid();                     //随机创建一个方块,加入到预备(即下一个方块)
    startGrid();                      //将一个预备中的方块(即下一个方块)转为正在使用的方块
    timer.start();                    //定时下沉
    timer.addEventListener(TimerEvent.TIMER,onTimer);
    stage.addEventListener(KeyboardEvent.KEY_DOWN,onDown);        //侦听键盘事件
    txt = new TextField();
    txt.x = 450;txt.y = 150;
    this.addChild(txt);
    txt.text = "你的得分" + score.toString();
    txt.selectable = false;
}
```

initMap()初始化地图,将游戏区的游戏清空(置零)。

```
private function initMap() {                      //初始化地图
    var i:int,j:int;
    var l:uint = a - 1;
    for (i = 0; i < kuan; i++) {                  //绘制背景方块供玩家观看
        rongqi[i] = [];
        for (j = 0; j < gao; j++) {
            rongqi[i][j] = 0;
        }
    }
}
private function reDraw():void {                  //重绘地图
    this.graphics.clear();                        //游戏面板屏幕清空重画
    var i:int,j:int;
    for (i = 0; i < kuan; i++) {                  //绘制背景方块供玩家观看
        for (j = 0; j < gao; j++) {
            if (rongqi[i][j]) {                   //固定格子,图形🟨填充小网格
                drawAGrid(this,i,j,a,0xffff00);
            } else {                              //空格子,采用红色填充
                drawAGrid(this,i,j,a - 1,0xff0000);
            }
        }
    }
}
private function getType():void {
    type.push([[0,0,1],[1,1,1],[0,0,0]]);         //钩子
    type.push([[0,0,0],[1,1,1],[0,0,1]]);         //倒钩
    type.push([[1,1],[1,1]]);                     //小方块
    type.push([[0,0,0,0],[1,1,1,1],[0,0,0,0],[0,0,0,0]]);   //长条
    type.push([[0,1,0],[1,1,0],[0,1,0]]);                   //星形
    type.push([[1,0,0],[1,1,0],[0,1,0]]);                   //Z字形
    type.push([[0,1,0],[1,1,0],[1,0,0]]);                   //反 Z字形
}
private function createGrid():void {                        //创建下一个方块
    var i:uint = int(Math.random() * type.length);          //随机挑选方块类型
```

```
        var max:uint = type[i].length;
        nextGrid = [];                                      //下一个方块形状数组
        while (max -- > 0) {     //从 type 获取形状信息存储到 nextGrid 数组
            nextGrid.unshift(type[i][max].concat());
        }
        drawnextGrid();                                     //在右侧绘制下一个方块
    }
    private function drawnextGrid():void {        //在下一个方块 nextSp 中画出方块形状
        nextSp = new Sprite();
        nextSp.x = 21 * a;                                  //设置显示下一个方块的位置
        nextSp.y = 0;
        this.addChild(nextSp);
        var i:int, j:int;
        var max:uint = nextGrid.length;
        for (i = 0; i < max; i++) {
            for (j = 0; j < max; j++) {
                if (nextGrid[i][j] == 1) {
                    drawAGrid(nextSp, i, j, a, 0x00ff00);
                }
            }
        }
    }
```

drawAGrid 在 mc(可以是下一个方块 nextSp、当前方块 usingSp、游戏面板 this)中绘制纯色填充或位图填充的格子。

```
    private function drawAGrid(mc:Sprite, i:int, j:int, aa:int, color:uint):void {
        if(color == 0xffff00){                      //固定方块的格子
        mc.graphics.beginBitmapFill(bitmap1);       //通过 bitmap1 位图填充的方式
        mc.graphics.lineStyle(1);
        mc.graphics.drawRect(i * a, j * a, aa, aa);
        mc.graphics.endFill();
        }
        if(color == 0xff0000){                      //空的格子
        mc.graphics.beginFill(color);
        mc.graphics.lineStyle(1);
        mc.graphics.drawRect(i * a, j * a, aa, aa);  //通过背景色填充的方式
        mc.graphics.endFill();
        }
        if(color == 0x00ff00){                      //下落当前方块的格子
        mc.graphics.beginBitmapFill(bitmap2);       //通过 bitmap2 位图填充的方式
        mc.graphics.lineStyle(1);
        mc.graphics.drawRect(i * a, j * a, aa, aa);
        mc.graphics.endFill();
        }
    }
    private function startGrid():void {     //将下一个方块 nextSp 转为正在使用的方块 usingSp
        usingSp = nextSp;
        nextSp = null;
        usingGrid = nextGrid;
        usingPosition = new Point((kuan - usingGrid.length)>> 1, 0);
```

```
    usingSp.x = usingPosition.x * a;
    createGrid();
    if (hit(usingGrid)) {                        //如果方块一出来就发生碰撞,则判定游戏结束
        timer.stop();
        stage.removeEventListener(KeyboardEvent.KEY_DOWN,onDown);
        stage.addEventListener(MouseEvent.CLICK,onRestart);     //单击鼠标,重新开始游戏
    }
}
private function onTimer(e:Event):void {     //自由下落
    down();
}
```

以下是键盘事件完成左右键控制方块左右移动,向上键控制方块旋转,向下键控制方块向下移动,空格键调用 toggleKeyPause()暂停或继续游戏。

```
private function onDown(e:KeyboardEvent):void {          //键盘事件
    switch (e.keyCode) {
        case Keyboard.LEFT:
            if(!timer.running)return;
            left();                              //向左
            break;
        case Keyboard.UP:
            if(!timer.running)return;
            roll();                              //旋转方块
            break;
        case Keyboard.RIGHT:
            if(!timer.running)return;
            right();                             //向右
            break;
        case Keyboard.DOWN:
            if(!timer.running)return;
            down();                              //向下
            break;
        case Keyboard.SPACE:                     //空格键
            toggleKeyPause();                    //暂停或继续游戏
            break;
    }
}
```

通过定时器的启动、停止来实现游戏的暂停和继续。

```
private function toggleKeyPause():void {      //暂停或继续游戏
    if (timer.running) {
        timer.stop();
    } else {
        timer.start();
    }
}
```

left()是左移当前方块的方法,检测下一状态是否碰撞,如果发生碰撞则不允许向左。right()右移的方法原理与此相似。

```
private function left():void {
    usingPosition.x--;
    if (hit(usingGrid)) {      //检测下一状态是否碰撞,如果发生碰撞则不允许向左
        usingPosition.x++;
        return;
    } else {
        usingSp.x = usingPosition.x * a;
    }
}
private function right():void {
    usingPosition.x++;
    if (hit(usingGrid)) {      //检测下一状态是否碰撞,如果发生碰撞则不允许向右
        usingPosition.x--;
        return;
    } else {
        usingSp.x = usingPosition.x * a;
    }
}
```

down()是当前方块下落的方法。hit(usingGrid)判断是否可以下落,如果可以下落则将当前方块 usingSp 设置到新位置即可;如果不可以下落则固定当前方块,并消去可能的满行,同时产生新的当前方块。

```
private function down() {
    usingPosition.y++;
    if (hit(usingGrid)) {                //检测下一状态是否碰撞,如发生碰撞则方块锁定位置
        usingPosition.y--;
        lockPlace();
        var sound:Sound = new Sound();
        //播放碰撞声音
        sound.load(new URLRequest("sounds/hit.mp3"));
        sound.play();
    }
    usingSp.y = usingPosition.y * a;      //将当前方块 usingSp 设置到新位置
}
private function lockPlace():void {      //固定方块
    var max:uint = usingGrid.length;
    var i:int,j:int;
    for (i = 0; i < max; i++) {
        for (j = 0; j < max; j++) {
            if (usingGrid[i][j]) {
                rongqi[usingPosition.x + i][usingPosition.y + j] = 1;
            }
        }
    }
    for (i = 0; i < kuan; i++) {          //绘制背景方块供玩家观看
        for (j = 0; j < gao; j++) {
            if (rongqi[i][j]) {
                drawAGrid(this,i,j,a,0xffff00);
            }
```

```
        }
    }
    usingSp.graphics.clear();
    this.removeChild(usingSp);
    usingSp = null;
    for (j = 0; j < max; j++) {
        checkLine(usingPosition.y + j);
    }
    startGrid();
}
```

checkLine(index:uint)是消去满行的方法。

```
private function checkLine(index:uint):void {        //检测某行是否满了,如果满了则消除
    for (var i:uint = 0; i < kuan; i++) {            //检测是否已满,如果不满直接返回
        if (!rongqi[i][index]) {
            return;
        }
    }
    for (i = 0; i < kuan; i++) {                     //如果满则处理掉这一行
        rongqi[i].splice(index,1);
        rongqi[i].unshift(0);
    }
    var sound:Sound = new Sound();
    //播放消行声音
    sound.load(new URLRequest("sounds/line.mp3"));
    sound.play();
    addScore();
    reDraw();
}
private function addScore() {
    score++;
    txt.text = "你的得分" + score.toString();
    if (score % levelUp == 0) {         //行数增加,游戏提速
        var level:uint = score/levelUp;
        level = level > 9?9:level;
        timer.stop();
        timer.removeEventListener(TimerEvent.TIMER,onTimer);
        timer = new Timer(1000 - level * 100);
        timer.addEventListener(TimerEvent.TIMER,onTimer);
        timer.start();                  //定时下沉
    }
}
```

turn()是旋转当前方块的方法。

```
private function roll():void {
    var ar:Array = [];                  //产生一个新的逆时针旋转后的方块形状信息的数组
    var max:uint = usingGrid.length;
    var i:uint,j:uint;
    for (i = 0; i < max; i++) {
        ar[i] = [];
```

```
        }
    for (i = 0; i < max; i++) {        //旋转
        for (j = 0; j < max; j++) {
            ar[j][max - i - 1] = usingGrid[i][j];
        }
    }
    if (hit(ar)) {
        return;
    }    //检测是否碰撞,如果发生碰撞则不允许旋转
    usingSp.graphics.clear();
    for (i = 0; i < max; i++) {
        for (j = 0; j < max; j++) {
            if (ar[i][j] == 1) {
                drawAGrid(usingSp, i, j, a, 0x00ff00);
            }
        }
    }
    usingGrid = ar;
}
private function hit(ar:Array):Boolean {        //碰撞测试
    var max:uint = ar.length;
    var i:int, j:int;
    for (i = 0; i < max; i++) {
        for (j = 0; j < max; j++) {
            if (ar[i][j]) {
                if (usingPosition.x + i < 0 || usingPosition.x + i >= kuan) {
                    return true;
                }    //如果超出边界,则返回 true
                if (usingPosition.y + j < 0 || usingPosition.y + j >= gao) {
                    return true;
                }
                if (rongqi[usingPosition.x + i][usingPosition.y + j]) {
                    return true;
                }    //如果与物体有重叠,则返回 true
            }
        }
    }
    return false;
}
```

onRestart(e:MouseEvent)是单击重新开始游戏事件的方法。

```
private function onRestart(e:MouseEvent):void {        //重新开始游戏
    stage.removeEventListener(MouseEvent.CLICK, onRestart);
    score = 0;                                    //积分清零
    txt.text = "你的得分" + score.toString();
    timer = new Timer(1000);
    timer.start();
    timer.addEventListener(TimerEvent.TIMER, onTimer);
    stage.addEventListener(KeyboardEvent.KEY_DOWN, onDown);
    initMap();
```